● 我之所以这么聪明，是因为我从来不在不必要的事情上面浪费精力

我为什么那么聪明：

最有效的自我心态调节法

WO WEI SHEN ME NA ME CONG MING

墨 非◎编著

中国华侨出版社

图书在版编目（CIP）数据

我为什么那么聪明：最有效的自我心态调节法 / 墨非编著. -- 北京：中国华侨出版社，2017.3

ISBN 978-7-5113-6723-5

Ⅰ．①我… Ⅱ．①墨… Ⅲ．①情绪－自我控制－通俗读物 Ⅳ．①B842.6-49

中国版本图书馆 CIP 数据核字（2017）第 058515 号

● 我为什么那么聪明：最有效的自我心态调节法

编　　著 / 墨　非

责任编辑 / 嘉　嘉

责任校对 / 王京燕

装帧设计 / 环球互动

经　　销 / 新华书店

开　　本 / 710 毫米×1000 毫米　1/16　印张 /18　字数 /283 千字

印　　刷 / 香河利华文化发展有限公司

版　　次 / 2017 年 5 月第 1 版　2017 年 5 月第 1 次印刷

书　　号 / ISBN 978-7-5113-6723-5

定　　价 / 36.80 元

中国华侨出版社　北京市朝阳区静安里 26 号通成达大厦 3 层　邮编：100028

法律顾问：陈鹰律师事务所　　　　　编辑部：(010) 64443056　　64443979

发行部：(010) 64443051　　　　　　传　真：(010) 64439708

网　址：www.oveaschin.com　　　　E-mail：oveaschin@sina.com

前言

尼采曾经说过，我为什么这么聪明，是因为我从来没有思考过那些不是问题的问题——我没有对此浪费过精力。

生活中，当你被各种事务缠身理不出头绪时，是不是应该问问自己，究竟有没有合理分配你的精力？尼采曾坦言自己从不在不成为问题的事情上花费精力，甚至连想都不去想，他只对"有价值的问题"花费精力。也就是说，一个人的聪明主要源于其良好的情绪控制能力，从来不在毫无意义的问题上去花费精力。

在汲取知识方面，聪明者知道自己要避开什么、抛弃什么，从不喜欢泛泛读书，不认为读书越多越好，只挑自己有问题的书籍去研习。在行事方面，聪明者总能理性地控制好自己，不会把精力浪费在不必要的事情上面，这是成就不凡人生的关键所在，也是化解一个人焦虑、痛苦、悲伤等情绪问题的锦囊妙计。

在聪明者看来，所谓的精力浪费，体现在工作中就是经常被无关紧要的事情轻易扰乱节奏；体现在生活中就是明明生活很和谐、美好，却偏要因为情绪失控而与自己过不去的较劲；体现在人际关系里是拿本该用来对待亲和的和善去招待陌生人，太将他人的话放在心上，总让他人的表现来影响自己的心情或者扰乱自己的生活。体现在男女情感中是抛下自我理想也要陷在他爱不爱我的无端的猜疑中。每个人的精力都是有限的，消极的情绪、主观的臆想、琐碎的小事、常响的手机，总会像八国联军一般瓜分着属于你宝贵稀缺且一去不复返的时间和精力。

1

生活中，许多人直到长满老茧的神经末梢，还根本没有意识到精力的消耗，因为这此事情太过理所应当、习以为常。如果你时常被情绪所左右，被他人的建议所掌握，那就该立即试着去扫除一些生活和情绪方面的垃圾，让你的生活和工作高效起来，将有限的精力用于有意义的事情上面去。本书，正是从这点出发，旨在告诉人们智商很高却出不了成绩的真正原因以及看上去很努力却迟迟不出效率的症结所在。同时也让人们了解情绪的神秘力量，并且提出了许多有效的调控和管理自我情绪的方法和方式，形成一套行之有效的"心态调节方法"，从而帮助读者在生活中保持好情绪、在工作中拥有好心态，远离"情绪病"，做情绪的主人；修炼高情商，做成功的自己；拥有好心态，做幸福的自己！

　　一位哲人说过："一个成熟聪明的人，不管外面刮风下雨，心房都会住着快乐的精灵，播撒下高效的种子，盛开出太阳般美丽的花朵，成就自己并温暖他人。"的确，良好的心态是成就一个人的关键因素。通过阅读本书，让我们通过有效地调节自我情绪，做一个真正的聪明人。

目录

中篇
情绪管理：做情绪的主人，让情绪收放自如

|上篇|

精力达人：用良好的情绪调节力来避免干扰

有精力，做事高效者，从不会把精力浪费在毫无意义的事情上面。为此，他们有着极好的情绪调节能力，来避免自己被无谓的坏情绪所干扰。

现实中，很多人对情绪的种类和影响知之甚少，不懂得如何调节自己的情绪，以至给自己带来很多不必要的困惑和麻烦！事实上，负面情绪有很多种，比如焦虑、抱怨、恐惧、忧郁等等。这些情绪很容易让人们失去正常的理智和判断，更会抑制自己潜能的发挥，同时还会带来心灵上的"负担"，让我们白白地耗费精力。

所以，我们只有弄清楚这些情绪以及人们的危害，才能在生活中有效地防范和疏导，从而远离坏情绪带来的困惑和阻碍！尤其在现在激烈的社会竞争中，面对各种挑战和压力，能否及时释放出心中的"郁结"，能否用情绪调控法去避免干扰，在很大程度上影响着一个人的成败！

第一章

我为什么那么聪明

——只在有价值的问题上耗费精力

　　一个人之所以聪明，就是只在有价值的问题上耗费精力。这种理论已受到当下许多人的热烈追捧。人们仿佛在一夜之间如梦初醒，一下子找到了诸如"学习成绩很好却考不上哈佛"、"职场上付出了很大努力却不能升职"、"曾经恩爱的夫妻却半途分手"之类困扰人生问题的答案。

　　人格健全、理智达观、情感稳定、内心平和、身心和谐，能时刻用全局性、多维度、系统性的眼光去看问题，只将专注力放在有价值的问题上，这不仅是一个人内在修炼圆满的一个标志，更是国人未来成长的新坐标，同时也是一个人能否取得成就的关键所在。所以，要做一个真正的聪明人，就要从根本上提升情商，学习调节自己的心态，只将专注力放在有价值的问题上。

1. 精力达人，都会主动避免坏情绪的干扰

生活中，那些身上挂着所谓的"精力达人"、"高效精英"之类的隐形牌匾的人，都是具有良好情绪调节力的。他们不会将自己的精力浪费在无关紧要的事情上面，在任何情况下，都会主动地避免干扰，以百倍的专注力去完成既定的工作。

在工作的五六年时间里，刘寅在单位被人称为"精力收纳狂"。在他离开第一家公司时，老板曾对他三度挽留；与第二家公司分道扬镳后，经理用三个人填补他原先的岗位空缺；在当下的单位中，他也被同事称为"高效达人"。

除了能够顺利地完成当天的工作任务外，刘寅每周都会保证自己阅读3～4本书，大部分工作日下班后就直接奔菜市场买菜做饭；他想健身，因为没时间去健身房，所以就在家里置办了跑步机、健腹机等健身器材，可以抽出更多的时间来锻炼。尽管每天都会加班，但是他还是会抽出时间去博物馆当志愿者。很多同事曾问他精力为何总能分配得那么好，刘寅则答：在任何时候都别让无所谓的事情去分散你的注意力，耗费你的精力。具体来说，他会把淘宝网页设置成受限站点，上班时间不要网购；在做需要注意力高度集中的重要任务时，把手机都调成飞行模式；路过茶水间的妈妈帮、相亲团聚众闲聊时，不宜久留；业余时间做自己喜欢做的事，累积的正能量是他渡过一切苦厄的绿色通道。

事实上，成就大事者，都是不轻易浪费和耗费精力的人，他们能合理地分配时间，有极高的情商，能很好地控制自己的情绪，不会因为情绪问题而置自己于焦虑、忧虑、担忧和痛苦中，他们只将专注力放于"当下"。

真正重要的从来不是用蛮力做什么，而是沉下心来，避免干扰，去认真做好一件事。要知道，一个人一生的时间和精力都是有限的，专注，有时候比努力重要100倍。

生活中，我们总是感慨他人所取得的成就、头衔、名目，而一心想要追逐，幻想着自己有朝一日也如他人般耀眼夺目。而其实，鱼与熊掌，不可兼

得。你想要的越多，会失去越多。一辈子能做的事本来就不多，我们千万不要因为情绪问题而干扰自己的精力。

其实，那些不凡者，之所以能够成就大事业，主要就是依靠一种乐观且稳定的情绪定力。

俞敏洪说："企业实力弱，创业者经验不足，不能很好地处理一些困难，这个时候如果创业者的情绪不够稳定，就容易影响军心。"

李彦宏说："想想这十几年以来，我自己生命当中，经常说的就是认准了就去做，不跟风，不动摇，同时对自己要有清晰的判断，一个人应该做自己最擅长的事情，同时也做自己最喜欢的事情，这样的话，做成的概率会很大。"

企业家黄怒波在谈到自己成功的经验时不无感慨地说："其实，我并不是一个天生的成功者，许多人都比我更聪明、更有才华。我唯一比他们强的只不过是我更容易控制自己的情绪罢了。我很冷静，从不为那些情绪化的事情浪费时间和精力——我的意思是说，我享受不起那种感伤。"

著名企业家王志东说："碰到低谷的时候，其实很重要的是考验自己的信念。坚持住了，你就成功了。"

……

"坚持"、"稳定情绪"、"认准就去做"，等等，这些都是对良好调节情绪的诠释，正是这些品质造就了人生的不凡。

个人能否取得巨大的成就，其中一个最为重要的因素就是能否保持镇定、集中精神，让大脑时刻处于井然有序的状态，即便是面临再大的危机也是如此，其实这就是所谓的"情商"。从小的角度来说，这种精神状态可以使你最大限度地释放你的能力，帮助你解决眼前的困难和问题；从大的角度上来说，良好且稳定的精神状态能帮你找到人生轨迹，使你全身心地专注于你的事业，做计划和研究。所以，如果你想成为一个不凡者，就要学会合理地调节自己的情绪，避免不必要的干扰。

2. 将工作中的"情绪"投入最小化

生活中，很多人并不缺乏聪明才智，也不缺乏能力，而最终却做不出成绩来，其主要原因就是在工作过程中，情绪化太过严重。

沈丽经常向同事诉苦，说自己工作太过劳累，要么会被不计流量的工作任务累倒，要么被复杂的人际关系虐到心塞，要么被自导自演的小剧本杀死脑细胞。

可是同事经过她办公桌的电脑时总能看到她挂着没来得及关闭的淘宝网页，有时买的宝贝和图片有色差要退货，和店家博弈与快递联系就折腾一上午；有时候，沈丽还会在开会前偶遇集团大老板，因为打招呼不自然懊恼好久；不调成静音模式的手机整天滴滴答答作响，她手机循环拿起放下，最后任务没完成只能加班。

一天下午，沈丽又在向同事诉苦时，同事给出了这样一句话："别在上班的时候投入过多的'情绪'，你若能很好地调节好自己的心态，你的问题就能从根本上解决。"

其实，生活中，像沈丽一样的人有很多，他们总是在工作上投入过多的"情绪"，从而影响工作效率，进而抱怨不止。

工作中，我们不难发现，工作时间刷淘宝、想心事、收快递、平杂事、唠闲嗑的人和抱怨为什么工作加量不加价是同一拨人；碎纸机般的社交 APP 把成块的时间切割成零碎片段，让人的工作效率直接下降；习惯性地点开网页弹出的新闻更是让精神发散……这些都是大部分人一生都碌碌无为的主要原因。

在一家箱包皮具销售公司，老板吩咐三个员工一起去做事：去供货商那里调查一下皮具的数量、价格与品质情况。第一个员工五分钟后就回来了，他并没有亲自去调查，而是简单地向下属打听了一下供货商的情况就回来做工作汇报。30 分钟之后，第二个员工也回来了。他亲自到供货商那里了解了皮具的数量、价格和品质，而且还根据公司的采购需求，将供货商那里最有价值的商品作了记录，并且和供货商的销售经理取得了联系。而第三个员工在返回的途中，他又去另外两家供货商那里了解了皮具的相关信息，将三家供货商的情况做了十分详细地比较和了解，并制定出了最佳的订购方案。

三个员工尽管都完成了工作，但其结果却是大大不同的。第一个员工只是在应付工作，第二个员工也仅仅局限于完成工作，只有第三个员工在"用心"做这件事情，在他现有的条件下，通过自己的努力把工作做到了最好。这三个员工虽然在短期内并不能看出其能力的大小，但是长期这样下去，就会转化为个人能力问题。

对于一份工作来说，重要的不是你做了什么，而是你在工作中培养了怎样的习惯。这个良好的生活习惯指的是：踏实认真的工作作风，以及是否学会了利用最快的时间接受新的事物，发现新事物的内在规律，能比别人在更短时间内掌握这些规律并且处理好它们。具备了以上的要素，你就能成为一个被人信任的人。

工作的确需要聪明才智，但是需要的是那种脚踏实地的专注智慧，而非是投机取巧的小聪明。换句话说，在"小聪明"和踏实专注之间，几乎所有人都愿意选择后者，因为一个安稳，能潜下心来专注的人才是难得的人才，才是真正聪明的人。

肯踏实吃苦是幸福人生的开端，而靠耍小聪明以贪图安逸享受则是人生苦难的开始。或许你会觉得自己是个智商高的人，但却不能长久地沉入到一个行业里去，这并非是智商高，而是一种小聪明。真正的智者是踏实专注，在工作中处处肯承担责任，勇于付出的人。所以说，一个人的成功与先天条件没有多大关系，而跟一个人是否能合理地调节自己的情绪，提升自己的专注力密切相关。

3. 别总在小事上纠缠不休

很多人都能勇敢地面对生活中的那些大风大浪，却常常被一些小事搞得垂头丧气。生活中，我们的忧虑很多时候都来自看似无足轻重的小事。据调查，"小事"如果发生在婚姻生活中，还会造成世界上半数的伤心事。洛杉矶的一位法官在仲裁过四万多件不愉快的婚姻案件之后这样说道："婚姻生活之所以不美满，最基本的原因往往都是一些小事。"

两千多年前，雅典的政治家伯利克里就曾经留给人类一句忠言："请注意啊，我们已经将太多的精力纠缠于一些小事情了！"安德列·摩瑞斯在《本周》杂志中也有类似的提醒："这些话，曾经帮助我经历了很多痛苦的事情。我们常常因一点小事，一些本该不屑一顾的小事，弄得心烦意乱……我们生活在这个世界上只有短短的几十年，而我们浪费了很多不可能再补回来的时间，去为那些一年半载之内就会忘掉的小事发愁。我们应该把我们的时间用于有意义的行动和感觉上，让我们的思想变得伟大，去体会那些真正的感情。因为生命太短促了，不该只顾及那些无聊的小事。"的确，生活是由一系列的小事组成的，但如果我们过多地拘泥、计较这些小事，那我们的人生也没什么意义和乐趣可言了，我们触目所及的必然都是烦恼、痛苦、矛盾与冲突。

一位作家，平时在家里写作的时候，经常被邻居家里小孩的吵闹声烦得不行，他每天都很不高兴，有时甚至想站在窗口对着邻居家的窗户破口大骂，但他最终还是忍住了。

周末，他和几个朋友出去露营，在帐篷中小憩的他，时不时能听到外边小孩的戏嬉声，他觉得那声音简直美妙极了。可是这声音和邻居家小孩的声音不是一样的吗，为何自己会喜欢这个声音而讨厌那个声音呢？回来后他告诫自己：在大自然中戏嬉的小孩的声音很好听，邻居家小孩的声音也差不多。我完全可以全身心地投入我的文字中，不去理会这些声音。结果，头几天他还注意邻居家里传来的声音，可不久他就完全将它们忘了。

很多小忧虑也是如此，我们不喜欢一些小事，结果弄得整个人很沮丧。其实，我们都夸大了那些小事的重要性……正如狄士雷里所说："生命太短促了，不要再顾虑小事了。"

哈瑞·爱默生·富斯狄克讲过这样一个故事："在科罗拉多州长山的山坡上，躺着一棵大树的残躯。自然科学家发现，它已经有四百多年的历史了。在它漫长的生命历程中，曾被闪电击中过14次，曾被无数的狂风暴雨侵袭过，但它最终还是挺过来了。但在最后，一小队甲虫的攻击使它永远地倒在地上。那些甲虫从根部向里咬，渐渐地伤了它的元气。虽然它们很小，却是持续不断地攻击。这样一棵森林中的巨树，岁月不曾使它枯萎，闪电不曾将它击倒，狂风暴雨不曾将它动摇，却被一小队用大拇指和食指就能捏死的小甲虫弄倒了。"

我们人类不正像森林中那棵身经百战的大树吗，我们也曾经历过生命中无数狂风暴雨的袭击，也都撑过来了，可是却让忧虑这个小甲虫噬咬——那些用大拇指和食指就可以捏死的小甲虫。

实际上，有许多的小事情别人并没有在意，只是你自己过于敏感罢了。所以，当你还在为一些小事忧虑时，建议你暂时把注意力从那些小事上转移一下，往快乐的方面想一想，保证你心情舒畅，无忧无虑。忙碌起来吧，我们的大脑不能让忧虑有空子可钻；大度点吧，否则忧虑这只小甲虫就会有机可乘了。

4. 木屑已经很碎了，何须再去锯呢

为过去的事情懊悔、自责或忧虑，本身是对生命的一种浪费，因为生命的本质在于"当下"。对此，卡耐基说："为那些已经过去的事情忧虑，你不过是在锯一些木屑，那完全是在做无用功。与其浪费力气和时间做这样的无用工，不如忘掉它，想一些积极的方法防止类似的事情再发生。"的确，过去的事情再也不会有重来的机会了，与其忧心忡忡，浪费当下的时光，不如平静地分析错误，从中吸取教训。

在几年前，露西在北京一处繁华的商业中心地带开了一家英语补习班，刚开始她就在房租和广告费上花了一大笔钱。再加上当时她只顾忙着上课，既没有时间，也没有心情去管理财务。而且当时的她也很天真，不知道应该有一个优秀的业务经理来安排各项的支出。

过了差不多一年，她突然发现，虽然补习班的收入不少，但却没有获得利润。这个时候，她本该静下心来反思两件事情：第一件就是将损失的那些费用立即从脑子中抹去，然后再也不去提及。第二就是认真分析错误，并从中吸取教训。可这两件，她一样也没有做。相反地，一连几个月都恍恍惚惚的，吃也吃不好，睡也睡不好。不但没有从中学到任何东西，反而接着又犯了一个规模稍小的同类错误。接下来，她的补习班亏损得更多。为了尽快扭转方向，她只好打起精神，开始悉心地关心财务，开始计划着如何开源节流。几个月后，她的培训班的财务状况有了明显的好转，逐渐地开始盈利并走上正轨。

事后，露西曾对朋友说，解决问题本身是件不复杂的事情，早知道如此，何必当初被忧愁折磨那么长时间呢！

其实，生活中，如露西一样的人有很多，问题出来了，只懂得一味地抱怨、忧愁，一味地"锯木屑"，只能错失当下的机会或幸福。其实，人在做了让自己懊悔的事情后，最应该做的就是平静地反省自我，做出积极地反应来弥补错误。

保罗博士是美国纽约市一所著名中学的教师，他在任教期间发现这样一个问题：班上的有些学生平时看起来很用心，但是却总是考不出好成绩。

为此，他就对这些学生展开了调查，发现这类学生经常会为过去的成绩而感到不安，他们经常生活在过去的阴影里，只要有一次考试失败，他们就会生活在自责之中，以致影响了下一步的学习。有的学生甚至从交完试卷后就开始为自己的成绩忧虑了，总担心自己不能及格。为了开导这类同学，保罗博士给他们上了这样一堂难忘的课。

有一天，保罗博士把这类学生召集到实验室，在给他们讲课的过程中，无意间就把一瓶牛奶放在实验桌上。下面的学生们很是不明白这瓶牛奶与自己所学的课程有什么关系，只是静静地听着他在讲课。忽然，保罗博士就站了起来，一巴掌将那瓶牛奶打翻在地上，并大声喊道："不要为打翻的牛奶哭泣！"

课堂上的同学都震惊了，但是保罗博士却叫所有的学生都过来，并围拢到洒满牛奶的地方仔细观察那破碎的瓶子与淌着的牛奶。博士一字一句地说："你们仔细看一下，现在牛奶已经淌光了，无论你再抱怨，再后悔都没有办法去取回一滴。你们要是在事前想一些预防的措施，那瓶牛奶还可以保住，但是现在却晚了。我们现在唯一能做的就是尽快地将它放下，然后注意下一件事情。我希望你们永远能够记住这样道理！"保罗博士的这堂课的演讲，使所有的学生学到了课本上从未有过的人生道理。

"不要为打翻的牛奶哭泣"这是老生常谈，却是人类智慧的结晶。即使你读过各个时代很多伟人写的有关忧虑的书，你也不会看到比"不要为打翻的牛奶而哭泣"更有用的老生常谈了。事实上，只要我们能多利用那些古老的俗语，我们就可以过一种近乎完美的生活。

有一句俗话说得好："即使动用国王所有的人马，也不能挽回过去。"的确，过去的事情，你再后悔也没有办法将过去的时光重来一遍。所以，既然过去了，就让它过去吧，我们没必要挽留，也不能挽回，为此而忧虑是于事无补的，不要试图去锯那些早已锯碎的木屑了。

5.　多疑让你一败涂地

在生活中，很多人整天疑心重重，对什么都不放心，用一种不信任的眼光来看待这个世界！无论是与别人交往，还是在处理事情的过程中，他们找不到一点安全感，总是带着焦虑提防着周围的一切！

事实上，出现这一现象的原因就是他们缺乏信任和自信，一旦一个人因为被欺骗或者其他的原因对生活失去信任的时候，就再也看不到世界的美好。面对任何事都要先怀疑一番，哪怕一件很平常的事情也总能挑出毛病，然后再捕风捉影地去寻找证据来证明这种观点，这样就造成了一个人的多疑！

然而，这种心理是非常危险的，它很容易让人产生误解和误判，因为看不清楚事实和真相而造成严重的后果！其实，面对生活我们大可不必疑神疑鬼、焦虑不安，多一份坦荡和豁达一切疑云都会消散，这更有助于我们走向成功！

在我国古代时期，有一位将军身经百战，立下很多功劳，尤其在抵抗外敌入侵的时候，更是勇猛杀敌！

可是有一次，在抵御外敌入侵的时候，不小心中了敌人的圈套，眼看草料就要用完，这位将军煞是苦闷，陷入了忧愁之中。

正在这个时候，他的手下谋士慌慌张张地过来了，一见到将军就说是发现了重要信息，将军急忙把他招进帐内商讨。随后谋士拿出一张地图，对将军说："将军请看，这两天我认真观察了局势，这是通过打探得到的线报。现在整个城池已经被完全包围，有七万人设在东城，而西城更多，差不多将近九万；另外南城足足有 13 万人，只有北城最少！不过他们还在继续增兵，为了缓解兵力不足，据分析他们要从国内增援！所以，现在我们还有机会。然而，敌方认为我们的大营在南城，于是他们把自己的主力布防在南城，所以我们应该从北城突破……"

将军听完谋士的讲解和分析，并没有对此做出评价，而是说："让我再考虑一下吧！"谋士走后，将军心里一直在思考：这次之所以中了敌人的圈套，即使因为错误地把这座城池看成空城，贸然行动才招致如今的下场，不能不汲取上次的教训！另外，最近谋士的行踪有些诡秘，说不定他已经被金兵收买，是来引我上当的……我可不能被这样的叛徒给害了，只有自己亲自去看看才能放心！

于是，为了证实自己的猜测，将军真的登上了城头。当他站在城头上向下看的时候，事实情况果然不像谋士说的那样，只见北城兵马遍布，而南城却异常安静。他在心里想："果然被我说中了，看来我的谋士真的在帮着敌军害我呀，幸亏我多长了个心眼儿，否则后果不堪设想！"

然后，将军像是抓住了把柄一样，用一种恶狠狠的眼光看着谋士。谋士顿时明白了什么意思，慌忙解释道："将军，您可不要被假象所迷惑啊，这城南尽是密林，敌人都藏在其中呢！这是他们故意制造出来的假象，是要引我们上钩呢！而北城看起来好像人马很多，那也是一个假象，情报千真万确，不要上当啊！"

但是，任凭谋士怎么说，将军就是不肯相信，愤怒道："你让我怎么相信你，上次就是因为你的主意我们才被困在了这里！没有敌人的假象，事实上就是你的假象吧？"说着便让人把谋士给抓了起来！

随后，将军命令军队从南城突围。然而，结果正像谋士说的一样，大量敌兵从密林深处冲了出来。最终，将军的人马被打败，将军自己也被活捉！

信任不仅能够促进人与人之间的和谐和友谊，更能让我们感受到生活的美好和惬意，从而积极乐观地看待前进中遇到的点点滴滴，减少因误解而带来的挫折和磨难！疑心会让一个人内心的天平发生倾斜，把本来很平常的事情看得神神秘秘，自以为聪明，到头来却被自己的疑虑给害了！故事中的将军因为谋士的一次失误而失去对他的信任，后来无论谋士说什么他都满腹的疑虑，不但冤枉了好人，而且还因为决策失误让自己一败涂地！转念一想，如果将军少一点疑心，不敢保证完全取胜，至少不会败得如此惨痛！

生活需要信任，就像我们永远离不开阳光一样！而一旦出现了信任危机，人们就会在心里产生猜忌和疑虑，怀疑别人说的话和做的事，在自己与别人之间设置了一道无形的屏障，不仅影响人际交往，久而久之还会带来矛盾和误解！所以，在通往快乐和成功的路上，只有多一点理解和信任，才能减少对生活的怀疑和焦虑，才能洒脱地迎接明天的美好！

6. 莫让别人左右了自己

很多人之所以让自己的心情飘忽不定，往往就是因为太在意别人的看法和评价，盲目地和别人比较，徒增烦恼。其实，人生是否快乐，完全取决于自己。面对别人的坏情绪，我们完全可以坦然一笑，甚至避而远之，否则，只会让自己陷入痛苦和愤怒，让别人的心情左右了自己！

一天下午，老张和小王下班后一起走在路上，他们看到路边有报摊，老张就过去买了份报纸。出于礼貌和习惯，老张拿到报纸后顺便对老板说了声谢谢，但卖报的老板却冷脸相对，毫不在意。

小王有点不解说："这个人太缺乏教养了，连最基本的礼貌都不懂！"老张却哈哈大笑说："这个人一直都这样，没有办法。"

小王更是不解道："既然这样，你还有必要对他那么客气吗？而且我也没有看出来你生气。"老张却说："我为什么要让别人决定自己的心情呢？"

当别人做错事情，或者一时态度不好时，我们都不要因为这些而改变自己的心情！因为心情是自己的，我们自己的心情为何要由别人来决定呢？要想获得快乐和幸福，就不要与他人计较，不要在意他人的看法，保持良好的心情，不为外物所困，不为他人的坏情绪而愤怒忧伤，这才是做人之道，才能够在纷繁的世界里独享一份清凉和宁静！

暑假到了，小李决定和老婆出去旅游度假。出发前，因为看到天气预报说可能要下雨，于是他们出门的时候就带了一把伞。

在观赏景点的时候，雨真的下起来了。他们夫妻俩神情轻松地拿出伞撑了起来，而他们身旁的游客却被淋成了"落汤鸡"。看着别人一个个湿淋淋的，小李的老婆有点得意地说："还是咱们考虑得周全啊，看看他们……"

第二天，小李夫妻俩又来到另外一个地方玩，像昨天一样天气预报依然有雨，他们又把伞带上了。然而，出乎意料的是，这天阳光灿烂，一滴雨也没有下，他们的伞成了"累赘"，而别人却能轻轻松松地游玩！小李的老婆不禁埋怨道："哎呀，真后悔带伞，拿在手里多碍事儿，哪像人家那么轻松！"

小李安慰说："你怎么老和别人比较啊，再说了昨天别人都淋成那样了，咱们不是好好的吗？今天又没淋雨，咱们不还是好好的吗？"

然而他的老婆却说："昨天我当然快乐了，因为大雨把别人给淋了，我们毫无影响；而今天我们的伞成了累赘，别人却可以无忧无虑地玩，我怎么能快乐起来！"

故事中的人和事让我们看到，有时候决定我们情绪的不是别人，最终给予我们快乐还是忧伤的只有我们自己！有时候，很多人并不在意自己是否过得好坏，而是在意与别人的比较，在比较的过程中由别人的生活来决定自己是否快乐和幸福。想一想这是多么可笑和荒唐的事情，我们的思想和意识完全掌握在别人的手里，我们的心情没有了自己的主宰！所以，我们要摆脱别人的束缚，突破心里这道坎儿，不被别人的心情左右我们的生活！

情绪是把双刃剑，它能够让一个人积极进取，在困境中看到光明；也能够让一个人意志消沉，在阳光灿烂的日子里找不到温暖！所以，我们一定要学会调节好自己的情绪，莫让别人的情绪感染自己，也不拿坏情绪去影响别人，做自己的主人，给心灵一份美好和明媚，时刻感受到芳香四溢！

第二章

坏心态是颗 "毒瘤"

——疯狂使人毁灭

　　情绪就像我们的影子，时时刻刻都伴随在我们左右，积极的情绪无疑会让我们身心愉悦、充满信心和活力；而坏情绪则恰恰相反，它能够让一个人的意志毁灭，变得消极沉闷，遇到事情总是缺乏 "闯劲"，或者冲动暴躁等等，很容易让人失去控制！

　　坏情绪带来的危害是巨大的，影响的范围也是比较广的。因此，遇到事情我们一定要学会冷静，才不会被坏情绪左右了自己的思想！一个人要想取得成功，必须学会克服坏情绪，才能与别人友好相处，在关键的时候做出正确的选择，让快乐和理智与我们相随！所以，认识自己的情绪，做自己的主人，对于每一个人都非常重要！

1. 坏情绪会害了你

在日常生活中，情绪直接反映了一个人的内心活动，遇到开心的事情会露出灿烂的笑容，遇到困境或许表现得垂头丧气，等等。其实，在人生的过程中，挫折和困难总是难免的，一时的失落是可以理解的！但是我们一定要勇于从这种境遇中跳出来，悲观和失望，只会让自己失去应有的理智和原则，其结果只会被坏情绪拖累了自己！

有一天，洛克菲勒先生因为某种原因而站在了法庭上，随后对方一位律师拿出一封信说："先生，请你告诉我是否收到了我寄给你的信？另外，你有没有回信？"

"我收到了，但是没有回！"洛克菲勒果断干脆地回答道。

于是，这位律师又拿出二十多封信，并且以同样的方式向他询问，而令律师感到意外的是，洛克菲勒先生却带着同样的表情做出了同样的回答。

然而，这位律师再也控制不住自己的情绪了，顿时愤怒之至、暴跳如雷，并不断地咒骂，完全失去了一位律师应有的风度！

最后，法庭宣布洛克菲勒先生最终胜诉！原因很简单，就是因为对方律师在法庭上乱了阵脚，没有控制住自己的感情，无章可循！

无论是在生活中，还是在工作中，不仅会遇到困难，也会遇到自己的对手，事情的发展方向和成败不仅仅因为自己的努力，更多的还取决于自己的情绪。

战胜困难和对手，我们需要一个良好的心态，一份镇定自若的情绪，这样我们就已经胜利了一半！因为好的情绪会让自己更加冷静地面对眼前所发生的一切，用一种理智和豁达去解决，不至于因为慌乱和暴躁而乱了分寸！

1965 年在美国纽约举行了一场台球比赛，不过这可不是一个普通的比赛，事实上这是一个世界级的冠军争夺赛。其中有一位选手对赢得这场比赛非常有把握，而且他的成绩也远远领先于对手，眼看马上就能夺得桂冠。

然而，就在这个时候，一件意外的事情发生了，原来是一只苍蝇不经意间落到了主球上，恰恰这个时候这位选手正集中精力准备拿下这场比赛。起初，他并没有在意这件小事，只是轻轻地挥了挥手就又开始准备击球，可恶的是这只苍蝇又飞了过来，就这样有过几次折腾，这位选手再也冷静不下来了。然后他把所有的注意力都集中在对付这只苍蝇上，一不小心球杆碰动了主球，他因此失去了一轮机会。

本来大家都以为局势已定，可是经过这样一番折腾，他的竞争对手看到了机会，于是勇气大增，信心十足；而他却变得极度的愤怒和焦躁，再也静不下心来，最终导致接连失利，本该属于他的冠军却被对手给夺了去！最终他带着遗憾和沮丧离开了赛场，然而更令人惋惜的是他没过几天竟然投河自杀了，几天后有人在河里发现了他的尸体。

然而，与他形成鲜明对比的是，飞人乔丹在情绪管理这方面做得非常出色。有一次在赶往赛场的路上，交通十分拥堵，本来不是太远的路程却要花费一个多小时。大家都知道，在堵车时人们往往会变得紧张和烦躁，然而乔丹就靠吸一支雪茄来缓解自己的烦躁情绪。从 1993 年开始，乔丹就把抽雪茄作为每场主赛前不可缺少的工作程序。

每个人都有自己的情绪，但是往往人们又不太注重情绪的变化和调节，只是随着自己的心情和思想而改变。

事实上，情绪对于我们每一个人都非常的重要，尽管有时候它很难把握。不会调控自己情绪的人，遇到一点不顺利就会大发脾气，甚至为了一些小事而大动肝火，本来可以忽略不计或者一笑了之的事情却被搞得一塌糊涂，到手的机会也会随之溜走！

一个人能否拥有宽广的胸襟，成就一番事业，情绪调控起到了关键的作用。成功时不得意忘形，失败时不心灰意冷、自暴自弃！拥有一份冷静、平和的心境，控制好自己的情绪，该收的时候收起来，该放的时候放下来，才会在人生的道路上随心所欲，获得成功和快乐！

2. 都是冲动惹的祸

在这个世界上，有一种名叫"刺鱼"的小鱼，它们生活在北半球的温带地区。不过这种鱼一般体型较小，最大不超过 15 公分（6 寸）。它们在海水和淡水中都有分布，而且生来活泼敏锐，热情好动。

由于在刺鱼的背鳍前面长有两根或者更多的能活动的棘刺，另外在腹部处也有一根棘刺，同时还有一小片鳍刺，全身无鳞，在体侧常有骨片保护。这种很好的防护结构让刺鱼在自我保护方面能做到"进退自如"，按照这样的猜想，刺鱼的种群应该很繁盛，然而这种鱼的数量并没有想象中那么多，有些品种甚至濒临灭绝。

后来，科学家实地进行了考察才知道其中的原因。原来，在刺鱼生活的水域常常也生活着很多凶猛的食鱼蜘蛛，这种不结网的蜘蛛很善于伪装，它们常常用纤长的后腿抓住水面上的物体，然后用触肢轻轻拍打水面。大家不要以为这是在玩闹，而是食鱼蜘蛛设下的圈套。当刺鱼看到水面有异动的时候，以为出了什么事，便会迅速地冲到水面准备助同伴一臂之力，这下恰恰中了食鱼蜘蛛的埋伏，转眼间刺鱼就成了阶下囚。在不到 0.42 秒的短短时间内，刺鱼就已经被打晕了，成了食鱼蜘蛛的美味！

热心肠并不是什么坏事，但是有时候盲目的冲动却会带来灾祸！故事中的刺鱼就是因为自己的热情过头，没有弄清楚水面到底是怎么回事，就箭一般地冲上去，结果被对手逮了个正着！

其实，在生活中很多人何尝不是这样呢？在很多事情面前，尽管可能已经做足了准备，但是在意外发生之后却不能让自己沉静下来，于是头脑发热做出错误的判断，后悔已经来不及！看清情况，分清形势，然后做出决定才是明智之举！

在很早以前，有一对雌雄鸽夫妇，在一起过着幸福的生活。它们早出晚归，一起觅食，晚上一起回来过夜，这种潇洒的日子很让人羡慕。

很快就到了秋天，在这丰收的季节，漫山遍野都是果实，一阵微风过后尽是诱人的香气。像往常一样，它们俩又一起出去觅食了。

在觅食的过程中，突然雄鸽感叹道："今天的天气真是太好了！阳光让人感觉非常温暖。" 然后雌鸽附和说："对啊，秋天就是不错啊，天气不冷又不热，而且还能吃到很多果子。只不过一到冬天就没有了。"

雄鸽接着说："我想到一个好办法，不如我们先在窝里储存一部分果子，到了冬天，我们就不必出来找吃的了。" 听到这个建议，雌鸽也觉得非常好，说："对啊，开始怎么没有想到呢！我们现在开始行动吧！"

经过它们俩的一番努力，窝里被果子塞得满满的。看着这些鲜亮又饱满的果子，它们俩满意地笑了！

没过多久，因为果子的水分流失，原本饱满的果子渐渐变得干瘪了，变得干巴巴的，看起来好像少了很多。看到这种情形，雄鸽认为是雌鸽偷吃了果子，就生气地对雌鸽说："你怎么可以这样做呢？摘果子多辛苦啊，本来是为过冬准备的，可现在你却偷吃！"

听了这些话，雌鸽拼命摇头，说："我哪有偷吃果子，分明是果子自己变少的，与我有什么关系。" 雄鸽听了雌鸽的话，更加生气地说："什么？自己变少的？你偷吃了还不承认，太让我失望了。" 雌鸽生气地大叫："我就是没有偷吃，你凭什么诬陷我？"

"就是你吃的！还在狡辩！" 说着说着，雄鸽一怒之下扑上去用嘴使劲儿啄雌鸽的头，最后雌鸽打不过雄鸽，被活活啄死了。

这件事过去了几天后，天一直在下雨，雨水渗进窝内，把果子都泡湿了。这样一来原本干瘪的果子又恢复了原状，变得像以前一样饱满，看起来又是满满的一窝。

看到这里，雄鸽有些纳闷了，心想："这是为什么呢？" 雄鸽想了又想，终于明白了："原来一切都是雨水浸泡的缘故，所以变多了。那么以前的果子是因为变干了看起来才会少的，确实不是雌鸽偷吃的！"

想到这里，雄鸽万分后悔，可是一切都来不及了！

任何时候的冲动都会带给你惩罚，有时候失去理智是十分可怕的，对别人多一些信任，对自己少一些固执和疑虑，就会减少因为误解而带来的伤害！雄鸽不分青红皂白就一口咬定是雌鸽偷吃了果子，无论对方怎么解释也无济于事，最终带着满腔的愤怒把雌鸽给啄死了！等到发现是一场误会的时候，痛苦和悲伤也挽回不了已经形成的事实了！

无论面对什么事情，我们都不应该冲动，理智和包容会解决一切！否则，任由自己的情绪蔓延，伤害的不只是别人，更多地还是自己！

3. 摆脱的就是你需要的

来到这个世界上，每个人都想实现自己的愿望，拥有一个温馨美丽的环境。但是生活并不是我们想象的那样，不一定就按照我们的设想去发展。所以很多人抱怨自己处境的艰难，哀叹命运不济和不幸，于是就会心灰意冷甚至自暴自弃！

事实上，很多时候我们所想摆脱的正是我们需要的、赖以生存的，所以，我们不必苛求自己的生活，不要错失了身边的幸福才感到后悔，因为那时候已经晚了！在生活中，少些抱怨、多些珍惜才是我们所需要的！

从前，有一枝百合花生长在空旷的原野上，它本想着自己应该待在美丽的花园里，和群花争芳斗艳！然而，当它慢慢睁开眼睛的时候，映入它眼帘的却只有一望无际的野草。

因为现实与自己的心理预期差别太大，百合花一时有点接受不了，竟然哇哇大哭起来。它不明白为什么自己会在这么荒凉的地方，命运如此捉弄自己，它想这广阔的原野并不是它的家园，只是自己出生在了一个错误的环境中。

这时候，小草们都前来百般安慰，可是无论怎么劝都不能让它高兴起来。于是，这枝百合不停地抱怨，时时刻刻幻想着有一位善良的王子带它离开这里。

又过了一段时间，百合花开得越发的漂亮了，但也更加忧伤了。因为它幻想的王子始终没有出现在它面前，甚至连一个普通人都没有，它的漂亮成了孤独的风景！

有一天，机会终于来了。一位男孩路过这里，发现了这枝百合花独特而漂亮，然后惊喜不已地奔了过去。看到这一切，百合花以为自己的梦想终于就要实现了，激动和兴奋再也掩饰不住，竟然流出了泪水！不过它不想让男孩看到自己脸上的泪水，于是借着风势用力甩掉脸上的泪珠，它要把自己最完美的一面展示给前来欣赏它的人！

这位男孩并没有立刻就把百合花带走，而是绕着它不断地打量。这时候，百合花在心中不停地呐喊：亲爱的主人，快点带我走吧，这里不属于我，带我到属于我的乐园去。在片刻犹豫之后，男孩终于下定了决心，果断地摘下了百合花。

一阵疼痛之后，百合花才真正地明白，它的生命马上就要结束了，这一切都是它渴望的结果！最后，只剩下残茎在风中孤独地摇摆！

人们往往在遇到不顺心的事情的时候就开始抱怨，对生活环境不满意，对自己拥有的不知足，并想方设法想要摆脱、逃离！但是却没有想过，也许离开了它，我们根本就无法生存。百合花想着自己应该待在万花簇拥的花园里，每天享受着快乐和别人的爱慕，但现实的状况却不能令它满意，于是就开始抱怨。但真正有一天遇到它心目中的"王子"的时候，结果却出乎了它的意料，最终在痛苦中丧失了生存的机会！

不要再抱怨自己的不幸，不要再感叹生活环境的艰苦，适合自己的才是最好的。学着去适应和接受，珍惜自己的拥有！

4. 越困苦越积极

生活有时候是残酷的，想要在竞争中生存和收获，我们不得不让自己接受苦难和困境，保持积极乐观的情绪，才能顺利地奔跑和起飞，向着自己心目中的方向前进！

俗话说，未经一番寒彻骨，焉得寒梅扑鼻香！任何成功和幸福都是有前提的，只有付出汗水，甚至是流血牺牲，学会在绝境中求生，在失败中崛起，最终才能赢得生命的厚赐和光明！很多时候，成功者和失败者之间的差别就在于能否克服困难，能否给自己信心和勇气。我们只有保持镇定，不消极悲观，不让坏情绪占据了心灵，才能在重压下起飞！

世界上有一种名叫雕鹰的鸟，它们生活在亚马逊平原上，由于它们飞行得又快又远，而且动作十分敏捷，所以就有"飞行之王"的称号。一般情况下，只要被它们发现的小动物，很少有能逃脱的，最终成为它们的美餐！

然而，每一个成功背后都隐藏着鲜为人知的辛酸和磨难，雕鹰也不例外，甚至还充满了悲壮和残忍！

事实上，当雕鹰出世以后，就没有几天好日子等待着它们，随即就要接受母亲"不近人情"的训练。正常情况下，母鹰会帮助小鹰锻炼飞翔，因为这种飞翔是最基础的，只是比爬行好一点，所以不多久小鹰就能自行飞翔了！但这只是第一步，如果不接受千百次的训练，母鹰就不会分给小鹰食物，或许这就是一种它们以后的奖惩制度吧！

第二步才是真正的训练，而这种训练也是残酷的。一般母鹰会把小鹰带到高处，或悬崖边上，然后会出现不可思议的一幕，小鹰会被母鹰摔下去，就这样一些胆小的鹰被活活摔死！然而，母鹰并不会因为这些而停止训练，因为它深知：没有这样的残酷训练，自己的孩子就不会拥有过硬的本领，以后的生存就会面临严重的威胁，即使以后能够飞上高远的蓝天，也会因捉不到猎物而被饿死。

然而那些从高处摔下来能胜利飞翔的幼鹰并没有结束最后的考验，等待它们的将是更加残酷的折磨。虽然它们的翅膀正处在成长中，但是却会被母鹰残忍地折断大部分骨骼，再一次从高处抛下，这样就又会有一些小鹰壮烈牺牲。但是母鹰依然不会罢手，尽管它自己也非常地痛苦，但它要继续构筑孩子们生命的蓝天。

有些时候，一些猎人心生怜悯，趁母鹰还没有折断小鹰的翅膀，就偷偷地把小鹰带回家喂养。但出乎人们意料的是，被猎人养大的雕鹰至多能飞到房屋那么高便要落下来，尽管它们的翅膀足有两米多长，却也只是摆设而已！

后来人们才知道，原来，母鹰并不是真正地残忍，正是由于雕鹰翅膀中的大部分骨骼被折断，才会让自己以后飞得更高更远！因为雕鹰翅膀的骨骼具有很强的再生能力，即使被折断了，这时候只要顶住压力、忍住剧痛不停地振翅飞翔，让翅膀足够地充血，很快就能恢复健康，而痊愈之后的翅膀将会比以前更加强健有力。

事实上，如果没有这样的残酷训练，这仅有的机会就会失去，也就永远与蓝天无缘了。

生活有时需要坚持和忍耐，暂时的"委屈"会带给我们蜕变和新生，然而那些不敢面对苦难，在苦难面前消沉低落、自暴自弃的人只能成为软弱的牺牲品，葬送了自己的前程！

雕鹰的故事告诉我们，很多时候我们无法选择生活，但是我们要让自己变得坚强，切莫让重压带来消极和悲观的坏情绪。忍住一时的苦难，学会适应和拯救自己，定会获得生活的光明和灿烂的新生！

5. 怀抱希望不迷茫

莎士比亚说过："希望在任何时候都是一种支撑生命的安全力量。"生活需要一份精神的寄托和支撑，我们才能看到前方的光明和希望，在前进的过程中产生源源不断的动力！

无论遇到什么事，只要心存希望，就不会被消极缠身和困扰，然后集中自己所有的力量去克服困难，哪怕再难也会坚持下来！相反，一个人如果失去了信心和希望，就像大海上一艘随风飘摇的帆船，漫无目标地在海面上摇摆，最终会被狂风巨浪吞噬掉！这样的人，遭受一点点磨难就会退缩和沮丧，经不起考验和历练，又怎么会成就大事呢？

希望就像我们心中的明灯，在我们找不到方向的时候给予及时地引导！所以，任何时候我们都要学会给自己希望，在绝境中寻找希望，才能让我们的人生畅通无阻、灿烂辉煌！

山脚下住着两位残疾人，一个是看不见任何东西的盲人，另一个是行动不便的瘸子。有一天，他们听说在山的另一边生长着仙果，于是他们决定结伴而行去寻找仙果。

他们俩不知走了多少天，也不知翻越了多少山岭，可谓是历尽千辛万苦，竟然头发都有点斑白了。又走了很长时间，但是却依然没有见到他们心目中的仙果，于是瘸子对盲人说："老兄啊，照这样走下去何处是个尽头啊，我真的有点受不了了。"听到瘸子的抱怨,盲人就安慰道:"别灰心啊,你看咱们都走这么远了,会找到的,只要心中抱有希望,肯定会实现我们的目标。"正好他们碰到一个山寨,瘸子铁了心不走了,没办法盲人就一个人上路了!

开始有瘸子相伴,盲人不愁找不到方向,可是现在只能靠自己了。他逢人便问,很多好心人都为他指引方向,尽管遇到很多波折和阻碍,可他心中的希望未曾改变。

盲人的付出没有白费,最后他终于找到了那座山,他用尽全身的力量向山上爬去,然而越接近山顶他越觉得自己浑身充满了力量,好像又回到了年轻的时候!然后他凭借着感觉摸索到了果子一样的东西,因为口渴他拿起来就咬了一口,出人意料的事情发生了,盲人竟然能看见周围的东西了!天啊,真是太不可思议了,盲人在心里感叹道!

盲人高兴极了,在离开时突然想起来要为自己的伙伴带回去两个仙果。等到了山寨之后,他看到一个头发花白的老人,正是当初和自己一块儿出来的瘸子!可是这时候瘸子已经认不出他来了,因为曾经的盲人现在已经成为了一个年轻的小伙子!当他把仙果拿出来给瘸子吃完的时候,却没有他想象中的奇特效果,后来他们终于明白了:凡事只有靠自己的实际行动,在困难的时候不灰心不放弃,才能获得幸福和成功!

成功永远都属于那些不畏艰险,敢于克服困难的人。在生活中,很多人在奋斗的路上往往会半途而废,因为他们没有毅力,看不到前方的希望,所以就找不到继续坚持下去的理由,最终"理所当然"就会走向失败!

心存希望,不仅能够让我们变得开心和快乐,更能带给我们全身心的轻松和愉悦,帮助我们更快更好地到达成功的目的地!

曾经有一位民间艺人,对二胡非常精通,很多人都愿意听他每天演奏的乐曲。可美中不足的是这位艺人先天性失明,而艺人唯一的愿望就是在有生之年看看这个世界,然而所有他知道的名医都束手无策!

有一天,艺人又在拉二胡,路边来了一位方丈对他说:"我这里有一个秘方可以医好你的眼睛。不过有一个前提是,你必须得拉断1000根弦,然后才能打开这张方子,否则是无效的。"尽管拉断1000根弦是非常艰难的,但这毕竟给了他一丝希望，于是艺人就带着自己的一位也是双目失明的徒弟游走四方，全心全意地为别人带去欢乐！

就这样好多年过去了，当他真的拉断了第 1000 根弦的时候，他激动得有些说不出话了。然后迫不及待拿出当年那位方丈给他的秘方，让别人帮他看看上面都写了什么。

当别人告诉他上面什么也没有，就是一张白纸时，艺人流出了感激的泪水，因为它明白了那位方丈的用意！他知道那 1000 根弦其实就是一个让他活下去的希望！

然而，他并没有把事情的真相告诉自己的徒弟，而是把这张白纸完好无损地交给了徒弟说："我这里有一个秘方可以医好你的眼睛。不过有一个前提是，你必须得拉断 1000 根弦，然后才能打开这张方子，否则是无效的。另外你也可以去收自己的徒弟了，当你拉断第 1000 根弦的时候，一切都会明白的！去吧！"

很多时候，生活中的痛苦和磨难会让人失去继续走下去的理由，思想上一时的想不开很容易使自己内心变得无助和恐惧，低落的情绪更会遮住生活中的阳光和积极的存在，甚至会把一切都放弃！而这个时候正是希望给了我们坚持下去的信心！盲人希望自己的眼睛能够得到治疗，重新获得光明。在访问了所有的名医都无果的情况下，方丈的一个"偏方"让他重新看到了希望，于是凭借着心中的信念积极地坚持了下来！事实上，方丈给他的并不是什么"偏方"，而是一个让他活下去的希望！

生活中的我们何尝不需要一个"偏方"呢？很多人觉得自己的人生已经到了绝境，工作不顺利，生活不顺利，甚至家庭不和谐，等等，于是变得沮丧和消沉！但是除了这些我们还拥有很多，生命、健康和亲人……我们为什么不能静下心来看看生活美好的一面呢？事实上，只要我们还有希望，就没有什么过不去的坎坷，一切都会有雨过天晴的时候！

所以，就像刘欢的《从头再来》里唱的："再苦再难，也要坚强，只为那些期待眼神……"其实，这不仅是为了期待的眼神，更多的是给自己一份希望和一个坚持的理由，我们只有让心灵感知到目标和力量，才能走得更远、更快！

6. 把情绪装进口袋

生活中，很多人不善于克制自己的情绪，随随便便就把自己的喜怒哀乐呈现在别人的面前。这样的人或许会被认为是率真和坦荡，但这样会让自己显得稚嫩、不够理智，同时也是对别人的一种不尊重！

尤其在我们的日常生活和工作当中，能够合理调控自己的情绪，不仅不会轻易让别人看透想法，还能增加自己沉稳成熟的内涵，给别人留下美好深刻的印象！一个人如果带着情绪生活和工作，心中的不快就会到处蔓延，很容易引起别人的反感和躁动，更会给自己增添不少麻烦！

一位经理去见自己的客户，在出发之前他精心打扮了一番，并对着镜子练习自己让人看起来最友善的微笑。

然而当他到达预定的地点后，这位客户却一脸的不耐烦，看起来情绪很不好，因为他的爱犬死了。这位经理试着和他沟通，但还没有说完一句话就被客户给呛回去了，因为意见分歧客户甚至言语刻薄，要把经理赶走。

然而，经理却没有发怒，而是克制住自己的情绪，然后上下抚摸自己的胸口，像捉住什么东西一样，进而又像是往兜里装什么东西。

这时客户有点儿疑惑地问："你在哪里干吗呢？"

经理微笑着说："其实也没有什么，我只是把自己的坏情绪给放进了口袋，所以现在你才能看见我的笑容啊。"

客户有点不好意思了，于是他连忙向经理道歉："想在我也要和你一样，把自己的坏情绪放进兜里，希望得到你的谅解！现在我们开始签订单吧！"

一个心态良好、善于自我把控的人，在面对别人的烦躁和刻薄的时候依旧能够按捺住心情，不急不躁用自己的微笑浇灭对方的"怒火"，最终取得了成功！面对顾客的坏情绪，营销员不但没有发怒，而且还用自己的方法帮助客户恢复平静和快乐。事实上，营销员帮助别人的同时也是在帮助自己，因为他的克制和平和换来了订单的成功签署。

每个人都有自己的情绪，好的情绪会起到事半功倍的效果，而坏情绪恰恰相反往往让我们事倍功半！所以，我们一定要学会把坏情绪装进自己的口袋，带着微笑与别人交往会收到意想不到的惊喜！

7. 缺什么不能缺自信

戴尔说："如果你真的相信自己，并且深信自己一定能达到梦想，你就真的能够步入坦途，而别人也会更需要你。"在生活的道路上，无论贫穷或者富有都应该拥有自信，学会欣赏自己，相信自己的实力，才可能鼓起勇气向着自己的目标前进，最终实现自己的理想！

一个自己都看不起自己的人，还有什么理由让别人尊重自己呢？或许我们没有他人富有，或许我们没有他人优秀，或许我们一时无力改变现实，但是不能因此缺少了生活的勇气！

自信和阳光永远都是战胜怯懦的法宝，当我们微笑着去迎接生活的时候，你就会发现原来生活中依然还有那么多的美好！所以，我们要坦然面对生活的各种不幸，更重要的是在苦难中看到生命的光明和希望，并且相信自己一定能够冲破困境，迎来幸福和快乐！

有一个小女孩，她从小就没有了父亲，只能和靠手工活维持生活的母亲相依为命。在这样的生活环境当中，因为她得不到像别人一样的漂亮衣服和饰品，也不像别人那样富有，所以她变得非常自卑和怯懦。

慢慢地，在苦难中她长到了 18 岁。这一年的圣诞节快要来了，出乎她意料的是母亲竟然给了她 20 美元，让她满足自己的一个小小愿望！

她满心的激动和惊喜，但却没有勇气坦然走过马路。于是她就绕开人群，用手紧紧捏着这来之不易的钱，然后身体贴着墙向超市走去！

但她却忍不住偷偷地看一眼路上的行人，她觉得别人都生活得那么开心，只有自己在这个地方最不起眼，过着惨淡的生活。当她看到自己心仪的男孩，又自卑地想，他肯定不会看得上自己，还是趁早打消了这个念头吧！

就这样，她内心充满着纠结和失落来到了超市。刚走进去她就被那些漂亮的饰品闪得眼花缭乱。

当她在那里犹豫不决的时候，售货员招呼她说："小姑娘，你的头发颜色真好看，要是再配上一朵淡绿色的花就更好看了。"女孩听得高兴极了，但她一看标签上写着 16 美元就决定不买了。这时候售货员已经把花戴在了她的头上了，站在镜子面前女孩真的感觉自己漂亮极了，真的有点犹豫了！

想到自己也能像别人一样地快乐，她不再迟疑，果断掏出钱来买下了这朵头花。当售货员找回她四美元之后，她迅速往回跑，结果一不小心撞在了一个老太太身上！在跑的过程中她似乎听到老太太在叫她，由于激动她顾不上这些了！

女孩一口气跑到大马路上，这时她发现很多人都在注视她，甚至听到有人小声说她是这个镇上最漂亮的女孩！突然她遇到了自己当初暗暗喜欢的男孩，而那个男孩竟然叫住她说："请问，今晚你能做我的舞伴吗？"

听到这些，女孩简直要尖叫起来了，她真是太高兴了！于是她决定再回去用剩下的四美元买点别的东西。可是刚一进门就碰见刚才的老太太了，这时老太太笑着说："孩子，我就知道你还会回来的，你刚才撞我的时候头花掉下来了，我喊你你都不回头，所以就在这儿等着你回来！"

原来，并不是这朵花弥补了女孩的缺憾，事实上这一切都是她自信心的回归！

尽管生活是不完美的，但是我们要有一颗完美的心！生活的贫困让小女孩对什么都望而却步，自卑而怯懦的内心让自己在生活面前退缩和犹豫，当她站在大街上得到别人的赞美时，满以为是自己头上漂亮的花才吸引了别人的注意。事实上，没有花她依然那么漂亮，是自信让她学会了欣赏！

有时候我们的人生免不了会存在着缺憾，面对人生的"不圆满"，很多人会失落和彷徨，甚至在生活中变得自卑而忧郁。然而真正能战胜自己这种心理的只有自信和坦然，在困境中不惊慌不迷茫，即便是失去了一切，依然还会拥有乐观、积极和阳光，这才是最圆满的人生！

8.　为自己的失控道歉

《檄梁文》中说："城门失火，殃及池鱼。"在现实生活中也经常发生这样的事情，一些人总是毫不掩饰自己的情绪，生怕别人不知道他在生气，更是没有理由地迁怒于别人！虽然可能自己不是有意针对某个人，但是这种行为极易让人讨厌和反感，甚至产生摩擦和纠纷，带来彼此双方的不愉快！

无论任何事物都有自己的存在意义和价值，我们没有权利把自己的痛苦施加给别人！当我们遇到不愉快的事情或者情绪低落时，要学会自我调节和劝慰，而不是任其肆意蔓延，否则伤人又伤己！当然，如果我们已经伤害到别人，就要真诚及时地向别人道歉，切莫再让坏情绪成为彼此之间沟通交流的障碍！

古时候，一个书生为了得到思想上的进步，决定向一位贤者请教。

不过，当书生出发的时候因为一点小事心情很糟，满脸的烦躁，只要是见过他的人都能看得出来他在生气！

没多久他就到达贤者的门口，这时正巧他的鞋带被缠成一团，费了很大劲才解开。他不解气，就狠狠地把自己的鞋子甩了出去砸在大门上，贤者以为出了什么事情，出来一看才知道是这么回事！

看到贤者出来了，书生这才勉强地改变自己的态度，向贤者礼貌地鞠了一躬。

但令书生意想不到的是，贤者竟然说："很抱歉，我现在很生气，一点儿也平静不下来，没法与你交谈。除非你先向我的大门和你的鞋子道歉。"

这话让书生听得一愣一愣的，有点不高兴地说："先生不是开玩笑吧？有这个必要吗？况且我也没有听说过有人向大门和鞋子道歉的，再说了它们也没有感觉！"

贤者态度认真地说："物和人是一样的，都应该受到一定的尊重。当你把自己的坏情绪带给它们的时候，你就要准备好道歉！所以，你只有这样做了，我才会尊重你，别人也才会尊重你，否则就没有谈下去的必要了！"

　　书生在心里思索："能见上贤者一面不容易，不能因为这点事耽误了自己的求教，那样岂不是得不偿失！"

　　随后，他按照贤者的话一一向自己的鞋子和大门恭敬地道了歉！这时贤者笑着说："好了，现在你的坏情绪已经远去了，我们可以坐下来好好地交流了！"

　　后来，书生和自己的朋友提到这件事，说："刚开始我还真觉得有点滑稽和可笑，但当我真的道歉之后，才发现心情已经好了很多！真是不可思议，只是一个小小的举动，就能让心情改变那么多！"

　　在人生的道路上，无论发生什么事情，一味地让情绪泛滥是解决不了任何事情的，只会让事情变得越发不可收拾！事实上，面对这样的情况，最理智的做法就是先让自己的心情平静下来，因为在你情绪激动的时候说什么都是无济于事的。其实，当你能够静下心来听别人的劝告，回味自己的行为的时候，你就会发现原来自己是如此的冲动，很容易把事情搞砸！

　　一个人的内心如果被坏情绪占据，那么他看到什么都会觉得不顺眼，总想发泄一番，借此达到心理的平衡！事实上，这种迁怒于别人的做法不但不会缓解郁闷，反而会增加心里的"负罪感"。当你无缘无故对一个人发脾气的时候，尽管表面显得"理直气壮"，其实你的心里是惭愧的，因为你心里非常清楚是自己在"无理取闹"！

　　所以，当我们对一个人施加坏情绪的时候，一定要及时向别人表达自己的歉意，这样不但是对别人的一种尊重，同时也让自己的"负罪感"减轻，给自己的失控有个合理的交代！学会调控情绪，才能拥有更多的友谊和尊重，才能在通往成功的道路上越走越稳！

第三章

看透心态的实质

——学会调控，不为所困

人们常说，凡事要透过现象看本质，这样才能准确把握一件事物。情绪也是一样，很多人之所以整天闷闷不乐，活在痛苦和烦恼当中走不出来，实质上就是因为当他们遇到不顺心事情的时候，只知道难受，却不懂得情绪调节。相反，如果能够及时地疏导和释放，那么哪还会有这么多的困惑！

所以，在生活中，我们一定要学会看透情绪的实质，找到究竟是什么让自己不开心，怎样做才能远离坏情绪的侵扰。把这些问题解决了，我们才能不为生活烦恼，不为情绪所困，享受到生活的轻松和愉快！

1. 激发情绪的无限潜能

情绪是客观存在于人的意识当中的，只是有的时候我们表现出来的状态不一样而已！当我们处在无忧无虑的环境中，我们的情绪就会显得比较平和、平稳，没有太大的起伏和波动，所以这时候没有人会意识到情绪的作用；而当我们处在危急或者焦虑的情况下，人们的情绪就会得到最有效的调动，从而激发出全部的超乎寻常的潜能，或许这就既是人们常说的"超常发挥"！

用专业的术语来说，这种特殊情况下的情绪调动就是"应激反应"。在面临威胁甚至是死亡的时候，人们的情绪被高度地集中，会迅速做出积极果断地决定，并促使自己的身体和心灵创造出平时所不能达到的奇迹！

美国有一位士兵，在越南打仗的时候受伤了，被迫回国治疗。因为当时是流弹打着了他背部的下半截，后来尽管康复了，但已无法行走。

最终他被确定成了残疾人，每天与轮椅相伴的他，觉得生活已经毫无意义，偶尔还借酒消愁。

然而，有一天他刚出酒馆就被三个劫匪给盯上了。面对劫匪的抢劫，他拼命地喊叫和反抗，这更加激怒了三个劫匪，竟然放火烧他的轮椅。这时候，他忘记了所有的一切，包括自己不能行走，求生的欲望让他只记得逃命，最后他竟然一口气跑了一条街。

这件事过去了，他给别人说："当时的情形太危急了，不逃就意味着死亡，所以这才让自己站了起来，停下来的时候才发现自己竟然还能走。"后来，他便很快和正常人一样生活、工作了。

士兵之所以能够突破医学常规，最后竟然站了起来，是因为当时的危急关头让他把自己的情绪发挥到了极致，求生的欲望激发出了他的潜能！所以情绪的潜能能够让一个人发挥出超常的水平，得到意想不到的收获，在日常生活中我们一定要注重调动情绪的积极性！

有一个患先天语言障碍的孩子，和自己的父亲相依为命，几年之间都不曾开口说话！

当初，孩子和自己的父母生活在一起，一家三口靠经营小生意为生。但后来由于生意不佳，不但没有赚到钱，反而亏损了很多。后来生活越来越困难，再加上孩子的先天性疾病，孩子的母亲竟然选择了悄悄离开，这让一家人的生活更是苦不堪言！

伤心欲绝的父亲丧失了生活的信心，决定和孩子一起自杀。当父亲把事先准备好的农药端给孩子喝的时候，孩子竟然开口说话了，含糊不清中说道："我还想活着……"看到孩子的奇迹，最终父亲放弃了这个念头，决定和孩子好好生活下去！

一个人的潜能是无限的，这种潜能的激发在很大程度上取决于外界刺激的强烈程度。当孩子面临死亡威胁的时候，由于求生的欲望让他的内心产生了强烈的刺激，从而带来巨大的情绪冲击，这时候他的潜能就被激发出来了！

任何人在遇到类似的危急情况时，都会做出本能的应激反应，把平时处于沉寂状态下的潜能淋漓尽致地发挥出来，无论是判断力、忍耐力，还是反应速度都会超出平常的水平，以致会出现人们意想不到的事情，甚至是奇迹！

这就告诉我们，在平常的生活中一定不要忽视情绪的作用！不论团体还是个人，都应该善于激发情绪的潜能，把自己潜在的能力挖掘出来，充分利用情绪的积极作用，将对我们的人生产生不可估量的价值！

2.　做坏情绪的终结者

在人与人交往的过程中，误会和小摩擦随时都可能出现，这就会给人们的心里带来委屈或者不愉快。一个人的心情不好往往会表现在生活和工作当中，也会把这种坏情绪无缘无故地转移到别人的身上，带给别人不愉快！就这样，本来一点小情绪慢慢地会在周围的人当中扩散开来，影响到很多人！

所以，我们不要想着生气只是自己的事情，其实它关系到很多人，不要因为一点小事而斤斤计较，让坏情绪在心里滋生！我们要学会及时消除心中的不快，把坏情绪终结在这里，不仅利人，而且利己！

一天，因为工作的问题，老板没有弄清楚就把小张给批评了一顿，并在众人面前斥责了小张。后来，小张觉得很冤枉，于是憋了一肚子火无处发泄。

晚上回家，小张无缘无故地随便找了个借口把自己的妻子给骂了一顿，妻子当然觉得很委屈，就把刚从外面回来的儿子给教训了一顿，说是嫌儿子今天回来晚了。

事实上，儿子并没有回来晚，只是和平时一样，他觉得很委屈，出门看到一只小狗就狠狠地踢了一脚。

然而，小狗的主人更加气愤了，自己的心爱宠物被别人白白踏了一脚，人已经跑远了，上哪儿说理去？小狗主人回到家，左思右想也不解气，又把自己的情绪迁怒给丈夫，无中生有地数落起了丈夫。

小狗主人的丈夫是位老师，凡事总爱讲道理，可是唯独和自己的妻子讲不通！

于是老师在课堂上因为一点小小的毛病，就把学生们给狠狠地批评了一通。学生们都感到莫名其妙，老师以前不是这样的，现在是怎么了？于是在心里不只是疑惑，而且还埋怨上了！

由于生气，学生在放学的路上用力拍了拍报刊亭的玻璃，卖报的老板伸出头就骂学生，学生更加生气就把他的报纸给扔了下来，就这样报亭老板和学生闹得不可开交……

很多时候，一个人因为受到了委屈或者不公平待遇，立即就会在心里生起无名的火，并想方设法把自己的不幸呈现在别人面前。甚至无缘无故对别人发脾气，从而引起情绪的泛滥，无限制地在人群中蔓延，即使是毫不相干的人也会受到这种坏情绪的牵连！

因为坏情绪就像病毒一样，会迅速在人们之间传播开来，在别人还没有防备的情况下已经侵入到心里，带来的影响或许不会太大，但是足以让人失去原有的美好！特别是正在认真工作和学习的过程中，突如其来的不快会让你再也没有心情进入状态，本来好好的心情或者环境突然间被别人的坏情绪所打破，甚至毫无理由遭到别人的指责，对于谁都难免会心里感到不平衡！这时，人与人之间就会失去了原有的和睦，让生活和心情变得极其糟糕！

所以，自己心情不好的时候，不要无限制地把它放大或者蔓延，而是要学着调控，控制在一定的范围，慢慢化解掉，才不会影响别人的生活和情绪。

3. 情商对每个人都极为重要

在我们的人生道路上，很多人认为智商是决定成败的关键因素，把智商看得高过一切。事实上，还有一种更重要的东西被人们忽略了，那就是我们的情商！从某种意义上来讲，情商比智商更重要，高智商让我们拥有聪明的头脑，而高情商的作用就在于让我们的智商得到更大、更合理地发挥！

其实，情商也是一种能力和技巧，能够让我们懂得怎么样去处理生活中的事情，怎么样和别人交往，怎么样做出更加合理的取舍！一个人拥有的高情商，将有利于自己更好地适应生活，取得成功！

一只脾气暴躁的小狗，一不留神跑进了一间四面都是镜子的屋里。突然，它一抬头看见很多只狗同时出现在镜子中，顿时让它有点惊恐。

为了捍卫自己的"领地"，这只狗变得龇牙咧嘴，并不断地狂吠，这时镜子里的狗也像它一样暴怒起来！这只小狗顿时不知道怎么办好了，吓得战战兢兢，开始在屋子里不停地奔跑，最后累死在了镜子前！

这个故事何尝不是在说我们的人生呢？面对别人，哪怕是自己的对手，只要我们能够主动拿出自己的诚意，学着与别人和睦友善地相处，释放出心中的善意，同样也会得到别人的尊重和信任！

莫泊桑曾说："不知谦恭和睦的人，不但会遭到物质上的损失，而且还将因此失去一切生活上的情趣。"的确，在生活中斤斤计较、睚眦必报的人，往往会以一种狭隘的心态去看待生活，以自己的小肚鸡肠去度量别人！最终这样的人会与别人失去和睦，得不到别人的信任与尊重，还会失去更多的友善和友谊！

有一位心理学家叫瓦特·米歇尔，曾经他做过一个软糖实验。

他把实验的地点选在了一个幼儿园。具体的内容就是，把一群四岁的孩子放在一个墙面很太花哨的大厅里面，然后每个人的前面都要放一个软糖，告诉他们说："各位小朋友，老师有事儿要出去一下，记住千万不要把你们面前的软糖给吃了，否则我就不会再给你们加糖了。如果谁能够控制住自己，一会儿回来我就再奖励一个给他！"

事实上，老师并没有走远，而是在外面观察。老师不在屋里，这群孩子中有的不停地伸出手又缩回来，有的过了一会儿便开始吃起来，不过大部分孩子还是能控制自己的。老师回来后，兑现了自己的诺言，给那些没有吃糖的孩子奖励一块！

到这里，这个实验并没有结束。老师们在一起讨论为什么有的孩子能够抵挡住诱惑呢？在这个试验中，有的孩子靠数手指头，让自己不去想也不去看；有的强迫自己睡觉等，是他们愿来让自己的注意力转移到一旁！

然而，这个实验依然没有完。人们后来又发现，这些孩子在后来更高阶层学习中，当初能控制住自己的孩子，初中后无论表现还是成绩都比较令人满意，其他各方面比如毅力、合作精神也都很好。相反，那些不能控制自己的孩子，不仅读书时表现一般，进入社会差不多也是这样！

在这个实验中，有的孩子经不住软糖的引诱，最终失去了获得下一块软糖的机会；而有的孩子想方设法转移自己的注意力，控制住自己的情绪，很幸运地得到了下一次奖赏！从这里我们可以得出，有些时候智力并不是唯一一项决定成功的因素，只有同时具备了情商，才能够在诱惑面前控制住自己，做出理性的判断！

在当今复杂的竞争环境中，只有高智商是不会让你取得成功的，尽管聪明的头脑会让你把很多事情都看透，但是怎样去执行运用还需要情商的配合！所以，我们一定要跳出"唯智商至上"的怪圈，努力培养自己丰富的情商，把智商和情商结合起来，才能够在成功的道路上畅通无阻！

4. 学会选择好心情

毕淑敏曾说过："人可能没有爱情，可能没有自由，没有健康，没有金钱，但我们必须有心情。"的确，心情是人生中比较重要的东西。然而心情的好坏是自己选择的，想要拥有快乐和阳光，我们就要学会欣赏生活，选择美好，珍惜当下拥有的一切！

在人生的旅途中，只有学会积极和豁达，才能不被生活中的细枝末节所影响，欣然接纳生活，并笑着去迎接！人生在世，我们每个人都有不一样的生命，也会遭遇到不一样的困境，虽然我们改变不了环境，但是至少我们可以改变自己的心情！

选择一份好心情，我们将拥有无数的快乐和美好，更能带给我们信心和勇气！无论遇到什么事情，无论遇到再大的困难，即使我们什么都失去了，但是我们依然可以选择快乐和好心情，笑一笑什么都会过去的！

杰瑞工作于一家餐厅，而且他是这家餐厅的经理。无论在什么时候，他总能展示给大家一个好心情。每当有人问他最近生活得怎么样时，他总是有好消息可以说。

当他换工作的时候，许多服务生都不愿意离开他，于是就跟着他从一个地方换到另一个地方。

因为杰瑞在生活里总表现得很积极，内心充满阳光。每当有员工遭遇不幸的时候，他总是适时地告诉那位员工往好的方面想。

一天两天可以，但是在现实生活中像杰瑞这样，一直保持好心情的人真是少之又少！所以，他的一位朋友感到很好奇，就问他说："我不懂，没有人能够一直这样地积极乐观，你能告诉我是怎么做到的吗？"

杰瑞回答："在生活中，我每天第一件事就是告诉自己：今天有两种选择，要么快乐，要么悲伤。即使有不好的事发生，我也可以换一个角度看到其中积极的一面；而当有人跑来跟我抱怨，或者接受抱怨，或者指出光明的一面，我总是选择生命的光明面。"

朋友说："但是具体做起来会很难的！"

"的确如此！但是每个人来到这个世界上，无时无刻不在做着选择，你可以选择好心情，也可以选择坏心情；你可以选择积极的一面，也可以选择消极的一面，生活是自己的，快乐也是自己的，想要自己拥有一个什么样的人生，取决于你如何选择！"杰瑞说。

很多年后，有一天，杰瑞发生了一次意外，在关店门的时候他遇到了三个劫匪。这些劫匪逼着杰瑞把保险箱打开……

然而，在打开保险箱的过程中，由于紧张，杰瑞不小心让警铃响起来了，劫匪一慌张开枪击中了杰瑞。幸运的是杰瑞很快地被邻居发现，紧急送到医院抢救。

后来杰瑞康复出院了，但却有一颗子弹留在了他身上！

再后来，他的朋友来看他，问道："面对劫匪时你都在想些什么呢？"

杰瑞答道："我第一件想到的事情是我应该把后门给锁上，后来不幸被枪击中，我躺在了地板上。那时候我在想其实我有两个选择：选择生或者死，而我选择了活下去。"

"你不害怕吗？"朋友又问道。

杰瑞继续说："医护人员真了不起，是他们一直在鼓励我，让我放松下来，不要担心。然而，当他们将我推入紧急手术间的路上，医生焦虑的神情让我意识到了危险，甚至是死亡！"

"当时你做了什么？"朋友问。

杰瑞说："当时有位护士用超大的嗓门问我是否对什么东西过敏，而我告诉他有，是子弹。大家听完我的话都笑了！在他们笑完之后，我告诉他们，我现在选择了继续活下去。请他们把我当作一个活人来做手术，不是一个活死人。"

杰瑞能够在死神手里夺回自己的生命，当然要归功于医生的精湛医术，但他的乐观和豁达也是令人钦佩的！

故事中的主人翁之所以能够坚强地活下来，不仅要归功于医生的技艺精湛，更值得肯定的是他的那份洒脱和乐观。勇敢地选择乐观积极，尽管在最危急的时刻，他依然能够拥有一份好心情，让他顺利地渡过了难关！

人生有两条道路，一条是快乐的，一条是痛苦的。每个人都有选择的机会，你可以选择在快乐的道路上享受生活，当然你也可以在痛苦的道路上充满抱怨和憎恨！无论在什么时候，只要你愿意，好心情就会属于你，没有人能够剥夺你的这项权利！

好心情不仅会带给我们自信和阳光，而且也有利于我们的健康！学会在生活中看到在希望，在逆境中发现生机，那么再大的苦难也会因为你的积极乐观而变得微不足道，快乐就会如影随形和你相伴！给自己一份好心情，让世界对着你微笑；给别人一份好心情，让生活对着我们微笑。

5. 克制自己的情绪

生活中会有很多不顺心的事情，动不动就生气、冲动的人很容易失去理智，不仅会带给自己痛苦，甚至还会引起无法挽回的悲剧！在遇到烦恼或挫折时，能够克制自己的人往往拥有宽广的胸怀和自我调节的能力，无疑这会减少生活中的摩擦和矛盾，给自己营造一个良好的环境，有助于走向成功！

高尔基说过："每一次克制自己，就意味着比以前更强大了。"克制自己的情绪，不仅能够给自己赢得更多的时间和机会，也说明自己的内心比以前更加沉稳，更能接受磨炼。所以，克制自己的暴躁和冲动并不是软弱的表现，恰恰证明了自己内心的强大！

古时候有位年轻的庄稼汉，每次当他快要与人起争执的时候，他就立刻冲出现场，跑回到自家的田园上，绕着田园和房子开始奔跑，并且每次都左跑三圈右跑三圈。当跑得上气不接下气时，他才气喘吁吁地一屁股坐在家门前沉思。刚开始大家没在意，可是次数多了大家就觉得奇怪。想问个清楚，但是庄稼汉都是笑而不答。

随着时间的流逝，年轻的庄稼汉也娶了媳妇生了孩子，并且盖起了一间又一间的房子，田园也随之不断扩大。而且他在村子里人缘也特别好，从来没有跟哪家吵过架或结过怨，因此，样样事情都很顺利。但是人们一直都很奇怪的事还是没有得到解答。转眼庄稼汉到了中年，已成为富甲一方的大亨，但是他那"跑步"的习惯仍然保留着，而且每次都是在碰到不愉快的场合之时。

年轻时的自控能力让庄稼汉尝到了很大的甜头，后来又帮助他拥有大量的财富。老了时和家人坐在一起聊天。他就感慨道，人生能有多长的时光呢？与其整天与人不快，自己也不快，还不如一团和气的好些，整天计较来计较去，又有什么用呢？在生气的时候劝自己那是对自己好，和别人生气的时候劝自己那是对大家好，你好，我好，大家一片和气又有什么坏处呢？至此，他的家人才算是真的明白了。

有的人聪明就在于不与别人计较，懂得适时调节自己的情绪，把自己从争执冲动的边缘给拉回来，然后转移心中的怒火，最后换来和睦的环境、和谐的氛围！

就像老汉自己说的，人生在世很短暂，何苦要让自己的情绪伤害了彼此间的和睦呢？在生气的时候善于克制自己，转移目标赢得好心情才会拥有更多快乐！

从前有一个男孩脾气很坏，谁的话也不听，自己也控制不住。所以几乎每天都会发很大的脾气，不是和班里的同学吵架，就是和邻居闹得面红耳赤，甚至还会动起手来。有的时候他不但不听老师的话，就算是自己的亲人他也不停地顶嘴，让大家很是头痛！

他的父亲很有智慧，面对他的暴躁和不安，并没有采取过激的行为，因为他知道那样只会起到反作用。于是，他的父亲想出了一个好办法。有一天，父亲拿过一大把铁钉和一把小锤子对他说："儿子，因为你经常发脾气，我知道有时候你也控制不住，现在我教你一个克制的办法。以后如果你想要发怒的时候，就跑到门口去使劲往木桩里砸钉子，用这把锤子狠命地砸进去，发怒一次就钉一颗钉子。"

男孩以为找到了很好的办法，于是很高兴地接过了钉子和锤子，按照父亲的说法认真地做了。就这样，每当他发怒的时候就跑到家门口的木桩那里，狠命地砸进去一颗铁钉，最多的一次他钉进去几十颗钉子。后来钉子没有了，他就找父亲去要，当然父亲很爽快地就给他了。天长日久，小男孩对砸钉子也慢慢丧失了兴趣。

父亲知道之后，把儿子叫到面前说："孩子啊，我知道你对砸钉子已经不感兴趣了，那么现在你把自己钉进去的钉子再取出来，每生一次气就取出一颗钉子。"听完了父亲的话，小男孩按照父亲的话到木桩那儿取下了一颗钉子。然而他发现取出钉子并没有钉进去那么容易，并且难多了。

虽然钉子不好取出，可从那一天开始小男孩每天就很少往木桩上钉钉子了，而取出的钉子慢慢越来越多了。直到有一天，他再也不向木桩钉钉子了。那一刻父亲表扬了他，小男孩心里喜滋滋的。

后来，小男孩用尽全力把所有的钉子都取出来了。这时父亲带他来到那根大木桩跟前说："孩子啊，你知道为什么取出钉子要远比钉进去钉子难吗？这就像你青骂一个人的时候很简单，可是想要再恢复从前的友谊就会很难，这是一样的道理！再者，就算你把所有的钉子都取出来了，但是里面的痕迹却清除不了。"

小男孩从父亲的话中知道了不应该轻易伤害亲人朋友，因为这种伤害无论事后怎么弥补都不会回到以前的模样！

坏情绪会伤害别人，也会伤害自己，就像钉进去的钉子一样，即便再把它给拔出来，已经造成的伤痕也永远无法清除！

所以，我们不要因为自己的坏情绪随意去伤害别人。克制自己，防止心中的怒火肆意地燃烧，否则灼伤的不仅是自己和别人的心灵，还会阻碍我们前进的步伐！学着拥有一份宁静平和的心情，带着愉悦和美好与别人交往，生活就会充满快乐！

6. 心境决定人的心情

一位名人说过："决定一个人心情的，不在于环境，而在于心境。"有的人腰缠万贯，生活已经很富足了，但是他不懂得珍惜和拥有，反而会生出很多的烦恼；而有的人生活过得很普通，甚至是衣食住行都不能自保，但是他们却能在逆境中看到希望、知道满足，更不会抱怨上天的不公，懂得在生活中寻找好心情，不为一时的得失而困惑，依然过得有滋有味！

所以，豁达和乐观的人往往能够跨越心灵的障碍，拥有宽广明媚的心境，平静地看待生活，用一种包容和接纳的心态面对自己的处境，并能在生活中找到快乐！

苏格拉底年轻的时候，家里很贫困，于是他决定出来打拼。由于没有钱，他就跟几个朋友一起挤在一个七八平方米的屋子里。后来他的同乡过来玩，看到他住的地方，就惊奇地说："你怎么住这样的房间呀？又黑暗又拥挤，甚至连站脚的地方都没有。"苏格拉底笑着说："没事，挺好的，出门在外有个地方住就行了，我已经习惯了。"同乡看着苏格拉底乐呵呵的样子，说道："亏你还能笑得出来，几个大男人住在一起，都没有自己的时间和空间学习吧?"

苏格拉底听了笑着回答:"不是那样的,这几个伙伴是好伙伴,我们在一起住着不仅感情和睦,还可以随时交流思想和学识,难道不值得开心吗?"

几年后,几个伙伴结婚的结婚,上学的上学,都先后搬了出去,只剩下苏格拉底一个人。但是,他看起来每天还是很快乐。一次,一个邻居问道:"小伙子,看你现在孤零零的一个人,赶快找个女朋友呀?"

苏格拉底笑着说:"我虽然想找女朋友,但是我并不孤单。有那些书陪着我呢,书就是我的良师益友,有这些有思想、有感情的'朋友'陪伴我,我高兴还来不及呢。"

又过了几年,苏格拉底自己也结婚了。有了家,他就搬进了一个公寓,但是他只能付得起最底层的那套房的租金,住在最底层不仅环境潮湿脏乱,而且不安全。有一次,苏格拉底的同事过来玩,看到这样的条件,就问:"你看你家的环境这么差,你和妻子还一副其乐融融的样子。你们真的那么快乐吗?"

苏格拉底答:"我们的确很快乐呀!住在一楼,办什么事都方便,不用很累地爬楼梯,进门就是家,而且你看窗外可以种些花草,种点蔬菜,给生活增添不少乐趣呢。"

又过了一年,苏格拉底搬到了七楼。原来,七楼住着一个腿脚不方便的邻居,上下楼很不方便,于是好心的苏格拉底就把一层的房子让出来,搬到了七层。邻居都说苏格拉底傻,住在最顶楼多不好呀。

苏格拉底听了又是这样说的:"我喜欢住在顶楼,有充足的阳光照进来,光线很亮,看书写字对眼睛也好,累了的时候在阳台上吹吹风是多么美妙的一件事啊。而且由于没有时间锻炼身体,就把爬楼梯当成锻炼身体了,一举两得,这不更好吗?"

的确,一个人拥有什么样的心境,就会相伴什么样的心情!因为他看待事物的方式和角度不同,即使是同一种事物也会出现不同的态度,这就决定了人们之间的快乐与否!年轻时的苏格拉底虽然一无所有,处境十分的艰难,但是他却没有人们想象中的悲观失望,反而能够劝慰自己拥有一份好心情,在苦难当中保持积极乐观的心境,着实难能可贵!

从这里我们不难看出，好心情往往不在于环境的好坏，更关键的是自己的心境，面对生活不抱怨，积极乐观笑看人生，才能不为外物所困，让快乐与自己常相伴！

7. 愤怒之前多三思

在现实生活中，很多人不能控制自己的情绪，只要遇到一点不顺心的事情，立即就会脾气大作，不管三七二十一把心中的所有怒火都要呈现出来！然而，这样的暴躁不仅会伤及无辜，对自己也会产生不小的影响，甚至是恼羞成怒，本来的好心情全部消失殆尽！

事实上，我们完全可以换一种思维，给自己一份理性，学着去调控自己的情绪。在我们发怒之前，不妨让自己稍微停顿一下，想一想自己究竟是怎么了，为何事才变成现在这个样子，又是什么让自己失去控制，自己这样生气值不值得，等等。当我们能够静下心来思考这些问题的时候，或许就会改变你的心态和情绪，冲动和愤怒也会慢慢地平稳下来！

有一个二十多岁的姑娘，人长得十分俊俏，但就是容易冲动，脾气暴躁。在生活中，这位姑娘往往因为一点小事就与别人吵架，因此她的人际关系越来越紧张，最后连自己的男友都承受不住和她分手了！

后来，她再也受不了了，感觉自己已经处在崩溃的边缘，于是她向自己的朋友汤姆求救。在电话中，汤姆安慰她说："我的朋友，请你不要着急，尽管我知道你现在的心情非常糟，但请你相信只要好好调节一切都会好的！"

"你现在需要做的就一件事，那就是好好让自己的内心冷静下来，学会平静自己的生活，然后再来解决你的问题！"汤姆接着说。

按照汤姆的话，她开始转移自己的注意力，试着把以前的生活先放下，让自己好好放松身心，给自己休了一个长假。后来，她的情绪渐渐稳定，汤姆告诉她说："如果你要是想发脾气，不妨事先先思考一下，是什么让你变成这样？"

"事实上，你可以用两种不同的思考方式做一下对比：一种是顺其自然，不苛求自己；另一种是让所有的烦恼在心里翻滚、发酵。"汤姆接着说。

随后，汤姆又拿出了两个带有刻度的透明玻璃杯。然后汤姆把每个杯子里装入一半刻度的清水，同时拿出两个分别装有白色和蓝色玻璃球的塑料袋。汤姆说："以后如果你再遇到什么不开心的事情，就在左边的刻度杯里放入蓝色球；而当你控制住自己情绪的时候，就在右边刻度杯里放入白色球！然而，最重要的是你要学会调控自己的情绪，否则你的生活依然会乱作一团！"

从此以后，她认真地按照汤姆的建议去做。过了一段时间，汤姆来她的家里做客，他把杯子里的玻璃球全都捞了出来，结果他们发现装有蓝色玻璃球的水变成了蓝色。

原来那些蓝色的玻璃球本不是蓝色的，而是汤姆在它们上面涂了涂料。当玻璃球被放进水中时，涂料就溶解在水中成了蓝色！汤姆借此说道："我的朋友，你看，好好的清水因投入'坏脾气'后，就被传染了。所以，你要学会控制自己的情绪，否则不仅会伤害到自己，也会感染别人，对别人造成伤害。"

她接受了汤姆的建议，慢慢地就发现，果然不像以前那么混沌了，处理事情也变得轻松多了！而此前，忧虑和冲动早已成了她的习惯，这些让她恐惧慌乱而情绪化。

后来当他们再相聚的时候，他们发现那个装白色玻璃球的刻度杯的水竟然溢出来了，这说明她已经能够很好地管控自己的情绪了。

很多时候，人们因为紧张和冲动才会失去自己的理智。所以，每当我们想要愤怒的时候，最好给自己一个心灵的缓冲地带，尽最大可能让自己冷静、放松下来，同时暗示自己不要冲动，想办法去解决眼前的问题！这样，我们才会把握住自己的心灵和情绪，不被坏情绪牵着鼻子到处乱转！

大家都知道，生气和愤怒解决不了任何问题，但是当自己身处其中时往往又会迷失了自己！这就要求我们一定要多考虑自己的这种做法的利弊得失，给别人和自己会带来什么影响，多想一想美好的事物，换一个心情面对生活！

古语说："三思而后行。"这句话的确有它的道理，当我们失控的时候什么都不记得了，很容易产生让人遗憾的结果，而愤怒前多给自己一份思考的时间和空间，就会让自己重新找回清醒和理智！

第四章

让生活多一点理性

——宠辱不惊，不易冲动

纵观古今中外，凡成大事者，都具有一种优秀的品质，那就是沉着冷静。无论发生什么事情都不会自乱阵脚，让自己失去控制，这是他们能够取得成功和辉煌的一个关键因素！

然而，不光是那些成功者，对于每一个人都是一样，遇事要做到从容镇定、处变不惊，不让自己的情绪失去控制。这样不仅能给自己留出更多的时间思考和判断，还能显示出自己的风范！如果在困境和挑战面前变得惊慌失措，一时冲动往往会造成不可挽回的后果，后悔晚矣！

在前进的过程中，让情绪多一份理性，才能多一份成功的概率。冲动是解决不了任何问题的，只能让事情越来越糟，带给自己越来越多的痛苦或是困扰！所以，做一个沉稳和智慧的人，需要理智的情绪！

1. 不要让心灵留下遗憾

人们都说冲动是魔鬼，会带给自己痛苦和折磨，这句话的确不错！在很多事情上，人们往往缺少耐心和理智，很容易被自己的眼睛所蒙骗，以一种先入为主的思维惯性看待生活，认定就是对方的千错万错！

最终，这种盲目和冲动会形成误解带来自己情绪上的波动，顿时怒从心生，失去理智和清醒的头脑。对别人充满仇恨和抱怨，甚至是因为控制不住自己而做出令人遗憾终生的事情！

古时候，在一个山脚下住着祖孙俩人，另外还有一条大狼狗与他们相依为命。尽管这样的日子不算富有，但爷爷看着自己一岁多的孙子听话又聪明，心里也是美滋滋的，所以他们的生活充满了甜美和快乐。

有一天，爷爷要去不远处的河边挑水，带着自己的孙子又不方便，于是他就将孙子哄睡着后放在了床上，然后老爷爷在外面把大门上了锁，才放心地出去！

爷爷心里虽然还不是十分的踏实，但想到毕竟还有自己的大狼狗在家看着，于是心里就放松多了……突然，正在院子里卧着的狼狗跑进屋用嘴叼起孩子放到床下，随后站在院子里虎视眈眈地盯着一个方向。

没多久，就看见一条大蟒蛇不知从什么地方钻进了院子。原来，刚才大狼狗已经感觉到危险的到来，所以才出现那一幕！

大狼狗看着大蟒蛇还在朝着自己的方向爬行，它已经做好了和大蟒蛇决一死战的准备。突然间，大狼狗和大蟒蛇都向对方发起了猛烈地攻击。它们不停地在一块儿厮打，几个回合下，彼此都弄得伤痕累累！就这样，它们不知道战斗了多少个回合，大蟒蛇终因敌不过大狼狗而灰溜溜地跑了！

此刻，大狼狗也已经累得气喘吁吁，幸好爷爷从外面回来了。刚一进门，爷爷看见满地都是血，而且大狼狗身上也是血迹斑斑，爷爷慌忙扔下手里的东西奔向屋里去了。一看床上的孩子没了，再看看大狼狗的情形，爷爷毫不犹豫地用猎枪把大狼狗给打死了！

正在这个时候，只听见屋里传出"哇、哇……"的孩子哭声！

爷爷马上反应过来，跑回屋里从床下抱起自己的孙子，激动得流下了泪水。正在爷爷庆幸自己的孙子没事的时候，猛然间想到一个问题：为什么狼狗会满嘴是血呢？然后他来到院子顺着血迹向外寻找，在不远处一棵大树下看到了一条死在那里的大蟒蛇，顿时爷爷明白了一切……

爷爷转身回到院子，看着一动不动的大狼狗，失声痛哭起来！

等到事情发生了，产生了无可挽回的局面之后，人们往往才如梦初醒，认识到自己的愚昧和无知，但是这一切都来得太迟了，世界上没有后悔药，痛苦和怨恨已解决不了任何事情了！一条忠诚的狗，为了自己的主人不惜与危险搏斗，即使是搭上自己的性命也在所不惜，但是最终它没有得到主人的信任，反而因为主人的一时误解和冲动断送了自己的生命！这是狗的不幸，然而最根本的却是主人的悲哀，因为冲动留下终生的遗憾！

在生活中，一时产生疑惑和误解总是难免的，但是我们先不要急着给事情下结论，不妨先让自己清醒一下，等到一切都弄明白之后再行动也不迟！否则，一时的意气用事只会带来永远的痛苦和悔恨！

2. 记住下一次，不要下一个

在漫漫人生旅途中，会有很多挑战和诱惑等着我们，我们一定要学会珍惜已经拥有的东西，在承受不了的时候放手。否则，徒劳地坚持只会让你失去所有！不要总认为还会有更好的，其实眼前的就是最好的，盲目地追求下一个会让你错过人生最美的风景！

适时，我们要停下自己的脚步，回头看看自己已经取得的成绩，把握住眼前的机会，理性客观地看待自己和生活，不要被诱惑迷失了方向！

有三位登山爱好者，他们分别是夏普、罗丽莉和英格里斯，其中英格里斯失去了双腿，靠着假肢来完成这项活动。这次他们的目标是向有"世界屋脊"之称的珠穆朗玛峰进发，然而在登上了 8000 米以后，他们经历了人生中最艰难的抉择！

当罗丽莉登上 8680 米的高度时，双手已经被冻伤了，而且由于体力的消耗，再也支撑不下去了。这时。离成功只有 164 米了，但经过一番激烈的思想斗争，她最终选择了放弃，然后告诉自己：下次再来的时候，一定要把剩下的距离完成！

更加糟糕的是，其中的夏普不仅也被冻伤，而且氧气也快没有了，但他就是不肯停下来。饥寒交迫，再加上缺氧等一系列的因素，夏普在到达 8534 米的时候已经气息奄奄。

不久，英格里斯的小分队也顺利到达那里，但经过激烈的讨论，他们最终选择离开夏普，继续登顶。遗憾的是，夏普在距离登顶还有几十米的时候死去了，而英格里斯则创造了奇迹！

面对即将到来的成功，过度的狂热与冲动使夏普丧失了理智，不可能实现梦想。英格里斯放弃对夏普的救助，最终创造了奇迹，但 8534 米却成了他再也跨越不了的道德高度。最为可敬的是，罗丽莉虽然在最后的时刻放弃了，但她一点也没有遗憾，因为她保留了下一次继续努力的机会！

在经过磨难和挫折，即将达到胜利终点的那一刻，停下脚步往回走是每个人都感到不舍的事情！梦想是那么近，进得几乎可以触手可及，但是就是那么一点点的距离却让人望而却步！有的人知道自己已经不能再继续前行了，于是带着微笑看看自己已经拥有了那么多；有的人却不甘心即将到手的成功，拼了最后一把劲也要往前冲，但是这时候已经超越了自己的身体负荷，倒在了最后的一段路上，一切都失去了！

有的梦想可以顺利实现，而有的梦想却只能选择放弃。越是在接近胜利的时刻，越要告诉自己清醒和理智，实在不行就停下，因为我们还有下一次！

有几个小伙子一起结伴出去旅游，在海边他们决定找一个地方住下，经过一番选择，他们住进了一栋五层的小旅馆。

刚进去，服务员就对他们说："我们这栋楼共有五层，你们完全可以一层层地挑选，直到你们觉得满意为止。另外在每一层的走道内都有相应的设施提示，供你们参考！不过有一点，一旦选定了某一层就不能再反悔！"

几个小伙子觉得挺有意思，就欣然地走进去开始挑选！

走进第一层，楼道内的牌子上写着："本楼层的房间全都是硬板床，地毯也不是新的，并且我们不提供早餐。"他们几个笑了笑接着向上走。

来到第二层，写着："这里的房间还不错，床也没有一层的硬……"他们依然没有看上。

继续走到第三层，只见牌子上写着："这层的房间很舒服的，而且我们还提供早餐，但就是地毯太旧了！"

他们几个有些犹豫了，相互讨论着，但最终还是放弃了。

接着又来到四层，牌子提示着："这里很完美，一切都是新的，而且还很舒服……"

这一次，几个小伙子感到十分满意，但还是因为有人想到最后一层去看看，意见没有达成一致而放弃了！

他们想着第五层会有更好的，但上来之后却傻眼了。这里什么也没有，牌子上清楚地写道："这一层根本就没有房间，当初这样设置的目的就是为了一个玩笑，但是你却成了又一个被玩笑捉弄的人。"

人生就像在逛风景，总想着下一处会有更美的景色等着我们，于是就把眼前的给忽略了，一个劲儿地往前奔跑，直到最后才发现自己已经走出了风景区，没有一个让自己满意的！就像故事中的年轻人一样，老板给了他们自由选择的空间，他们每到一层就想着下一层会更好，就会比前一层获得更多，结果错过了本来属于自己的美好！

所以，在生活的道路上我们要明白，"下一次"可以从头再来，而"下一个"却会让我们错失人生的美好！珍惜所得，珍惜所有，不奢求不冲动，多给自己一些理性的思考，生活定会阳光灿烂！

3. 不要在冲动时做任何决定

很多人都有这种感觉，那就是在我们愤怒的时候，可以把一切都抛在脑后不管不顾，强烈的情绪冲击让自己的理智、判断和方向严重发生错乱，甚至是全部丧失，想一想这是多么可怕的事情啊！

所以，在日常的生活中，当我们处在情绪激动的时候，一定不要做任何决定，因为暴躁和愤怒会遮住自己理性的视线，很可能会因为一时的冲动而带来痛苦和悲剧！

有一对夫妻刚结婚不久，因为生活贫困，亲戚朋友没少帮助他们，但丈夫不忍心看着妻子跟着自己过这样的生活。

于是，有一天他对妻子说："宝贝，为了我们的幸福生活，为了我承诺给你的爱，现在我不得不暂时离开。等我有能力带给你体面的生活的时候，我再回来找你！但是，亲爱的，我不在的日子你一定要忠诚于我，我也会做到的！"

经过很多天的努力，他终于找到了一份庄园的工作。他向老板请求道："请您不要限制我在这里的时间长短，我愿意干多久就干多久，如果哪天我决定离开的时候，你就放我走好吗？另外，您平时不用给我发工资，等我有一天离开的时候再一并给我！"老板同意了他的要求，双方达成了协议。

一晃20年过去了，他在这期间一直认真努力地工作着，平时很少休息。

有一天，他觉得是时候要回家了。于是就对老板说："请您把我的工资发给我好吗？我想回家了！"老板说："没有问题，我会遵照咱们的协议的。不过我有个小小的建议：一是给你发工资；二是给你三条忠告，这两者只能选择其一，你回去好好想想！"

过了两天，他找到老板说："我已经想明白了，我决定选择要忠告！"不过老板又提醒他说："你要想清楚了，你选择忠告就没有了钱。"但他依然坚持自己的想法说："我已经确定了，就要忠告！"于是老板给他三句话。

第一句：不要贪图什么不存在的捷径，这个世界上没有那么便宜的事，任何时候都要脚踏实地！

第二句：切莫对一些自己明明知道不好的事情心存好奇，否则会摊上大祸，甚至是失去生命！

第三句：当你在冲动的时候，一定不要做任何决定，否则你会遗憾终生！

最后老板又说："另外我再送给你三个面包，其中两个小的在路上吃，最后一个大的回家后和妻子一起分享吧！"

他满怀欣喜踏上了回家的路。

在回家的路上他遇到一个人，这个人问他要到哪里去，他回答说："沿着这条路走二十多天就到了。"那人说："兄弟，这条路有点远，我知道有一条捷径，很快就能到！"正当他高兴地要跟这个人一起走的时候，突然想起了老板的第一条忠告，于是他又沿着原来的路继续前进。后来有人告诉他那个人是一个骗子。

又走了几天，他感到有点累了。正好路边有一家客栈，他就进去住下了。晚上正当他还在睡梦中的时候，突然一声惨叫把他惊醒了。由于好奇，他起来走到门口想看看究竟，这时候他想到了第二条忠告，于是就回到床上继续睡觉。

第二天早晨，店主问他昨晚有没有听到叫声，他说听到了。店主说："您当时没有觉得好奇吗？"他回答说："这有什么好奇的？"店主竖起了拇指说："先生您是幸运的，也是第一个活着从这里出去的客人。昨天的叫声就是店里来了个疯子，他把客人吸引出来，然后将他们都杀了。"

吃过饭，他继续赶路，没多久就依稀看见了自己阔别多年的小屋。突然间，在模模糊糊中他看见妻子的身影，可是让他焦虑的是还有一个男子伏在她的膝头，而且她不停地抚摸着他！

看到这些，他变得有些冲动和愤怒，甚至想跑过去杀了他们。正当他要走过去的时候，想起老板的最后一条忠告，第二天停了下来，决定弄清楚再说！天亮后，心情已经平静的他在心里想："我不能杀死妻子，我还是回到老板那里，不过在这之前我要妻子知道，我对她一直都是忠诚的！"

第二天，他心平气和地推开门，妻子一见是他，顿时扑倒在他怀里流出了泪水，他想把妻子推开，但没有做到。他难过地说："亲爱的，你可知道我一直对你都是忠心不二的，可你却背叛我……"妻子有点疑惑地说："没有啊，我什么时候背叛过你，我一直在这里等你。"然后，他把自己昨天看到的一幕幕告诉了妻子，妻子笑着说："你多虑了，那是咱们的孩子。当初你走的时候我就已经怀孕了！"

他听完这些喜极而泣，一家三口拥抱在一起。然后，他把最后一个面包掰开，却发现里面是自己20年来的工资！

很多时候，我们看到的不一定就是自己心中认为的那样，或许是我们对别人产生了误会，所以才会让自己变得冲动、恼怒！故事中的男主人放弃自己的薪资，选择要三条忠告是非常明智的，面对诱惑他没有迈出自己的步伐；面对危险他控制住了自己的好奇；面对妻子身边的"男人"，他再次及时让自己清醒过来，最终幸免于难而且获得了幸福！

这就要求我们，无论在面对任何事情的时候，我们都不要轻易地就迈出自己的脚步，考虑清楚之后再做出决定，不要给自己留下满心的后悔和遗憾！

4. 不要争强好胜

面对人生，不计较得失，不把输赢看得太重，拥有一份宁静和平和的心态，这样的人才会感受到生活的快乐！

然而，在我们的身边不乏争强好胜之人，爱比个高低，甚至不惜撕破脸皮也要占到上风。本来大家在一块儿就需要营造一份友好和快乐的氛围，结果为了一点点小事情绪激动，一时的较劲让彼此之间失去了和睦！这样不仅带给别人不快乐，自己也会在心中淤积怒火，这又是何必呢？

在一个休闲体育中心里面，有许多的体育设施供人们各取所需。尤其是乒乓球场区，可能是这里的乒乓球爱好者特别多，每次这里总是人山人海。

王兵在上学的时候就非常喜欢打乒乓球，因为那时他身体不太好，而打乒乓球不需消耗太多的体力。经过这么多年的练习，他从一个初学者逐渐成为了非常能打的乒乓球爱好者。后来随着毕业结婚又有了孩子，再加上工作的繁忙，王兵就很少再去打球了。不过每次经过体育中心时，看到别人挥拍的英姿，心中免不了有几分跃跃欲试，想上去一显身手。可是最终因为生活琐事而只能望而却步。

后来王兵的儿子长大了上了初中，开始慢慢也喜欢上了打乒乓球。但是由于他技术不过关总是缠着自己的父亲教他打球。没办法，谁让他是自己的儿子呢！王兵只好利用星期天陪儿子到体育中心练球。

由于很多年没摸拍了，王兵站在场地上拿着拍子真有点找不着感觉，还生怕在儿子面前丢脸。刚开始任凭他怎么使劲，这球就是不听他的指挥，无论如何努力看起来总是很笨拙的样子。不过还好，因为他有那么多年的功底，通过几十分钟的练球，渐渐地就找回了从前那种挥洒自如的感觉。后来他越打越顺手，越打越有感觉，也找回了当年的自信。

由于这里是公共场合，所以来这里打球的人非常之多，各色各样的人都有，非常热闹。后来王兵经常出入乒乓球场地，慢慢地就认识了这里的很多人，很多还是自己的球友。由于成年人都有自己的事情要做，所以大部分球台都被一些学生占据，成人的活动区只是在靠边的两个球台，那里也是很多人关注的地方，因为高手大部分都聚集在这里。

由于王兵的主要任务就是陪自己的儿子练球，所以每次都是先和儿子打，然后就让他跟其他学生对打。剩下的时间王兵站在成人区那里看那些球友们打球。在这热闹的场面中看上去大家彼此都很熟悉，气氛也异常活跃。有一个叫李广的年轻人吸引了王兵的注意。

李广刚二十出头，年轻气盛，打球很是彪悍，他的风格就是猛攻猛打，不给别人还手的机会。另外他这个人争强好胜的心理太强，总要和别人比个输赢，有时为一个球争得面红耳赤。等到他赢球后则开怀大笑，一副自高自大的样子。

由于李广的球技确实不错，在体育中心能够赢他的人还真不多。在所有人中，除了张大爷没有输给他，其他的人都不是对手。说实话不是打不赢，是张大爷压根儿就不给他机会，张大爷不光不给他机会，也不给所有人机会。因为张大爷坚持一点：玩玩可以，但是不分组打比赛，他认为没有那个必要。

张大爷虽然今年已经年过六旬了，可是看起来身体很硬朗。他的球技大家有目共睹，各种技巧都很熟练，而且姿势优美，动作规范。私下里听说张大爷曾经接受过正规训练。但是大家都知道张大爷从来不打比赛，所以每次和他打球的人只是随意而为，从不数局。

天长日久，王兵在那里混熟了。他一直不明白张大爷为什么不打比赛，想找个机会问问。有一次，王兵私下地问张大爷："您为何不比赛争输赢呢？"张大爷和善地笑了笑说："有啥用啊，来这里只是为了锻炼娱乐的，又不是竞技的场所。休闲就是休闲，锻炼身体不挺好的吗？何必非要分出个胜负呢？那样弄得大家心里都不高兴，人生哪有那么多的输赢呀！"

的确，人生哪有那么多的输赢啊！凡事都要当作一场比赛，人生该有多累啊！争强好胜是一种不理性的行为，它容易让人失去控制而使情绪产生剧烈的波动，心中的平衡没有了，各种烦恼和困惑也就会随之而来！

真正聪明的人是不会处处张扬自己的，急功近利、好占上风只会让大家对你产生敬而远之的心态！与别人争也是与自己争，赢了别人却输了自己，人生需要多一点理性和思考，不要因为意气而失去了和气，拥有一份宽广和豁达才是真正的赢家！

5. 适可而止，做适合自己的事情

德国哲学家尼采说："别在平野上停留，也别爬太高，从半高处往下看，世界显得最美好。"的确，太高了不容易看清楚，太低了又遮挡住了一些风景，只有适中的位置才会感受到最美！

的确，无论做任何事情都需要有一个度，只有把握住自己的尺寸才是最舒服。做适合自己的事情，走适合自己的道路，不逞强也不一味地执着，才能够在前进的道路上随心所欲，不至于让自己的生活陷入混乱和庸庸碌碌！

有一位老太太想在屋子里的墙上挂一幅画，然后就请她的丈夫过来帮忙。当她把画扶正，准备钉钉子的时候，丈夫说："这样好像不太好看，我觉得还是最好钉两个木块。"然后老太太就让丈夫去找木块。

很快丈夫就把木块找回来了，正要钉的时候，丈夫又说："等一等，这块木块有点大，能锯掉一点最好。"当丈夫四处找来了锯子，还没有锯两下，他自己又说："这锯子不行，得磨一下！"

他东找西找找来一把锉刀，然而他又发现了问题：锉刀缺少一个木柄。然后他又到灌木丛里寻找小树。这时新的问题又出现了，要砍小树时他才发现生锈的斧子根本不能用，当磨刀石找来了之后，为了让磨刀石更稳定，必须得制作几根固定磨刀石的木条。

这时，他想到另外一个木匠家里有现成的，他就去了！但是，很久也没有见他回来。当老太太在大街上碰见他的时候，发现他和木匠正在商店里买电锯……

生活其实有时候并没有想象的那么复杂，解决有些事情更不需要"寻根溯源"，一步步向上寻找！就像故事里的人一样，为了解决当前的事情，认为必须得去做前面一件事情，以此类推一直向前推理，最后却把最重要的事情给耽误了，无疑是本末倒置！

我们可以为了自己的目标和理想去奋斗、忙碌，但是绝对不能盲目！凡事不要寻根探底，明确自己的目标，适可而止，不要被一些无关紧要的事情牵绊了自己的思想！

很多时候，人们不缺少成功的能力，也不缺少成功的资本，往往缺少的是一个正确的方向！人生在世，盲目只会让自己困惑和受挫，把握好一个度，找准自己的位置才是最重要的！

6. 生活需要一盏理智的灯

罗曼·罗兰说："一个勇敢而率真的灵魂，能用自己的眼睛观照，用自己的心去爱，用自己的理智去判断；不做影子，而做人。"在生活中，处处都要学会理智，然后我们才能懂得怎么去判断正确与错误，怎样把握好进退与尺度，拥有理智的人才会在人生的道路上信手拈来，把幸福和快乐拾掇进自己的背包！

事实上，在现实生活中，很多人却不能理智地对待遇到的事情，要么在关键的时候退缩，要么控制不住自己的情绪和节奏！总之，他们把握不好人生的分寸，更不能灵活运用，总是生硬地照搬或者进去不知道出来。

生活需要一盏理智的灯，才能够照亮我们前进的道路，在人生的十字路口给予我们明确的方向和辨别能力！

从前，有一位技术娴熟的工厂技师，在即将退休的时候告诫自己的徒弟说："师父以后不在这儿了，你要照顾好自己。无论在任何时候都要少说话，多做事。像我们这些靠劳动吃饭的人，只有具备过硬的技术本领才能有生存的空间！"憨厚朴实的徒弟不住地点头！

一转眼，当年的小徒弟现在已经成为不可多得的技师了。但他依然有自己的烦恼，一天他找到自己的师父说："师父，这些年我一直按照您的吩咐去做，自己学到了很多本领，同时也为工厂做出了很多贡献。但是好多人都加薪了，却唯独没有给我涨工资！"

师父听后略微沉思了一下说："你现在敢确定没有人能够代替你的位置了吗？"徒弟点点头表示肯定。然后师父说："现在是你请一周假的好时候了！"

徒弟一脸疑惑地问："请一周假？"师父说："对，别管用什么理由，你请一周假就是了。就像生活中的一盏灯，如果一直在亮着，就不会有人注意到它，只有它突然间熄灭了，才会引起别人的注意……"

这下徒弟明白了师父的意思，真的请了一周假。

这个方法果然奏效，第二天领导就找到他要给他加薪。因为，当他不在的时候，领导才发现没有他根本不行！

这次他更加佩服师父的高明了。就这样，徒弟过上了好日子，生活富裕，娶妻生子……日子过得很红火！徒弟可能从中尝到了请假的甜头，以后每次经济不好的时候就采取同样的方法，而领导每次都会给他加薪，他也暗自高兴！

日久天长，他不知道自己请了多少次假。最后一次请假过后去上班，却被门卫给拦了回来！领导却告诉他说："以后你就不用再来了！"这下徒弟一筹莫展，最终还是去找师父请教："我都按照你说的做了，可是……"

师父告诉他说："唉，那天我话没说完你就走了！的确，就像生活中的一盏灯，如果一直在亮着，就不会有人注意到它，只有它突然间熄灭了，才会引起别人的注意；但是，如果一盏灯一直灭着，就会有被替代的危险，谁会要一盏忽明忽灭的灯呢？"

是啊，没有人愿意要一盏忽明忽灭的灯，同一样也没有人喜欢一个情绪不定的人！学会生活、学会做人，在繁忙中找到一刻的闲暇，在闲暇时拥有一份理智！生活就像一张网，该撒的时候一定要果断地撒出去，该收的时候迅速收回来，这样我们才能收获丰硕。

理智的人总是能够找到合适的时机，做到收放自如！正像事例中师父说的那样，一直亮着的灯如果突然间灭了，那么所有的人都会立即注意到它的重要性；如果一盏灯一直都不亮，那么谁会喜欢它呢？最终会被主人给换掉！人生也是一样，不得已偶尔熄灭一次可以理解，但是不能总是熄灭，不要做一盏忽明忽亮的灯！

7. 蒸发掉情绪的水分

生活本来就充满烦琐和杂碎，每个人都有自己的思想和观点，在人与人之间的交往中难免会出现分歧和摩擦。面对别人的指责和非议，有的人控制不住自己的情绪，以致心理失衡怒火中烧，从而失去自己的理智，甚至和对方针锋相对！

其实，在遇到矛盾的时候，我们可以换一种方式去处理，不必跟着别人的节奏让自己的心情变得一团糟！学着让自己先冷静下来，把怒火暂且放在一边，像一盆热水一样，等它凉了就不会烫手了！因为双方都处在激动的状态，如果我们立即就去解决眼前的冲突，反而会让问题激化，变得更加不可收场！

外面正在下着大雨，而这时候一位学生急匆匆地向教授的家走去。原来是他在实验室的时候遭到一名同学的语言攻击！那位出言不逊的学生让他非常恼火，但他不知道应该针锋相对还是找人评理，于是他就前来找到教授征求意见！

老教授看到他激动的样子，慢条斯理地说："孩子啊，很多时候我们很难理解别人的言行。如果你愿意的话，我给你提个建议。批评和侮辱跟沾在身上的泥巴是一个道理。你看，我的上衣刚刚在外面沾上了泥巴，如果我现在就去找东西把它抹去，不但弄不干净，反而还会更糟。于是我就把上衣挂在那里暂时不管它，用这段时间去做别的事情。等到衣服上的泥巴干了，只需轻轻地弹几下就什么也没有了！"

这位学生顿时如梦初醒，连连称谢。教授接着说："我年轻的时候也是容易冲动，不能忍受别人的批评和侮辱。后来我慢慢地发现，对付这种事情，最好的办法就是先把它'晾'在一边，等到自己冷静的时候再去处理它。就像今天你们的事情，如果现在就去当面质问，更会加深矛盾。我建议你还是等情绪的水分蒸发掉了，再去解决这件事情。如果到那时你还想与他一辩高下，你再来找我。不过，等到水分被晾干之后，那些泥浆或许早就找不到了！"

凡事告诉自己不要冲动，让被烦恼搅动的内心沉静下来，让时间来化解心中的愤怒！等到烟消云散的时候，回头一看会发现，其实没有什么过不去的坎儿，没有什么解决不了的矛盾！就像教授说的一样，愤怒的时候去解决愤怒，只会加剧愤怒的程度，令自己更加生气。与其立即抹掉溅到身上的湿泥会一团糟，还不如等它干了之后，轻轻一弹什么事也没了的好！

每个人都会在生活中遇到自己的烦恼，选择一个合适的方式不仅不会陷入是非挣扎的痛苦中，而且还能带给自己愉悦和舒心！学会冷静、学会沉淀，蒸发掉情绪中的水分，烦恼自会消散！

8. 心态决定着状态

人生的道路曲曲折折、起起伏伏，注定不会是一马平川。所以，我们肯定会遇到坎坷和挫折。但是有的人在挫折面前显得毫不在意，乐观豁达一直伴随其左右，即使再大的困境也不会让他丧失美好的心情；而有的人却经不起风吹雨打，一点小磨难就会挡住了前进的步伐，从而与机遇失之交臂、与美好相隔万里！

同样面对坎坷，不同的人为什么会表现出这么大的差别呢？归根结底取决于自己的心态，看得开、想得透的人不会被任何困惑迷住双眼，他们总能在最低谷的时候找到生活的快乐！俗话说，境由心生，有什么样的心态就会有什么样的内心状态，就会体现出来什么样的情绪！所以，拥有宽广的胸襟和豁达的性格才能不被困境所困，才能拥有快乐！

从前有一位画家，他只管画自己喜欢的东西，从来不在乎别人怎么看他和他的画。因此，很少有人去买他的画，当然缺少经济来源让他的日子过得有些拮据。不过，他并没有因为这些而感到难过，即使没有卖掉一幅画他也很快乐！

有一天，他的好朋友告诉他："你应该改变一下生活方式了，可以去买彩票，试试自己的运气！"

"什么？你让我去买彩票？可是我对那些一点儿也不感兴趣，再说也不太懂。"画家惊讶地说。

他的朋友接着说："其实这很简单，只需要两美元或许就能给你带来巨大的收获！"

画家将信将疑地按照朋友的话去买了彩票，结果真的中了大奖，仅仅用两美元却让他得到 50 万美元，真的是太幸运了！

有了这些钱之后，画家再也不用过以前那种苦日子了。他给自己买了一栋大房子，宽敞漂亮，他自己也非常满意！不料，有一天当画家正在吸烟的时候，不小心将烟头扔到了沙发上便出去了……最后引起了大火，他的房子被烧毁了！很多朋友都为他感到可惜，都过来安慰他！

其中有一个朋友说："太可惜了，好端端的大房子就这样没了……"画家疑惑地说："有什么可惜的啊？"朋友说："50 万美元呐，能不可惜吗？"画家却哈哈大笑说："哪有那么严重，只不过是两美元而已！"

能够在灾祸面前不退缩、不惧怕，更不悲观，反而微笑着迎接，然后坦然一笑当作什么也没有发生，这样的人一定拥有过人的胸襟和魄力！画家偶然的一次机会让自己中了大奖，贫困的生活立即得到了极大的改观。然而幸福来得快去得也快，一次不小心让所有的家当付之一炬！在外人看来这是多么大的打击啊，画家肯定会意志消沉，悲痛不已。但是画家却以一副无所谓的样子坦然面对，依然没有受到任何影响，这是一种面对困难宠辱不惊的良好心态！

人生在世心态很重要，它不仅决定着你能够站多高，也能决定着你能走多远！拥有好的心态会带给你豁达和宽广，不会因为一时的得失而耿耿于怀、斤斤计较，反而能在困难和逆境中勇敢地站起来、走出去，然后获得自己的新生！心态决定着状态，不为外物所困，看得透得失，不把小问题挂在心上，人生会处处沐浴阳光！

9. 用勇气和信心挑战自卑

在人生的舞台上，任何人的成功和辉煌都不是一蹴而就的，大都会经历挫折和坎坷。所以，当我们刚刚离开起点，还在奋斗的路上默默前行时，面对别人的指责和批评时我们不要自卑，更不要烦恼伤心，因为越是这样越被别人看不起！在逆境中我们应该勇敢地站起来，从摔倒的地方开始努力，给自己信心和希望，让前进的动力代替我们的悲伤！

只有这样，我们才能在挫折中渐渐成长和成熟，才能让自己在安于现状的环境中脱离出来，真正找到自己的位置和目标！

在一个世界级的大公司里，有许许多多的精英人才队伍，但也不乏一些"小人物"来帮衬。

小李就是这些"小人物"中的一员。他刚从学校毕业，每天在公司做着诸如前台接待、端茶倒水之类的勤杂之事。对于他来说，公司里的每一样东西都是新鲜的、奢侈的。

然而他在这样的公司里却承受着巨大的压力，因为很多人都对他有一种轻蔑的态度，这让他觉得非常郁闷！

有一天，小李负责出去购买办公用品，出门的时候由于着急忘带出入证了。当他推着平板车回到大门口的时候，门卫一看他衣着寒酸就摆出一副蛮横的样子，态度生硬地非要让他拿出证明，否则就不让他进去，其实他知道门卫就是在故意刁难他！

看着他着急的样子，门卫更觉得得意，这时候来来往往的人都把目光投到小李的身上，慢慢烧毁了他原本的自信和尊严，他有点愤怒和伤感！

然而他是个不服输的人，尽管今天这件事让他很难堪，但是他在心里暗暗发誓："我不会一直就这样的，以后绝对不允许再出现这种情况！"从此，他变得更加谨慎和努力。

屋漏偏逢连夜雨，这件事刚刚过去，在办公室里又有人为难他了！因为他在办公室的地位比较低，所以那些飞扬跋扈的所谓高管人才只要丢了东西，就认定与他有关系。这时，他无比地气愤，再也顾不上地位的高低，理直气壮地和别人据理力争！但当他处理完此事，只剩一个人的时候，内心依然是久久不能平静！

他决定要改变这种生活状况，于是拼命地学习，补充知识，每天去得最早但走得最晚，把所有的时间都拿出来用于提高自己！

没过多久，他的付出就有了回报，在同一批进入公司的人员当中，他第一个得到了晋升。后来他又成为了经理和总经理！终于，他成功了，实现了自己的梦想，战胜自卑，拥抱信心，成就了他的人生！

人与人之间最大的区别就在于，有的人面对挫折和困境不抛弃不放弃，从不轻易向看不起自己的人低头！相反，他们能够在歧视和压迫中激发出自己的勇气和斗志，把所有的磨难和委屈变成前进的动力，用事实证明自己并不比别人差！事例中的小李面对别人傲慢和轻蔑的眼神，一时间让他找不到自信感，内心的屈辱和愤怒上升至极点，但是他没有自卑，在据理力争之后选择努力奋斗，最终做出了自己的成绩！

所以，即便是我们现在的位置还很低，但是面对别人的轻蔑和傲慢我们也不能自暴自弃，而是要学会挑战自己，战胜悲伤失落和自卑的情绪，然后给自己力量让奋斗改变这一切！

第五章

我的情绪我做主

——唯有自己才能走出坏情绪的"泥潭"

在生活中，无论与人交往还是处理事情，拥有自己的观点是非常重要的，一个随波逐流的人是成不了大事的。面对情绪也是如此，一个人只有学会掌控自己的情绪，不被别人的坏情绪所感染，才能真正地拥有快乐和幸福！

在奋斗的过程中，我们难免会遇到各种各样的阻碍和干扰，这时候，千万不要灰心和沮丧，因为能让我们走出坏情绪"泥潭"的，只有我们自己！情绪是我们自己的，为何要让别人来左右自己的情绪呢？所以，我们一定要多给自己一些自信，积极地去调节和改变自己的情绪，换一种思路就会"柳暗花明"。

1. 与其抱怨不如去改变

无论在什么时候，无论遇到什么事情，抱怨是解决不了任何问题的，只能让自己的内心和情绪更加焦虑和慌乱，无疑这会加剧事情的复杂程度！很多时候，与其在危急面前惊慌失措、怨天尤人，还不如给自己争取到更多的时间，思考该如何面对当前的局势才是最明智的选择！

古时候，有一位农民要把自家的农产品送到邻村的亲戚家里。但由于只能走水路，所以农民就划着船去了。

正值夏天，大中午的烈日晒得农民汗流浃背，苦不堪言。正当农民急急忙忙划着小船在向前进的时候，发现有一只船正向农民驶来。眼看就要撞上了，但对方的小船没有丝毫避让的意思，更让农民气愤的是，好像这只小船是有意而为之！

"快点让开，听到没有！你是个傻瓜吗？"农民不耐烦地向对面的船吼叫道，"快点，不然就来不及了！"

然而，无论农民怎么喊，对方始终没有反应。船越来越近了，这时候农民有点慌了，手忙脚乱地开始让开那只小船，但为时已晚，两只船重重地撞在了一起！

农民彻底地被激怒了，他像发了疯一样喊道："你划过船吗？有你这样的吗？这么宽的河面，哪里走不了你……"

随后，农民登上了对方的小船，让他惊诧的一幕出现了，船上竟然没有一个人，原来他一直和一只挣脱了绳索的空船在较劲！

事实上，在现实生活中，很多人面对困境都不能保持自己的理智和清醒，而是站在原地不动，让责难和愤怒代替了自己的行动，然而这一切都将是徒劳，于事无补。如果农夫在刚发现那只船的时候就及早做准备，而不是让抱怨和指责浪费了宝贵的时间，那么这一切的后果都不会发生！

很多时候，不是困难挡住了我们的去路，而是我们坐在那里等待困难！

在向前进的道路上，越是抱怨困难就会越多，就会失去很多有利的机会！

1814年在欧洲的一个国家，有一位年轻人，他出生在一个非常富裕的家庭，在那里他度过了自己无忧无虑的少年时代。

可是世事无常，俗话说，人有旦夕祸福，天有不测风云。让人很意外的是，在1833年，他的整个家族因政治问题被迫逃到了别的国家。突然间的变故使他的家道中落，过惯了安逸生活的他尝到了从未有过的艰辛，由于环境的影响，他的脾气开始变得十分暴躁，于是产生了埋怨的心理！

有一天，年轻人没事出来走走，不经意间他路过一块农田。由于这里刚刚发过一次洪水，天灾把生长旺盛的庄稼无情地毁坏了，一望无际的田野看起来没有一点生机，一片狼藉，真是惨不忍睹。

看到这里，他不由得触景生情，不禁联想到自己的遭遇和命运变迁，不由得产生了同病相怜的感觉。就在他沉思的过程中，不远处一个正在劳作的农民映入他的眼帘。他不由得产生了很多疑问，现在田地都这样了，还在地里忙碌什么呢？好奇心驱使着他走近一看究竟。

走到农民身边，他才发现那个农民正在补种庄稼，农民看起来好像没有一点懈怠的样子，而且干得非常卖力，脸上也看不到一点别样的情绪。于是年轻人便问："你看这庄稼都这样了，你不感到非常生气吗？"他认真地问农民。

这位农民慢慢抬起头对他说："抱怨有什么用呢？它是没有一点效果的，那样只会让事情变得更加复杂和糟糕。这都是上天的安排吧，您看，虽然我的庄稼被洪水淹没了，没有了秧苗，但是却为田地带来了丰富的养料，我敢保证今年一定是个丰收年。"说完，农民便开怀大笑起来。

听了农民的话，顿时年轻人心里一惊，给了他极大的启发。他在心里暗暗想道：的确是啊，抱怨不能改变任何事情，只会使事情变得更加不好收场，带来更多的伤害。他对农民非常感激，深深地鞠了一躬后心中的烦闷和暴躁很快都烟消云散了。

后来，这位年轻人做了一名药剂师助手，同时他对科学研究特别感兴趣。正好在那个时候，婴儿因没有合适的奶制品而死亡率非常高，爱动脑子的他开始研究这一问题，慢慢琢磨要准备研制出一种健康、卫生的奶制品。

不过在研制的过程中，他经历了多次的失败，但是他没有放弃。每次失败时他都会想到在田野边那位农民对他说的话，于是他就没有了任何抱怨和烦恼，反而会以更加积极的心态进入研究的状态中去。

再后来，他成立了自己的食品公司，用他自己研制的一种婴儿奶麦粉，成功地挽救了很多因得不到足够母乳孩子的生命。从此，他的公司走向了长久的辉煌！

困难和挫折是人生中的一部分，我们不要期望一帆风顺，因为那只是理想的状态。当我们知道失败和坎坷只是很平常的事情的时候，那么就不要再垂头丧气了，而是坦然地面对，做出理智的选择，勇敢地接受和走出困境，这才是我们应该拥有的心态！

与其抱怨不如去改变，当我们能够看淡这一切的时候，生活就不会再有那么多的烦恼和困惑了！

2. 生活要你积极点

人生会不会快乐不仅取决于环境，更重要的是自己的内心！一个人如果拥有一颗美好的心，那么他看到什么都会觉得很阳光，即使是在不顺利的情况下也能找到让人振奋的东西。面对困难和挫折关键看自己怎么选择，妥协还是坚强、失落还是振作、原地不动还是去改变，这一切都要看自己如何来做！

如果我们能够保持乐观豁达，在困难面前积极进取，努力去改变，不让挫折乱了自己的步伐，那么一切都会雨过天晴、阳光灿烂！

星期六的上午，一个著名的牧师正在为明天的演讲发愁，因为他还没有找到合适的演讲辞。这时候，他的妻子不在家，只有一个儿子在地上玩耍，而儿子的调皮和淘气搅得他心烦意乱，却又没有办法！

突然，他灵机一动，想到了一个能让儿子暂时安静的办法。于是他就把身旁的一本杂的封面给撕碎了，因为封面上印有世界地图，于是就对儿子说："乖儿子，交给你一项任务，现在你要是能把这个地图拼好，我就奖励你一美元！"

他本以为儿子会花费很长时间，然而才不过十分钟，儿子就站起来说："好了，已经拼好了！"他看到儿子果然手里拿着一张拼得完整的世界地图！

牧师有点惊讶，问他是用什么办法完成的。儿子很是得意地说："因为这张封面的另一面是一个人，我就把人像的碎片给拼到一块儿，人拼好了，世界也就好了！"

牧师心中一震，有种说不出的感觉，但他兑现了自己的承诺，真的给了孩子一美元，说："儿子，你太伟大了，是你的提醒让我找到了明天的演讲辞：人好了，世界也就好了。"

很多人在遇到困难的时候，往往会抱怨生活和环境，为什么不反躬自问呢？或许当你回头看看自己的时候就会发现，原来一切的一切都是因为自己，如果我们能够积极一点、主动一点，乐观一点，就会产生不一样的结局！

曾经有一位厨师，他有一个聪明漂亮的女儿。可是最近他的女儿总是抱怨生活，觉得什么事都是那么艰难，当她不知道如何应对的时候，就想要退缩！

有一天，厨师带着女儿来到厨房。只见厨师先往三只锅里倒入一些水，再放在旺火上烧。很快水就开了，厨师把一些胡萝卜放进第一只锅里，然后在第二只锅里放只鸡蛋，在第三只锅里放入的却是粉末状的咖啡豆。随后，厨师什么话也没有说，只是将它们都放在开水中煮！

女儿感到有些莫名其妙，不知道父亲到底要做什么！

差不多过了 20 分钟，厨师才关掉火。他分别把胡萝卜和鸡蛋捞出来放进不同的碗里，之后才把咖啡倒进一个杯子里。这时他开始转过身，对女儿说："孩子，你现在看见什么了？"女儿毫不犹豫地答道："不就是胡萝卜、鸡蛋和咖啡吗？"

厨师笑了笑，示意女儿用手摸摸胡萝卜。女儿摸了之后说："胡萝卜被煮软了!"随后,厨师又让她把那只鸡蛋打破,剥掉壳看到是个熟鸡蛋。最后,在父亲的授意下,她把咖啡喝了。此刻女儿笑了,因为她尝到了咖啡的浓香可口。然后,女儿问道:"我不太明白,这是什么意思呢?"

厨师说,同样面对开水,这三样东西却反应不一。先前胡萝卜是饱满健壮的,但在开水中它变软了、弱了;而鸡蛋本来极易破碎,只有薄薄的外壳保护着,但经过沸水一煮,它内部变硬了,结实了;就属咖啡最令人赞叹,它竟然改变了开水的味道!

"那么,在生活中,你要成为它们其中的哪一个呢?"厨师意味深长地问女儿。

困难就像弹簧,当你用力去征服它的时候,它立马就会失去原有的强度;然而当你怀着忐忑的心情不敢使劲的时候,那么弹簧就会在你的面前显得如此强大!这就告诉我们,在遇到烦恼和困境时,你拥有怎样的心态和毅力,就会得到什么样的回报!选择去克服还是在那里抱怨,这完全由自己来决定!

一个只会抱怨的人,永远都只是困难的奴隶,怯懦和痛苦总会在他的身上上演,不要去抱怨,学会努力去改变,才会拥有真正的快乐!

3. 人生不需要推辞和借口

天有不测风云,人有旦夕祸福,在人生的前进道路上,每个人都有可能遇到人生的逆境和不幸!然而,在大灾大难面前,有的人一蹶不振,丧失掉所有的信心和希望,把自己的失败和磨难当作一种生活的不公平,抱怨生活,抱怨世界,为自己的退缩找借口!这样的人注定一生都会一事无成的,他们没有信心,不肯努力,不敢面对挫折,总是给自己找各种各样的理由,失败也是在所难免的!

只有那些懂得战胜苦难,在困境中勇敢地挑战自己,给自己走出去的勇气,用拼搏和努力来摆脱人生的不幸,才能成就自己的梦想!

　　在英国一个偏远的小村子里，有一户贫困的人家，而且可以说在当地是最穷的了。

　　一家六口人中只有夫妻俩是壮年劳动力，剩下的就是孩子们的祖父，已经年逾八旬，更糟的是他身体非常不好，生活都不能自理。所幸的是，三个孩子知道家里生活困难，一向都很懂事，没事的时候会帮家里做点家务之类的！

　　小约翰在三个孩子当中是最小的一个，尽管年龄小但是一样很懂事，更知道为家里分担忧愁。

　　有一次，父母都出去干活了，留在家里的是祖父和三个孩子，于是小约翰就让姐姐在家照顾祖父，自己和哥哥上山采蘑菇。没多久，他和哥哥就采了很多的蘑菇，足够他们一家吃几天的，看着自己的劳动成果，小约翰开心极了！

　　为了给父母一个惊喜，回到家后姐姐开始做饭，哥哥负责去拾柴，而小约翰则是去叫回在干活的父母。父母一进门就看到已经炖好了一锅蘑菇，非常欣慰。母亲首先盛了一碗蘑菇去喂祖父，父亲则和几个孩子开始吃起来，但是这时却不知小约翰自己跑哪儿去了。

　　饭还没有吃完，小约翰的父亲、姐姐、哥哥和祖父就觉得胃里非常难受，这时母亲慌忙去找村里的大夫。当小约翰回到家时，大夫正在为自己的家人看病，只见大夫不停地摇头，母亲知道吃过饭的人都已经无法救治了！

　　其实，在村里以前也发生过这样的事情，但是小约翰怎么也不会想到这样的事情会出现在自己家，就这样他一次就失去了四位亲人！为了年幼的小约翰，母亲强忍住悲痛和他相依为命地活着。

　　在小约翰14岁的时候，有城里人来招工，他谎称自己已经16岁了，于是他就跟着别人一起来到了伦敦！到了地方之后，小约翰才知道自己要干多么辛苦的活，然而工资却少得可怜。尽管这样，他也没有别的选择，因为他身上一无所有。

　　有一次，小约翰意外地发现了一本医学专著。当别的人都在倒头大睡的时候，他却拼命地看书，尽管以他的文化肯定看不太懂，但只要有机会他就不放过。慢慢地，小约翰竟然成了这里的小医生，而且还小有名气！

后来，小约翰有了一点结余，于是就决定在医学这条道路上要有所成就。随后他买了很多这方面的书籍，甚至连旧书摊上的书也不放过。就在这个时候，他的母亲去世了，原因就是劳累过度，再加上营养不良……小约翰痛苦极了，刚刚萌生的希望就遭受这样的打击，他甚至怀疑是不是上天故意捉弄他，不想让他成为一名医生。

正当他对生活失望到了极点的时候，偶然间他看到了一句话："如果有人总是抱怨自己的天赋被埋没的话，那通常都是推辞，是那些慵懒的人和意志不坚定的人在公众面前故作姿态而已……"

"小约翰一点儿也不慵懒，他一直都很坚强……"小约翰站在墓前对自己已经去世的亲人说，更是说给自己的。

为了能在医学上有所发展，后来他又回到了伦敦向一位医生博士求助，他给医生博士写信说："很多时候我们对生活的抱怨都是不公正的，只要是天才，从来不会怕被埋没。事实上，正是那些失败者自己犯下了错误，才会遇到霉运！"后来，小约翰果然实现了自己的梦想，成为了一名医术精湛的医生！

只要我们认真地研究就不难发现，但凡成功的人都有勇气和魄力把困难踩在脚下，常会积极主动去面对各种突如其来的灾祸，然后找准时机让自己突破自我，实现人生的跨越！只有那些不肯努力、不愿意付出的人才会用借口来遮掩自己的怯懦和退缩！

所以，凡事不要给自己找理由和借口，而应该激流勇进，选择拼搏和突破，不被困难和挫折所压倒，最终才会迎来收获和成功！

4. 不要丢掉人生的尊严

每个人来到这个世界上都是平等的，都有自己的尊严，我们在日常生活中一定要学会尊重别人。因为尊重都是相互的，只有学会先尊重别人，反过来别人才会对你释放出善意和尊重!

然而,在生活中,很多人不懂得换位思考,总是以一种高高在上的姿态去抱怨别人,只想着自己的私利和心情,却把别人的尊严践踏得一文不值!事实上,当你让别人丢了尊严的时候,不仅失去了彼此间的和睦,更显得自己没有修养和素质,狭隘和自私自利暴露无遗,这时候你会显得比别人更没有尊严!

当然,在尊重别人的同时,我们也要尊重自己,不要因为自己没有别人优越,没有别人优秀而产生自卑的心理!人需要有尊严地活着,丢掉了尊严也就失去了前进的动力!

曾经在一架飞往伦敦的班机上,有一位非常阔气的中年妇女,因为未知的问题发生了一些不愉快。

原来这位中年妇女被安排在了一位黑人旁边,当她得知之后表示强烈地不满,随后对空中乘务员不停地抱怨说:"我掏钱是来享受的,然而你们却让我坐在这里,我不想待在这个地方,赶紧换位置!"

"非常抱歉,今天已经客满了,没有办法帮您换座位。不过,为了您的需求,我们可以帮您再查看一下是否有空位置。"空中乘务员答道。

过了几分钟,这位空乘回来了,说:"真的不好意思,女士!本次航班的经济舱已经客满,但我把这个特殊情况告诉机长了,所幸的是还剩下一个头等舱……"

听到这话,中年妇女非常高兴。当她正准备起身走向头等舱的时候,空乘说:"以前我们从来没有遇到过这样的情况,不过现在临时将乘客提升到头等舱的决定,已经获得机长认可。的确,他认为不应该让一位乘客和自己不喜欢的人坐在一起,于情于理都说不过去。"

然后,空乘带着满脸的微笑对那位黑人说:"先生,如果您愿意的话,就请您移驾到头等舱,我们已经为您准备好了!"

立即,四周响起了热烈的掌声,而那位中年妇女感到万分地羞愧!

在生活中要学会与人为善,尊重别人的存在,不要随意抱怨。社会需要相互尊重,只有彼此友好相处才会拥有好的心情,这不仅是一种心态,也是一种文明礼貌!

曾经有一个小男孩,被同伴邀请去他的爷爷家玩。当小男孩来到同伴的爷爷家时,立即惊呆了。因为同伴的爷爷是一名退伍军官,住的是两层独院的漂亮洋房,与自己家的泥巴墙的破屋子相比,简直就是天壤之别。在这里他见到了很多以前没有见过的东西,更别说洋房了。

同伴的爷爷看起来很和蔼可亲,然而当他让小男孩进屋的时候,小男孩却表现得非常扭捏。因为那漂亮的地板看起来比他的床不知好了多少。最后小男孩腼腆地进去了,但是他却一动不动,好像生怕把地板踩坏了。

回来的路上,小男孩哭得很伤心,他不明白,为什么人家的地板都比自己睡觉的地方还要好。到家后,他把这件事告诉了自己的母亲,母亲安慰着对他说:"乖孩子,别难过了,虽然别人家的地板很漂亮,但是我们不必羡慕,因为无论它多么漂亮也是被人踩的。记住,我们一定要好好地生活,人要有尊严、有自信地活着,才能把任何漂亮的地板踩在脚下。"小男孩不停地擦着眼泪,听得似懂非懂,依然不住地点头。

在小男孩读初中的时候,他和母亲离开了乡下,来到了一个小镇居住。再后来,几经波折他又随母亲到了繁华的大城市。

此时,他已经不是当年的小男孩了。作为成年人,他已经走过了很多漂亮的地板,但母亲的话他却时刻记在心头。即使生活并不富有,即使有很多漂亮的地板出现在他面前,他再也没有自卑和伤心过,相反他让自己的脚印重重地落在了上面!

人们往往会羡慕别人的美好,也会因为自己的缺憾而感到自卑和伤感!其实,我们不必要为此烦恼,因为只要我们努力奋斗,好好地生活,也会取得自己的成功!就像故事中说的那样,不要羡慕别人家的"漂亮地板",只要挺起尊严,再"漂亮的地板",我们都可以昂然地把它踩在脚下。苦难并不可怕,可怕的是丢掉自己的信心和尊严!

在生活的道路上,我们要看到尊严的存在,也要重视别人和自己的尊严,给他人友善,给自己希望,一切都会好起来的!

5. 不要错失了身边的幸福

艺术大师罗丹说："生活中并不缺少美，只是缺少发现美的眼睛。"很多时候，之所以有人总是抱怨生活的不公，感叹自己拥有的少，就是因为他不懂得珍惜身边的美好和幸福！他们把自己已经拥有的一切都当成理所当然，直到失去之后才会猛然清醒过来，当初应该好好把握，但为时已晚！

世上没有后悔药，生活没有回头路！抱怨不但不会让你拥有更多，反而还会使你失去已经得到的东西，甚至是一无所有！所以，在生活中我们应该换一种眼光去欣赏自己的生活，珍惜身边的一切，时常告诉自己：我们还拥有当下！

古时候，有一位法力无边的圣人。有一天，圣人外出游玩，路上遇见一位书生。书生你进看起来很年轻，而且还知识渊博，另外他还有一个漂亮的妻子和可爱的儿子，但他总觉得自己不幸福，总觉得上天对自己不公。

圣人问他："你缺少快乐吗？需要我帮你吗？"

书生回答："我现在正缺一样东西，你能满足我吗？"

"可以。"圣人说，"无论你要什么，我都可以给你。"

"是吗？"书生盯着圣人，有点疑惑地说，"我要幸福！"

圣人想了想，微笑着说："我明白了。"

说完，圣人就施展法力，让书生原先拥有的一切全部消失了，包括才华、家庭……做完之后，圣人立即离去了。

一个月后，圣人再次来到书生身边。此时的书生，已经奄奄一息地躺在床上。圣人再施法力，重新让书生拥有以前的生活，然后悄然离去。

半个月后，圣人再次去看书生。这一次，书生拥着妻儿，不停地向圣人道谢。这个时候，他已经知道珍惜身边的幸福了。

生活中很多人每天都在迷茫地活着，对于身边的幸福从来都是一掠而过、视而不见，却偏偏还在寻找自己所谓的快乐和美好！其实，往往生活已

73

经给了我们很多，只是我们不知道满足，没有发现而已！

一个年轻人在建筑工地上工作，受尽了苦头。夏天暴晒在烈日下，汗流浃背；冬天在大雪纷飞中忍受严寒。但是，为了生活他不得不继续忍受下去。曾经一度，他觉得这样的生活糟糕透顶，觉得自己是世上最不幸的人。

可是有一天，当他拖着疲惫的身子回到家中，看到爱人一如既往地在厨房中忙乎着为他做饭、烧水；几个孩子在屋中快乐地嬉戏，一见到他回家，便都兴奋地扑了上去……这时候，他发觉自己简陋的小屋中竟然充满了别样的温馨。他慢慢地走进厨房，用一种充满爱意的感动将妻子抱起来，转上一圈。妻子的体重并不比五十公斤重的石头轻多少，但是，他的内心却洋溢着幸福的味道。

就这样一个小小的动作，就将他一天的疲惫赶走，再也感觉不到任何劳累了。从此之后，他也变得不那么悲观了，因为他觉得幸福其实就在自己的身边，而自己却时常对自己所拥有的视而不见而已。

生活得快乐与否取决于一种态度，有的人过着天堂一般的生活，仍然在天天叫苦，永远不知道什么是幸福；有的人却能在我们认为的苦难生活中寻得一片清净舒适和愉悦快乐！

不要等到失去了才知道珍惜，并不是所有的美好都能够在某个地方等待你！放下抱怨你才能沉静自己的内心，看到自己的拥有，发现其实自己已经很幸福！

6. 所有绝境都必藏生路

面对人生的苦难和困境，很多人接受不了残酷的现实，瞬间就会让自己的内心跌进万丈深渊，再也看不到希望，再也坚持不下去，直到活生生地把自己压倒！

事实上，很多成功的人之所以能够取得辉煌，就是因为心中有一份常人不具备的信念，那就是他们相信所有的绝境都必藏生路！在大灾大难面前，他们能够坚强乐观地生活，积极寻找生活的出路，发现逆境中的生机！

曾经，有一个男孩出生在美国的一块贫瘠的土地上。他的出生，似乎注定要历尽艰难困苦。三岁时便失去母亲，七岁又失去了自己的父亲，童年的笑声还不曾透出他的咽喉，男孩就成了孤苦无依的孩子！

命运的残酷压在他柔弱的肩膀上。为了生存，他做着比同龄的孩子都要苦的挣扎。他先是寄人篱下，每天工作长达 14 个小时，但连饭都吃不饱。所以，大家都不愿意和他在一起，当然他也没有朋友。他每天过的生活就是在不停劳动，不幸的是还要遭受主人的虐待。

为了脱离困苦的生活和身体的摧残，期间他更换了很多主人，但情况始终没有好转。

在他 14 岁的一个夜晚，他决定要有所突破，摆脱这种生活方式。于是，在一个阳光明媚的周日清晨，他选择了逃跑。几经波折之后，他在一家工厂找到了工作。一次偶然机会，他得到了一本名为《自己拯救自己》的励志图书。他想，自己也是可以成就一番事业的。这时，他猛然感觉到知识是多么的重要，于是开始刻苦钻研学习知识。

和其他孩子不同的是，他的求学经历了很长时间。他一面工作，用自己赚来的一点收入断断续续地上学。从 14 岁念到 23 岁，最终他才进入大学。

他知道这一切多么来之不易。因此，只要是学习的机会他都不肯放过。于是，他给自己制订了一份苛刻的学习计划，用来逼迫自己学习！九年后，当同龄人正为前程忙得头破血流的时候，他已经顺利拿下了很多学位！

同时攻读多个学位并未影响他的收入。毕业的时候，他已经赚到了很多钱，以备创业。17 年后，40 岁的他经营起了旅店业，而且在这一领域举足轻重！

就在事业辉煌的时候，天灾人祸接踵而来。在经济萧条的时候他经营的旅店均在一场不知名的大火中被夷为平地。倾注了其一生心血的手稿也被烧毁了。

很多人都认为他将会被击倒，然而他并没有就此屈服。他带着永不变更的梦想重新开始自己的成功学创作。比起以前，他现在更有资历和经验。悲惨的童年，坎坷的奋斗生涯，传奇的人生经历把他送上了人生的最高处，又被抛入低谷。因此，命运的磨难，让他对财富拥有着异于常人的领悟力。

1894年，他的处女作《伟大的励志书》获得了成功，一年之内就再版11次。截至1905年，仅在日本就售出近100万册。3年后，他创办了《成功》杂志，一样取得了辉煌的业绩。

命运好像总喜欢和他开玩笑。后来，《成功》杂志因内部的问题，再加上后来得罪权贵而被告上法庭，无奈停刊。他再一次跌至人生的低谷！

他仍不曾放弃，于七年之后他的《新成功》杂志再次问世。此时，他已经77岁高龄了。他就是世界公认的成功学之父奥里森·马登。

前面的路是未知的，任何人都无法预测下一刻会发生什么事情！我们要相信，上天为我们关上一扇窗的时候，必定会为我们打开另外一扇窗。同样，当灾祸来临的时候，悲观和退缩只能让你失去重新站起来的机会，积极主动去寻找困境中所藏的"生路"，才能战胜困难，获得新生！

中篇
情绪管理：做情绪的主人，让情绪收放自如

　　像五彩缤纷的世界一样，我们的情绪也是多种多样的，正常的情绪表达不但不会造成危害，反而有助于我们缓解心中的压力。然而，有些坏情绪是不能沾染的，因为它们带来的只会是各种烦恼和消极，严重阻碍我们获得快乐和成功！所以，我们需要管理调节好自己的情绪，绝不能让其肆意地散布和传播，否则不仅伤害到自己，还会影响到别人！

　　事实上，情绪管理应该是每个人都具备的"素养"，把坏情绪拒之门外，及时疏导和调节心中的烦闷，做到情绪收放自如，才能成为自己情绪的主人！良好的情绪对于每一个人都很重要，因为它能够让我们拥有一个愉悦轻松的环境，调动起各个方面的积极性，发挥出自己的实力和潜能！另外，能够合理管控自己的情绪，不仅有助于我们的身心健康，还能更好地与别人和睦相处！

第六章

远离悔恨

—— 无法改变的，就要放下和释然

生活中，有很多人为了一些过去的事情后悔不已，抱怨环境，责备自己，整天郁郁寡欢、痛苦不堪！然而，时光不会倒流，生活不会重演，过去的已经过去了，发生的已经无法改变，我们何苦还要为难自己，在那里苦苦纠结和徘徊呢？这样做的结果只会增加自己的痛苦，不仅改变不了既成的事实，而且还耽误了眼前的事情，得不偿失！

我们要学会接受生活，把过去的或者无法改变的放下，让它成为一种激励和鞭策，而不是无休止地悔恨。既然已经无法改变，就不要再扛着"包袱"前行，因为那样会很累，珍惜眼前拥有的，迈出前进的脚步，才能迎接成功！

1. 不犹豫，不后悔

人生漫长而短暂，在生活的道路上，没有太多的时间容我们去犹豫和徘徊，机会也不会永远等待着我们，或许在转瞬间消失得无影无踪！所以，该抓住的机会一定要果断干脆地抓住，否则只会留给我们无尽的遗憾和苦恼！

然而，有些时候或许因为我们的疏忽而错过机遇，那么既然已经失去就切莫纠结和悔恨，因为这一切都来不及了，悔恨只会让自己损失更多！我们唯一能做的就是坦然接受和面对，积极勇敢地从失败中走出去，乐观开朗地迎接新的生活！

古时候，有一位思想家，饱读诗书，才情并茂，因此很多年轻貌美的女孩都对他很痴迷。一天，一个女子大胆地来敲他的门，说："我可以成为你的老婆吗？错过我，你再也找不到像我这么爱你的人！"思想家看女孩眉目清秀很是喜欢，但却回答说："你让我好好思考一下吧！"

思想家按照研究学问的方式和流程，把结婚的好与坏一一罗列分析，却发现两种选择好坏均等，真不知该怎么办。于是，思想家一直处于徘徊和苦闷的生活中，各种各样的理由只会让他更加烦恼！

最后，他终于总结出一个道理：凡是人们在面临进退两难的时候，首先应该选择自己还没有尝试过的。现在我已经知道了不结婚的情况，而结婚是怎么样的我还不太清楚，所以我应该尝试！对！我该答应那个女孩的提议。

思想家迅速来到女孩的家中，向女孩的父亲问道："您是父亲吧？请您向您的女儿转告，说我愿意娶她！"女孩的父亲不高兴地回答："可惜呀，你来得太晚了，十年都过去了，她已经成为三个孩子的母亲了！"

思想家听了，几乎崩溃。让他始料不及的是，一向以思想家著称的他，竟然毁在了自己的思想上，让原本美好的事情成为遗憾和后悔！在后来的两年时间里，思想家抑郁成疾。

临终的时候，他把自己所有的著作都焚烧掉了，唯独剩下一句批注：倘若可以把人生分成两部分，那么我们前半部分的人生应该是"不犹豫"，而后半段的人生则是"不后悔"。

很多时候犹豫和悔恨是分不开的，因为一时的优柔寡断会让眼前的幸福流逝，等到如梦方醒的时候，很多人开始为自己的行为感到惋惜和伤感！面对送上门的幸福，哲学家因为自己的犹豫而错失了美好，当他想明白的时候一切都晚了，最终他因犹豫悔恨而抑郁成疾，临终时才彻底知道人生最不明智的就是"犹豫"和"后悔"！

时间对于每个人都是公平的，只有及时抓住机遇的人才会取得最终的成功；只有不为过去的事纠结苦闷的人才会获得快乐！不犹豫、不后悔才是人生的真谛！

2.　把如果改为下次

在我们的身边，经常会听到有人在抱怨自己的不幸、懊悔自己的失误，言行举止间流露出一种无奈和苦恼，甚至是一种折磨！事实上，懊悔不但无法让人释怀，反而会增加悲伤和低落的情绪，像一剂慢性毒药慢慢地侵蚀你的意志、折磨你的精神！

人生没有如果，只有已经过去！所以我们只有向前走，学会宽容自己和别人，更要宽容已经过去的事情，才能远离悔恨带来的痛苦和折磨，找到生活的快乐和意义！

有一位经验丰富的心理专家，他一生成就卓著，也写过很多著作。在他即将退休时，他整理出版了一本关于治疗心理疾病的书。这本书的内容十分丰富，足足有1000页！

有一次，他被邀请到一所高校演讲。在课堂上，他将自己的这本看起来非常厚的书拿出来说："这本书内容很丰富，各种治疗方法也非常全面，然而所有的内容总结归纳后，却只有四个字。"

在座的学生都不禁惊叹和疑惑，然后这位专家慢慢在黑板上写下："如果，下次"。

这位专家说，事实上，让人们精神饱受折磨的莫不是"如果"这两个字，在现实生活中我们会听到"如果我能考上更好的大学"、"如果我拥有那次机会"、"如果我当年再积极一点"……

随后，专家继续说，对于这种疾病有上千种的治疗方法，但最有效的办法只有把"如果"改为"下次"，"下次还有机会"，"下次我一定好好对她"……

人们只有学会给自己寻找快乐，才不会被过去的事情干扰；只有给自己信心和勇气走下去，把过去的遗憾变成前进的动力，告诉自己还有下一次才会免受精神的折磨，让心灵沐浴阳光和清新！的确，就像心理医生所说，就是人们心中有太多的"如果"，才会产生那么多的迷惘和困惑，只有不苛求、不纠结，把"如果"改为下一次才会拥有幸福和快乐！

凡事要向前看，多给自己一次信心和希望，积极赢取未来的生活，最终我们才能在愉悦中获得解脱！

3. 在失败中总结经验教训

在人生的道路上，磕磕绊绊总是难免的，或许是工作上的不顺心，或许是生活中的烦恼和纠结，等等。尤其是在今天竞争日益激烈的环境里，我们更应该做好迎接困难和挑战的准备！

其实，遇到困难和阻力并不可怕，可怕的是退缩和逃避，除了抱怨和悔恨无动于衷！一次失败并不意味着永远的失败，只要我们怀着积极乐观的心态，在困境中勇敢站起来，认真总结教训，学会吸取经验，成功一定会离我们越来越近！

李然从学校毕业了，很快找到了工作，可不久便把找来的工作弄丢了。后来，一连丢了几份工作，面对自己接下来的工作，心里很是不安，他不知道自己这份工作会做多久。

一个偶然的机会，他认识了一位大学教授，于是便向教授提出了自己的疑问。教授是叫教理学的，在这方面正好能够帮助他。于是教授就问了一些关于人际交往和工作中的事情，并没有发现他有什么异常。

教授接着问他："你在工作的时候有没有过得罪上司呢？"他茫然地说："我没有觉得得罪过上司啊！不过，偶尔我会向公司提出一些个人的意见，但都是有利于公司发展的。"教授说："问题找到了，或许就是因为这些。尽管你的出发点是好的，但有时候或许缺少调查研究，或者场合和方式不合适等等，很容易让上司反感的。另外，上司还会认为你在逞能呢，或者故意对着干呢！"听了这些，李然才恍然大悟！

后来，李然还是会把自己的不同想法说出来，但他学会了在适当的场合和用恰当的方式，并且还会认真研究之后才下结论。这样上司不但不会反感，反而几乎每次都采纳他的建议，因此他的这份工作干得既稳定又踏实。

现实生活是复杂多变的，在社会的洪流中我们可能一时还不适应，找不到为人处世的突破口！经验都是慢慢积累的，没有人天生就是佼佼者，所以我们要微笑着面对挫折，寻找遇到挫折的症结所在并加以改正，慢慢地我们就会成长成熟起来！

刚从学校毕业的小张，因为缺乏社会经验，做人做事不懂得委婉，自己却并没有发现身上的问题。在连续几次失败后他开始怀疑是自己的原因，经过别人的指点才发现事情的真相！他认真地总结了自己工作中的问题，然后改变说话和做事的方式，最终走向了成功！

失败并不可怕，但是我们不能让失败的状态一直延续下去，而是要学会积极主动地去总结原因，把自己身上真正的"病痛"给揭开，而不是为自己辩解遮掩，否则无异于讳疾忌医！聪明的人就在于能在困境中发现自身的缺点，让经验和智慧不断地积累，让成功离自己越来越近！

4.　人生不后悔的活法

每个人来到这个世界上，都想过得顺心如意，得到自己所向往的幸福生活！有的人能够看透生活的意义所在，不为小事斤斤计较，不抱怨生活的得失，把烦恼和忧愁远远地拒绝在门外，一生都过得乐观豁达！然而有的人却放不下心灵的重负，整天忧心忡忡，为金钱名利、为生活的纷争而身心疲惫，他们不知道什么是真正的快乐！

在人生的旅途中，我们不要强求自己，也不要渴求生活，做自己喜欢做的有意义的事情，不给人生留下遗憾，不为自己感到后悔，活出真正的意义才不枉此生！

曾经有一位奄奄一息的病人，家人帮他请来了一位牧师主持临终前的忏悔。牧师刚到医院就听到病人说："仁慈的上帝！唱歌是我的最爱，音乐是我的生命，我一直希望自己能够唱遍全国，然而我实现了。所以，我不需要什么忏悔。现在我只想说，谢谢您，您让我愉快地度过了一生，而且还允许我用歌声把自己的几个孩子养大。现在我要微笑着离去，慈爱的牧师，我只想让你告诉我的孩子们，让他们做自己喜欢做的事吧，我会默默支持他们的！"

牧师顿时感到非常地震惊，他从来没有遇到过这样的人。身为一个流浪歌手，临终时的这些话太让人吃惊了。事实上，这位流浪歌手所有的家当，就只有一把吉他。他每天唱歌给别人，然后换取自己的报酬，但他活得很充实、很快乐！

牧师不禁想起了往事。然而那是一位富翁的忏悔，竟然和这位流浪歌手的相似。

富翁说："我的爱好是赛车，我从小就一直研究它们，一辈子都没离开过它们，这即是我的生活，也是我的工作，让我非常满意，而且还能赚到钱，我没有什么要忏悔的。转告我的儿子吧，让他去追求自己的梦想！"

经过这两件事之后，牧师从中明白了很多东西。当晚他就写了一封信给报社说："怎样才能让自己的人生不后悔呢？其实很简单：做自己喜欢的事，不给自己的人生留下遗憾，这就足够了！"

人生需要快乐，在自己喜欢的道路上前进，才会看得到两旁的秀美风景，才会真心投入其中寻找到自己所需要的东西，并能做到乐此不疲！无论是一无所有的流浪歌手，还是喜欢赛车的富翁，他们都很满意自己的生活，因为是他们自己喜爱的，直到生命的尽头他们都庆幸自己的选择没有什么可后悔的！

生活在这个世界上，无论贫穷或者富有，只要珍惜生活，选择适合自己的，找到自己喜爱的就不会后悔，就会给自己带来快乐和幸福！

5. 道路是开辟出来的

鲁迅说："世界上本没有路，走的人多了，便变成了路。"在人生的旅程中，有些时候为了自己的梦想，我们需要到达另外一个地方，但是往往并没有现成的道路供我们快速通过。

面对"无路可走"，很多人也努力和尝试过，但最终还是放弃了！很多人觉得自己已经尽力，再也没有其他的道路可以达到目的地了！事实上，人生没有过不去的坎儿，没有现成的路我们何不开辟出来一条路呢？转变自己的想法，换一种思想模式，打破常规的局限，尽管这一过程十分艰难，但最后的成功足以温暖内心！

在一座山的半山腰住着两个和尚。

一天，老和尚对小和尚说："你有没有发现山下的人在做什么？"小和尚说："发现了，他们好多人每天都去对面的山后摘果子。听说那里有一位好心人每天施舍果子！"老和尚说："那你也去吧。"

小和尚下了山，跟在人们的身后，沿着山路向山后走去。由于路程太远，等到达那里已经是午时了，这位好心人的家门口已经排满了人。小和尚在后面排队，耐心地等着。不过还没轮到他时，好心人的果子已经没有了！好心人说："实在对不起大家，我们一天只能送出这么多，没有拿到的明天再来吧！"

小和尚沮丧地回到山上。老和尚问他："怎么没有见你拿果子回来呢？"小和尚说："人太多了，到那儿已经排了非常长的队伍了！那位好心人一天只送出去一部分果子！"老和尚说："那你明天再去。"

第二天，小和尚早早地就起来了，顺着山路和一些早起的人飞快地往山下跑去！

然而，小和尚起得早，别人也起得早。这一天，不幸的是，轮到小和尚的时候，果子刚好一个不剩！好心人对小和尚说："小师父，今天已经送完了，还是等明天吧！"

小和尚伤心地回去了。老和尚问他："今天怎么还是空着手啊？"小和尚说："我今天起得早，有人比我们起得更早……没办法。"老和尚说："那你可以起得再早一点啊！"小和尚说："没用的，只有一条路能到那里，不到时辰路卡是不开的！"老和尚笑笑，没有再说话。

第三天天还没有亮，老和尚拍拍正在睡梦中的小和尚，说："快点起来啦！"小和尚揉揉眼说："师父，不去了，去也没有用。"老和尚有点生气地说："你呀，这么懒，什么时候才能成正果啊？"小和尚爬了起来，说："师父，其实我也想去，只不过去也是白去，早了路不通，晚了果子送完了，我也没有办法！"老和尚说："你怎么就不想想其他的路呢？"小和尚说："其他路？还有其他的路吗？"老和尚站起身来，说："跟我来。"

他们一起来到寺外，老和尚指着对面的山说："那位好心人就住在后山吧？"小和尚说："是的，只有那一条路可以通过。"老和尚笑着说："为什么不从这里过去？"小和尚愣愣地说："师父，这里哪有路啊，全是杂草荆棘啊，就没有人从这里走过。"老和尚说："虽然难走，但是近啊！"小和尚有些困惑地说："师父，您不是开玩笑吧？真打算让我走这里啊？"老和尚在一块石头上坐了下来，说："去吧，我在这里等着你回来！"

小和尚出发了，按照师父的交代，遇到荆棘就用随身携带的镰刀砍倒，然后继续前行。一路上，小和尚的衣服都被刮破了。不过他今天竟然成为了第一个到达这里的人。

不到中午，小和尚就兜着果子兴奋地回来了。他欣喜地对老和尚说："师父，您看这些果子。"老和尚笑着说："看到了。"小和尚高兴地拿出果子递给老和尚，笑着说："师父，还是您有办法，否则恐怕真的吃不到那位好心人的果子了！"老和尚说："这是你自己的劳动成果，你收好吧。"小和尚有些疑惑。

老和尚说："世上的人都希望有一条现成的大路等着自己，却很少有人主动去开辟一条新路，因为这很辛苦！不过，开辟虽然是辛苦的，但成功却又是让人欣慰的！"小和尚终于明白了，含泪说："师父，我明白了您的教诲。"

往往人们只是在寻找道路，却从来没有想过去开辟出来一条新的道路！事实上，阻挡我们的并不是"没有路"，而是我们自己在退缩和逃避。沿着原来的那条道路，小和尚尽了最大努力也赶不在别人前面，努力过后他选择了放弃！如果不是师父的及时提醒，小和尚真的就再也找不到新的出路了；如果不是重新开辟出来一条道路，他也不会赶在别人前面，更不会领悟到人生的智慧！

在困难面前，我们只有迎难而上，想尽一切办法去解决，才不会因为错失成功的机会而后悔！时刻告诉自己：办法是想出来的，道路是开辟出来的！

第七章

战胜挫折

——你若不勇敢，没有人替你坚强

人生犹如一个旅程，不仅有可供人们欣赏的美景，同样也充满了荆棘和坎坷。只有不畏艰险，勇于向困难发起挑战的人，才能跨越一座又一座"高山"，冲破生命的荒漠，看到生机盎然的绿洲！

事实上，困难有时候并没有我们想象的那么可怕，越是畏惧越会让自己失去信心。我们要敢于尝试，敢于在逆境中站起来，把挫折和阻碍当成我们的"垫脚石"，成功就会向我们招手！很多时候，一个人想要战胜挫折，最重要的是战胜自己，坚信自己的力量，拥有一颗强大的内心，能够让你微笑着面对一切！

1. 在危机中寻找出路

在竞争日益激烈的今天，无论是生活还是工作都免不了会遇到艰难和挑战，甚至是致命的危机。然而，在困境面前，很多人选择了退缩和逃避，不能坦然灵活地去面对，尽管可能会因为侥幸而幸免于难，但那只是一时的，最终会输得很惨！

逃避是解决不了任何问题的，只有那些敢于同困难做斗争、善于利用危急寻找生存的出路、开动脑筋发现新机遇的人，才能够在挫折中崛起、取得最后的胜利！

在南非，有一个名叫沙比亚的丛林，那里的西布罗族人依然过着相当落后古朴的生活。这里的人基本上不从事劳动，所以有人称他们为"不劳而获"的人。事实上，这句话并没有贬义，相反是对他们智慧的赞颂和推崇！

据说，曾经在这里不仅生活着西布罗族人，同时还有其他的部落在这里生息繁衍。当时，这里比较荒凉，野兽成群，而人们没有足够的能力去对付这些猛兽！

面对野兽的袭击，有些部落的人只知道拼命地逃跑，可是他们怎么能跑得过豺狼虎豹。于是，在这种情况下，他们还是不停地向前奔跑，只有跑在前面才不会成为野兽的食物，然而他们却牺牲了那些跑得慢的人。以别人的死亡为代价的思想最终让他们彻底地消失了！

更有愚昧的部落，在野兽来袭的时候，往往选择躲藏起来。尽管一时能起到作用，可许多人是躲得了一时，却躲不过一世。久而久之，这个部落也消失了！

西布罗族人最初也与这些部落的人一样，但后来他们改变了思路，用自己的智慧与野兽做斗争！

原来丛林中有一块湿地，西布罗族人将湿地的边缘建得非常陡峭，然后想办法使泥沼的表面恢复原来的样子。这样，当野兽追击他们的时候，他们就拼命往湿地的方向跑去，一旦到了湿地的边缘，他们就会聪明地转个弯。

由于惯性，那些体积庞大的野兽根本控制不住脚步，便会一头扎进泥沼……

就这样，他们每次都能躲过野兽的袭击，后来他们又想出办法将这些掉进泥沼的野兽捞出来作为食物。后来，聪明的西布罗族人在自己住的不远处铺上厚厚一层胶泥，这些胶泥的面积足足有一亩左右，然后在上面放上一只鸡或是一只兔。

那些食肉动物看到鸡和兔，没有一个不去抢食物的，这样它们就会掉进泥沼，之后会吸引更多更大的动物，不久他们就会收获很多猎物！从此，西布罗族人由以前的"猎物"成为了"猎人"，找到了生存下来的道路！

在困难面前做出怎样的选择，决定了你会拥有什么样的收获！逃跑是自欺欺人的最愚蠢的方式，因为你逃得了一时却逃不了一世，总有一天你还要面对，与其这样拖延时间，还不如趁早探索新的出路！面对野兽的攻击，在生死的关头有的部落表现出了自私和狭隘，一味地选择逃跑，从不想着怎么去解决长远的问题，以牺牲跑得慢的人为代价换来暂时的安稳，最终付出了整个部落灭亡的代价！然而，懂得在危急中寻找突破口的部落最终生存下来，并获得发展！

困境和挫折不是我们逃避的理由，只有迎难而上，学会在危机中发现机遇，最终才能获得长远的发展和成功！

2. 战胜困难一次，你就强大一次

在前进的道路上，困难会带给我们阻碍和困扰，也会消磨我们的意志，但我们不能畏惧和退缩，而是要把它当作一种考验和磨炼！只有经得住风吹雨打，坚强地走下去，给自己勇气和信心去战胜困难、冲出困境，才能让我们的内心更加强大，承受得住生命的重压，顺利地走向成功和辉煌！

日本著名企业家土光敏夫，在他上中学的时候，曾经参加了一次学校的百里徒步训练活动。这对于一个十几岁的孩子来说，确实是非常难得的事情！

走了两天，他的脚被磨出了血泡。实在是太累了，很多次他都想停下躺在地上休息。不过每当他有这种想法的时候，就告诫自己：躺下去便是懦夫！坚持下去成功就会到来！于是他打起精神，不仅鼓励自己，而且还勉励别人不要停下来！

每当一些体质弱的同学支撑不住的时候，他就主动帮忙背上一段！慢慢地，他竟然感觉不到那么累了，反而感到身上轻松了很多！

后来，他说："在我后来做事情的过程中，我之所以能够坚持下来不放弃，是因为那次长途跋涉给了我很大的鼓励和启示！我知道：面对困难，人们只有学会迎难而上，才能在磨炼中有真正的成长。你战胜困难一次，就更强大一次。"

人生是一个蜕变的过程，当然这一过程是痛苦和艰辛的，只有经受得住磨难，在逆境中坚持新生的信念，才能在芸芸众生中脱颖而出，成就自己的人生！然而有些人因内心怯懦，不敢面对困难，最终换来的是失败和痛苦，更可悲的是自己把自己给打败了！

不经历风雨怎么能见到彩虹呢？只有勇于接受锤炼，在挫折面前越挫越勇，才会让自己变得更加强大，拥有生活的信心和勇气！

有一名大学生，天生就十分害怕水，因此十分畏惧游泳课。每次，她看着在水中游泳的朋友们，心里就会有一种莫名的感觉。很多次，当朋友邀请她的时候，她只能说："我怕水，所以不想下水。"

朋友们笑着鼓励说："不要因为怕水，你就拒绝去游泳。"事实上，当她见到朋友们在水中自由自在地游玩，心里满是羡慕，但她还是没有勇气下水。

一个月后，有朋友邀请她一起去度假村游泳，在众人的鼓励下她才敢下水。但是，深水的地方她还是不敢去。朋友鼓励她："试试看，当水淹过你的头顶时会是什么感觉。"

听到这话，她简直吓坏了，说："你说什么？开什么玩笑？"她坚决不肯这样做。在朋友的坚持下，她小试了一下，慢慢感觉到其中的乐趣，这真是一种奇妙的体验。

朋友笑着说："我们说得没错吧，水其实是有浮力的，有什么可怕的呢？"

尼采说："当我们勇敢的时候，我们一点儿也不认为自己是勇敢的。"事实上，困难一点儿都不可怕，只是我们把自己给束缚了，不敢迈出自信的那一步，才会在挫折面前畏首畏尾，患得患失，从而错失了成功的机会！只要我们克服掉心中的障碍，勇敢地向困难发出挑战，我们就会愈发地强大，而一切阻碍就愈发显得那么渺小！

只有经过历练的人生才是有意义和价值的，克服困难也是一种自我激发和完善的过程，在这个过程中，我们能看到自己的不足和优势，更能锻炼沉着冷静的处事心态，让自己学习着、前进着、充实着，更重要的是在慢慢地强大着！

3. 成功就是战胜自己

人生无常，生活更没有彩排，灾难和不幸随时都会降临，沉重的挫折和打击往往会让人丧失信念和勇气，甚至产生轻生的念头！

人是有情感的高级动物，一时的伤心和痛苦总是难免的。但是我们不能一直消沉下去，无论多大的困难，只要我们还活着，就会有希望！既然事实已经无法改变，我们就要学着去战胜苦难，把一切的悲伤和消极都踩在脚下，努力让事情向着最好的方向发展！

往往我们缺少的就是战胜自己的勇气，只要我们敢于超越困境、战胜自己的自卑和消极，以积极的心态迎接新的生活，那么成功和快乐依然会属于自己！

小唐和小谢是亲表兄弟俩，不幸的是一场火灾改变了他们的命运。尽管没有生命危险，但大火几乎把他们烧得面目全非。

兄弟俩出院后，小唐因受不了别人的讥讽和残酷现实的压力，最后选择轻生结束了自己的生命。而小谢却顶住了各种压力，艰难地生存了下来，无论遇到多大的冷嘲热讽，他都咬紧牙关挺了过来。

小谢一次次地提醒自己："只要活着就好，我生命的价值比谁都高。"

后来，小谢从一个积蓄不足一万元的司机，凭借自己的诚信经营，慢慢地成立了运输公司，最后成为了一个名副其实的老板！

几年后，小谢用挣来的钱给自己做了整容手术，他又恢复了从前的样子。同年，爱情也获得了丰收，从此他过上了幸福的生活。

可能我们战胜不了环境，但是我们可以战胜自己，在人生的诸多不幸和苦难中，改变自己的心态去积极跨越，让自信和不屈的精神充实内心，就没有战胜不了的困难！悲观、失落，甚至是放弃生命只是在加大惩罚自己的力度，我们已经有那么多的磨难，何苦还要折磨自己呢？勇敢地站起来，用事实证明我们依然坚强勇敢，依然可以实现人生的价值，才会得到别人的尊重、获得人生的快乐！

1955 年出生的张海迪，五岁时就患脊髓病，胸以下全部瘫痪。从那时起，张海迪的生活就注定是与众不同的。因为她不能像正常的孩子那样去学校读书，然而在这样的压力下她靠自学完成了中学课程。

15 岁时，张海迪又跟随父母来到农村，在那里，她不仅成为孩子们的老师，还专门学针灸为人们免费治疗疾病！后来，更令人感到欣慰的是，她竟然自学多门外语，还当过无线电修理工。

在残酷命运的挑战面前，张海迪并没有选择低头，而是顽强地向命运发起挑战！在没有机会进入学校学习的情况下，她不仅完成了小学、中学全部课程，而且还自学了大学英语以及多国语言，并攻读了大学和硕士研究生的课程。

后来，张海迪又投入到文学创作，不仅编著了《向天空敞开的窗口》、《生命的追问》、《轮椅上的梦》等书籍，还翻译了很多英文小说。其中有的在外国出版，有的获得大奖，甚至是前所未有的。从 1983 年开始，张海迪的作品已远远超过 100 万字，这其中包括自己创作的以及翻译的！

另外，张海迪为了向社会贡献自己的力量，通过自学又学习了十几种医学专著，她还向别人虚心求教，不断地充实和学习，无偿地为人们治疗一万多次！

后来，张海迪被评为"八十年代新雷锋"和"当代保尔"。

只要我们足够坚强，只要我们不向挫折低头，再大的苦难也压不倒我们，反而会在困境中实现人生的突破，创造出骄人的成绩！张海迪的事迹大家都非常的熟悉，面对人生如此大的灾难，换作普通人早已被压垮了。但是张海迪没有向困难屈服，她不仅战胜了身体上的残缺，最重要的是战胜了自己的心灵，让人生充满阳光和微笑的同时，还取得了正常人都难以实现的辉煌，这是生命的一个奇迹！

战胜自己是一种心态，更是一种坚持和信念！在苦难面前，我们可以失去一切，但唯独不能丢掉战胜自己的勇气，只有跨越了自己心中的阻碍，才能战胜人生道路上的挫折，走向幸福和成功！

4. 挫折一向欺软怕硬

面对生活中的挫折和坎坷，我们有两种选择，一种是退缩和逃避；另一种是坚强和跨越。事实上，挫折能对我们造成多大的伤害和阻碍，很大程度上取决于我们的态度！如果我们拿出自信的信心和勇气去战胜它，那么它就会变得渺小和软弱；如果我们畏畏缩缩、犹豫不决，这时挫折就像一座无法逾越的大山压得你喘不过来气！

敢于战胜挫折，我们就会变得更加强大；畏惧挫折，我们就会越来越软弱，直至不堪一击！所以，我们不要在挫折面前低头，而是应该保持高度的自信和坚韧，把挫折永远踩在脚下！

古时候，在一个偏远的山村有两位先生，生活平静而充实。但是，令人奇怪的是，他们从来没见过真正的狗长什么样子。其中一位先生胆子很小，有一天，他看到有人牵着两条狗在叫卖，就跑去问："这是什么东西啊，看起来还挺好玩的？"卖狗的人回答说："它的名字叫'挫折'，你想买吗？"胆小的先生连忙回答："当然，当然。"这位先生连价格都不计较，当即付完钱就带着"挫折"回家了！回到家后，这位胆小的先生轻轻地在它身上抚摸，然而它马上凶狠地叫了一声："汪！"当即吓得胆小的先生浑身发抖。胆小的先生以为是自己的位置太高，让"挫折"感觉别扭，于是他就伏下身子去爱抚这只狗，没想到"挫折"一张嘴就咬断了先生的两根手指头。

先生立即奔跑出去，而"挫折"却在后面穷追不舍。突然，胆小的先生一不留神跌进了河里，"挫折"依然不停地狂叫了一阵才罢休，先生被人救上来的时候，差点儿没了小命。

正巧，另外一位先生在路上闲逛的时候碰见了"挫折"，他也不知道这是什么东西，于是也上前去抚摸，可"挫折"凶狠地叫了一声："汪！"随后就疯狂地去咬他。不过这位先生并不害怕，并从地上顺手捡起一根木棍狠狠地抽了"挫折"几下，立刻"挫折"就老实了，对先生服服帖帖。

一天，这两位先生一同去集市上买东西，正巧碰见一位贤者手牵着一条狗，它看起来和咬胆小的先生的狗一模一样。于是胆小的先生问贤者："先生，你手里牵的那叫'挫折'吧，它到底是什么动物啊？"贤者笑着回答："每个人在生活中都会遇到很多挫折，事实上，挫折只是一条狗！如果你害怕它，它立马就会变得十分凶狠；你要不怕它，它就会对你服服帖帖！"

有人把挫折比喻成一条狗，倘若你在它面前显得怯懦和软弱，那么它立即就会扑过来撕咬；倘若你毫不畏惧与它斗争，它就会在你面前驯服和恭顺，摇头摆尾。其实，人生就是这样，挫折和困难在强者面前显得微不足道，在弱者面前尽是荆棘和艰险！选择做强者，挫折就不再是困扰，反而成为我们历练的机会；选择做弱者，哪怕很小的沟壑都会成为你心中的万丈深渊！

战胜挫折，只需要你坚强地站起来，然后果断干脆地消灭它！

5. 做生命的强者

在现实的生活中，很多人在失败和挫折面前选择妥协，往往屈从于自己所谓的命运，没有勇气和困境做斗争，结果只能成为生命的弱者，接受失败的痛苦！

物竞天择，适者生存，自己的命运掌握在自己手中，如果自己不争取，没有人会为你担起这个责任。尽管有时候我们还很弱小，但只要我们敢于放手一搏，冲破生命的藩篱，在困难面前不逃避，最终弱小也会成为强者；相反那些凭借自己的优越不思进取的人，才会在大浪淘沙中被淹没，变成彻底的弱者！

从前，有一种鸟儿的名字叫长喙，它们生活在一个小岛上，平时以蒺藜的果子为食，世代繁衍。

生活在这个岛上的长喙鸟非常舒服，一点儿也不用为食物发愁，因为这里有很多很多的蒺藜树，足以供长喙鸟们生存的需要，所以它们看起来总是无忧无虑。然而，它们也有自己的不幸，有些鸟儿刚出生的时候就存在缺陷，因为它们的嘴不像妈妈那样长长的，尖尖的，而是短小钝滞。

事实上，长喙鸟的生存离不开自己又尖又长的嘴，否则，它们根本无法啄开蒺藜浑身长满刺的外壳。吃不到食物，就只能被活活地饿死！

这种嘴巴短小的鸟生命是不幸的，刚出生就会被母亲抛弃。它们中的很多在用不了多长时间就会被饿死，不过也有的鸟儿拼命地和命运抗争，不甘心命运的安排。它们用短小钝滞的嘴一遍又一遍地努力尝试着把蒺藜啄开，但每次都以失败告终，甚至嘴被刺得鲜血直流。然而，更可悲的是，在这里只有这一种食物可供它们食用，为了生存它们只能选择离开，另外寻找出路！

它们用最后的力气在海面上盘旋着，嘴里发出一阵阵绝望的叫声，用不了多长时间它们就会被饿死了。然而，就在这个时候，它们看到了希望：有一些小鱼在水面上游动。这时，它们不顾一切地冲下去，尽最大可能把小鱼叼住！尽管它们很不习惯这种鱼腥的味道，但为了生存，它们强忍着咽了下去。

就这样，奇迹般地它们活了下来，慢慢地也改变了以前的饮食习惯，从食果动物变成了肉食动物。最后它们发现其实肉食的味道也挺鲜美的，毫不逊色于蒺藜果。

活是活了下来，不过这里的生存环境十分的恶劣。为了避免生命受到威胁，它们不仅仅以小鱼作为食物，而且学会了四处捕猎。

天长日久，它们已经适应了这种生活环境。不过令人意外的是，它们因为经受住了严峻的考验，在这种恶劣的环境中练就了出色的本领。后来，它们不仅吃鱼，只要是能捕捉到的动物都成为了它们的食物。在捕猎中，它们练就了一张短而有力的嘴，还有一对大而强健的翅膀和一双尖利的爪子。数年后，短喙鸟成为了海上的强者，它的名字叫鹰。

然而，因为气候的变化，岛上的蒺藜果最终消失了，那些曾经过着无忧无虑的生活的长喙鸟不得不走向灭绝！

在这个世界上，有的人之所以成为了弱者，是因为自己承认了自己的软弱，接受了命运的安排！只有那些在困境和挫折面前不屈服，为了自己的人生努力拼搏的人，才会在最后取得成功，由弱变强！鹰的事例告诉我们，在人生最脆弱和困苦的时候，哪怕全世界都放弃了，我们自己也要选择坚强，向命运抗争！只有自己拯救自己，争取最后的胜利，才能让自己变得强大起来！

6. 坚韧造就传奇人生

美国教育家华盛顿说："除了我们自己以外，没有人能贬低我们。如果我们坚强，就没有什么不良影响能够打败我们。"谁也不知道在未来的道路上会遇到多少苦难，但是当苦难真的来临的时候，我们也要学着接受，抛掉悲观和自卑，用信心和勇气给自己一个重新开始的机会！

坚韧是战胜任何困难的必备武器，有了它，我们不仅能够站在苦难之上微笑着迎接新生，还能把挫折当作前进的动力，甚至创造出非凡的成绩！只要我们不放弃自己，勇于看到前方的希望，让乐观积极为我们支撑，生活中依然会阳光灿烂、风景美丽！

曾经有一个年轻的小伙子，有一次和自己的同伴在滑雪的过程中，因为意外扭伤了脖子，导致颈以下全身瘫痪。自此以后，这位小伙子的人生发生了彻底的改变，他成为一个只能摇头的残疾人，生活再也离不开轮椅！

可想而知，一个正常的人突然变成了残疾人，谁又能接受得了呢？这位小伙子也不例外，他的生活陷入了痛苦之中，最后他决定选择自杀。为了不让父母过分地痛苦，他花钱买了一辆残疾人汽车，然后准备开着车坠崖！但是，他试了好多次均没有成功，他不想再继续拖累自己的父母，就离开家住进了公益加赢利相结合的公寓生活。

一天傍晚，他又一个人在房间里苦闷伤感，感到人生无比的空虚和失落，于是就来到外面的空地上，看着远方人们匆匆忙忙的身影，充满着沸腾和活力。这时，他突然感到有一种勇敢的冲动，他要活下来，要好好地活下来，要成为那些热闹人群中的一员！他想，尽管自己活动不便，但至少还有聪明的大脑，能够独立地生活……所以他决定要过正常人的生活，从此他开始了新的生活！

后来，他不仅让自己学会了很多知识，并且还学会了驾驶飞机，其他的很多残疾人也在他的帮助下练习飞行。

他就是加拿大的萨姆·苏利文。由于在当地有很多华人，苏利文又利用业余时间学会了中国广东话，更令人惊奇的是，后来他又成功当上了市长，真是充满坎坷而又富有传奇的人生！

人生需要坚持，尤其在大灾大难面前，更要给自己一份坚韧和抗争的精神，不让人生的快乐和幸福就此消逝！这不仅是一份心态，更是对自己的人生负责！坚强而又勇敢的苏利文没有在人生的困境中倒下，而是凭着自己的那份勇气好好地生活了下来，并且成就了自己的人生传奇！

无论在任何时候都要看到希望，不抛弃不放弃，更不向命运屈服，积极乐观地去寻找属于自己的那片蓝天！

7. 感谢挫折和失败

有人说："没有播种，何来收获；没有辛劳，何来成功；没有磨难，何来荣耀；没有挫折，何来辉煌。"的确，良好的环境能够让我们轻松地到达成功的彼岸，但挫折和磨难会让我们得到历练和成长，对我们的生活和人生尤为重要！没有经历过失败和痛苦，就不会发现自身的缺点和问题，也不会拥有成熟和坚强的品格！所以，我们要勇于接受失败和磨难，感谢生活给我们的厚赐，使我们有机会在困境中积累经验和智慧！

一个敢于接受失败、敢于正视自己的人，才会在生活中给自己一个合理的定位，及时发现自己存在的不足，并把改正自己的缺点付诸行动，才会在不断地进步中取得成功！

有一家跨国公司要招聘一位部门经理，因为这家公司的待遇和薪水在同行业中都是比较高的，而且只要有能力就有机会向上发展，所以一时间应者如云，竞争十分激烈。

刚刚从大学毕业的赵凯听到这个消息后兴奋地跳了起来，他决定要去争取这个机会！

这家公司对员工的各个方面都有严格的要求，经过反复几次淘汰，最终就剩下十个人左右！很幸运，这其中就包括赵凯。

他们要接受最后一次严格的筛选。具体的要求就是指定一篇文章，在规定的时间内打出来看谁的速度最快！面对这样的要求，很多人不屑一顾，认为自己不是一名打字员，而赵凯并没有这样认为，他按照公司的要求认真地去打字。然而，时间结束了，赵凯才刚刚完成一半，而其他的人却出色地完成了任务！

接着，人事部经理让大家每人谈谈自己在成长过程中的失败经历。赵凯先来，他一五一十地把自己以前考试中得 0 分被家人罚饿的事儿讲了出来，他陈述完毕后顿时引来哄堂大笑。而其他人只顾充分地表达自己如何如何优秀，获得多少奖项，即便是提到一些失误，也只是无关痛痒的。随后，人事部经理让大家先回去等候通知。

和别人一对比，赵凯觉得自己在最后的环节中没有别人显得那么优秀，打字成绩又是最低的，肯定是没有希望了！

几天后，他以一颗平静的心打开了邮箱，第一眼就看见那家公司发来的邮件，上面清楚地写道：经过公司全面的研究决定，你落选了！不过我们对你的印象很深刻，由于名额的关系，我们也只能说声抱歉！以后再有类似的消息我们会及时通知你的！

其实，赵凯早就有了心理准备，所以他并没有感到意外，它把这次面试当作一次很好的锻炼机会。于是他怀着感激的心情给那家公司回了一封信：首先我表示非常感谢，尽管没有成功，但我从中看到了自己的不足和优势，这对我以后的成功更有帮助，我会努力的！

发完邮件，赵凯早已把这件事抛在了脑后。然而，第二天赵凯却意外地接到了那家公司的电话，告诉他被公司录用了！

赵凯报到时，公司的领导特意和他见了一面，说："现在的很多人都缺乏诚信，在最后的淘汰考试中，其他的人都是从网上粘贴复制的，事实上在那么短的时间里根本不可能完成那么长篇幅的文章，只有你认真地一个一个打字！你的诚信是难能可贵的，更让人欣赏的是，在我们发的邮件中只有你回复了，面对挫折和失败，你的心态非常好。"

很多人在生活中不敢面对失败，总是回避问题，没有从自己的身上发现问题并改正的意识。往往他们只看重事情的结果，毫不在意究竟自己在什么地方出现了错失，甚至还有意地掩盖自己的不足！所以，这样的人永远都不会取得进步，失败和挫折更是在情理之中！就像故事中的赵凯一样，只有敞开心扉正视自己的失败，总结自己的优势和不足，最终才会赢得机遇和成功！

面对挫折，我们应该换一种思维和角度，看到其中的价值和意义，把它当作一种体验和磨炼，提升自己的生存和适应能力！当我们完全放开手去迎接挫折的时候，挫折就不再是前进道路上的绊脚石，而是我们通向成功的阶梯！

8. 挫折是成功的入场券

生活当中，很多人没有面对挫折的勇气，只要遇到一点小事就会在那里埋怨生活的不公、感叹命运的不济，而且总是想尽一切办法逃避困难！事实上，挫折不仅会带给我们波折和阻碍，同时也会给予我们历练的机会，如果说成功是一个隆重的颁奖典礼，而挫折恰恰成为我们开启走向胜利之门的钥匙。

一个人想要成功，就必须首先拥有把握成功的能力，只有经历过挫折的磨炼，饱尝生活的酸甜苦辣之后才会自信、勇敢，经受得住各种各样的挑战和考验！否则，就算有一天机遇降临到我们的身边，也只会与我们擦肩而过！

曾经有一位知识渊博但是一直都没有什么名气的人。有一天，他在路上遇见了上帝，便生气地问："我是个博学的人，你有什么理由不给我成名成功的机会呢？"

上帝无奈地回答："我知道你是博学的，但是遗憾的是你对每个方面都浅尝辄止，无论什么不深入进去怎么可能成名呢？"

于是，这个人回去之后就开始苦练钢琴，后来果然弹得一手好琴，不过事实依然令他失望，他还是很平庸，没有人知道他！

他又去问上帝："上帝啊！现在我已经对钢琴精通了啊，为什么还没有机会成名呢？"

上帝摇摇头说："你错了，不是没有机会，更不是我不给你机会，而是你不懂得怎么样去把握机会。事实上，第一次你参加钢琴比赛，我就帮助你了，但是你没有信心，第二次你又没有足够的勇气，责任怎能在我呢？"

听完上帝的话，那人又通过各种方法和途径锻炼自己的信心和勇气，最后又去参加比赛，这次他的确弹得非常不错，但由于评委的不公他还是没有成功！

那个人垂头丧气地对上帝说："上帝，所有的我都努力过了，看来是上天注定我的人生只能这样平凡了，我不会出名了。"

上帝微笑着说："事实上，你离成功已经很近了，只需最后一跃。"那个人有点不解。

上帝接着说："挫折是成功的入场券，现在你已经拥有了它，然后挫折将会把成功作为礼物送给你。"

那个人一直将这句话铭记在心里，最后他真的成功了！

不要抱怨生活中会有那么多的磨难，而是要学会在逆境中生存，在失败中总结学习，换一种角度看到挫折积极的一面，让自己在诸多的阻碍中领悟人生的智慧、历练自己的品性！

很多时候并不是没有机会，而是我们没有把握住机会，或者缺少成功的信心和勇气！然而生活的坎坷和失败正是我们最好的练兵场，每一次的发现不足就会让我们彻底地成长一次，所以我们不要拒绝挫折，而是以积极的心态把它转化为机遇和动力！当我们经历过人生的风雨之后，绚丽的彩虹就会出现在天空，胜利也会在这时向我们招手！

9. 把挫折踩在脚下

诺贝尔说："坚忍不拔的勇气是实现目标过程中不可缺少的条件！"如果我们惧怕挫折，在还没有面对的时候就已经先打败了自己，结果可想而知，根本不可能战胜困难和取得成功！

生活中有时会有接踵而来的困难和不幸，往往人们的意志和斗志就是在这样的轮番打击下而消磨殆尽，最终向困难屈服，让成功离自己远去！勇气是战胜困难的精神支撑，无论做什么事情，只要我们还有信心和希望，怀着一颗积极的心去面对，再大的阻碍和压力都会显得微不足道！

诺贝尔是一位伟大的化学家，人们只知道他的一些辉煌成就，却很少了解关于他的一些人生磨难和挫折。

1864年，在一阵响彻天际的爆炸声中，诺贝尔自己创建的实验工厂顿时成为一片废墟。之前还好好的一座工厂现在已经被夷为平地，所能看见的只有滚滚的浓烟和人们无尽的惊恐。而三十多岁的诺贝尔尽管幸运地躲过了这次劫难，但也被这突如其来的灾祸吓得面无血色，饱受刺激和打击！

在这次事故中，诺贝尔不仅失去了工厂，而且还失去了情人和朋友。被人们找到的五具尸体中，有一位是他还在读大学的弟弟，另外四个也是自己亲密的助手，死状惨不忍睹！

然而这场灾祸还远远没有结束，当他的母亲因为失去儿子而悲痛欲绝时，他的父亲也因承受不了这样的惨痛而引发脑溢血，成为一个半身瘫痪的人！可以说，天灾人祸都被他赶上了，然而就是在这样的情况下，诺贝尔丝毫没有半点动摇！

除了这些痛苦之外，更大的麻烦还在后头。当地警察局不允许他恢复自己的工厂，人们也有意躲避他，更没有人愿意向他出租土地来做实验……可以说生活近乎把他逼上了绝境，但令人惊奇的是，在远离市区的一个湖上，他又开始了自己的实验。

在这种危险性极高的试验中，诺贝尔靠着自己大无畏的勇气完成了自己的实验，最终发明了雷管，可谓是人类历史上一项重大的发现和突破！随后，诺贝尔又成立了自己的炸药公司。

之后，他研制的炸药成为世界各国争相抢购的，随着东西源源不断货品地到来，诺贝尔拥有的财富也越来越多！

然而，暂时获得成功的诺贝尔依然经受着各种挫折和打击！

不幸的消息接连不断地传来：在旧金山，运载炸药的火车因爆炸而变得支离破碎；德国一家工厂因硝化甘油发生爆炸；在巴拿马，大洋上的轮船因爆炸而葬身海底……

不幸的消息一件接着一件传来，压力和舆论是多么的巨大，然而诺贝尔再一次勇敢地站了起来，向着自己的目标坚定地走下去！

困难的时候，诺贝尔总是选择坚强和勇敢，把挫折踩在了脚下才获得了最后的成功！诺贝尔一生专利有355项，最后他又创立了诺贝尔科学奖，成为科学界至高的荣誉！

奋斗的过程是艰辛的，在前进的道路上坎坷和挫折也会随之而来。我们只有做好心理准备积极面对，在困境中实现突破和崛起，向命运发起抗争，这样不仅不会被困难吓倒，反而会让我们愈挫愈勇得到历练，迎来胜利的曙光！诺贝尔的人生是辉煌的，但是他一路走过来也是充满坎坷和波折的，所幸的是他没有在一次次的失败中退缩，而是迎难而上实现了逆转，正是他这种不屈的精神，才铸就了最后的荣誉和成果！

在人生的路上，我们要学会知难而进，勇于向困难发起挑战，失败和挫折是我们建造成功的阶梯，只有把它们踩在脚下，才能达到胜利的终点！

第八章

遇事不恐惧

——处变不惊，练就从容风格

恐惧是人类本能的反应，是与生俱来的一种情绪。当一个人面临危险或者困境的时候，就会不由自主地表现出担心害怕和惊慌不安，让自己变得畏首畏尾和不知所措！因此，恐惧的危害是巨大的，带给我们的影响也是无法估量的。它能让人们瞬间变得精神不振，丧失心智，再也坚持不下去，本有的能力和智慧也难以发挥出来，甚至连正常的事情都做不了！

面对人生中的恐惧，最好的应对方法就是让自己足够从容和镇定，鼓起勇气向恐惧发出强有力的反击。事实上，当我们无所畏惧地站在恐惧面前的时候，它就会显得很渺小，而我们就能以强大的姿势把它打倒！

1. 不要吓倒自己

在这个世界上，我们会面临很多困惑和恐惧，很多时候并不是因为"对手"或者"阻碍"有多么的强大，而是我们自己缺少足够的信心和勇气，是胆怯和退缩把自己阻挡在了成功的大门外！

在困境中，往往成就我们的是自己，打败我们的也是自己，最终的成败决定于我们有什么样的心态！只要我们一步一个脚印往前走，面对任何挑战和挫折都不灰心、不放弃，不与别人攀比，做最真实的自己，成功就会与我们不期而遇！

从前有一位年轻人拥有远大的理想，他非常喜欢写作，梦想着有朝一日能成为一名大作家，并且要像山姆一样写出许多优秀的作品。其实，山姆是这位年轻人非常崇拜的大作家。因为他能够常常在杂志上看见山姆的名字。

细心的年轻人曾经认真地研究过山姆，他发现山姆的作品不仅产量非常高，而且还有很多常人达不到的风格多样化的特点。另外，随着关注的程度越深，他越能感觉到山姆是一个知识面广博，很有见地的作家！所以，年轻人把山姆当作自己的偶像，开始了文学创作。慢慢地，他也能发表作品了。

年轻人不停地努力，花费大量的时间用来写作，从总体上看，他是在不断地进步！就这样几年过去了，年轻人也写了很多的东西，但是他依然没有赶上山姆。这时，他灰心丧气，认为自己不可能赶上山姆了，想要赶上他那简直就是白日做梦！因为他发现山姆的作品越来越多，越来越快，山姆简直就是一台创作机器，几乎在任何地方都可以看见山姆的名字。

另外，山姆的很多写作特点都是他所不具备的，山姆的作品可以吸引有着不同欣赏喜好的读者，而自己，仅有一种创作风格。最可怕的是，山姆好像比十万个为什么还要厉害，几乎没有他不知道的领域，然而自己知道的却少之又少！于是，年轻人动摇了，他开始怀疑自己的学识和能力。他在心里问自己是否适合写作这条道路，能否在这条路上有大发展。

就这样，他整天在各种怀疑中度过，慢慢地他的信心和意志也被消磨殆尽，最后他放弃了自己的爱好！后来，他选择做了一名运输垃圾的司机，不再继续他的写作，而是整天面对着一堆又一堆的垃圾，慢慢地这位年轻人不再年轻了！

有一天，他被要求去宜家杂志社运送一批垃圾，其实就是一堆卖不出去的旧杂志。面对着这些杂志，他又想起了曾经的自己，于是就随手拾起一册翻了翻，又看见山姆的名字。

忽然，好奇心的驱使让他忍不住跟杂志社的人打听山姆。直到现在，他依然对山姆一无所知。听到他的疑惑，有人告诉他说："杂志社根本就没有山姆这个人。之所以我们写上山姆，是因为杂志社把作者姓名不详的文章一概署名为山姆。其他的杂志社也有这个习惯。所以，山姆的名字常常会出现在杂志上。"

听到这里，他恍然大悟，原来自己一直崇拜的是一个"假象"，根本就没有山姆这个人。他已经知道自己的曾经是多么的愚蠢，他震惊得一动不动！原来，他一直在和一个不存在的人较劲，以致让自己信心失尽，理想破灭，可是悔恨已经晚了！

生活中，很多人在逆境和困难面前显得畏首畏尾、不堪一击，然而有时候我们却在无形中给自己创造了困扰和对手！这一切都源于自己的不够自信，所以才会将对手的能力无限扩大化。事实上，即使看起来困难无比地强大，只要我们拥有一个好的心态，不急躁、不放弃，坦然面对得失和挫折，相信自己一定会冲破乌云，取得最终的胜利！

世界上最可悲的事情不是失败了多少次，而是自己给自己设置了多少阻碍、创造了多少对手，然而自己却还在自己的牢笼里苦苦挣扎和徘徊！所以，无论面对什么事情，我们都要清醒，不为环境困惑，认定一个正确的方向勇往直前，当我们回过头来才发现一切原来没有自己想象的那么可怕，有时候过多地担心只是自己吓唬自己！

自信和勇气才是我们走向成功的关键！

2. 胆识决定了人生

一个人的成功不仅需要努力，同时也需要适当的机遇，能不能把握住机遇取决于自我的掌控能力，而敢不敢去尝试便取决于有没有那份魄力和胆识！

任何事都会有风险，总要走出第一步才知道是否适合在这条道路上发展。面对机遇，犹豫不决或者瞻前顾后只会让自己与成功失之交臂！凡是成大事者都具有非凡的胆识和远见，该出手时毫不犹豫，及时抓住生活的关键点，敢于尝试和实践，才会有机会取得成功和辉煌！

当然，一个真正有胆识的人能做到进退自如，该前进时就决不退缩，该退后时也决不鲁莽！他们总能在生活中发现细节和真相，然后以深邃的目光和胆略判断是非、决定取舍，最终走向胜利！

从前，有一只胆小的老鼠整天都是忧心忡忡的，待在家里不敢出门。因为它非常害怕遇见猫，即便是晚上也是如此！

"猫这个家伙真是太吓人了！"它总是这样说，同时还会战战兢兢。

上帝不忍心看着它这样生活下去，于是就想办法把这只老鼠变成了一只猫。

变成猫之后，本以为它就没有什么后顾之忧了。谁知它又害怕狗，经常说："狗的样子太凶了，要是遇到了它，那该怎么办呢？"

于是，上帝又把它变成了狗，以为它这下应该能顺心地生活了。但是，它的顾虑并没有消除，老虎又成了它心中的阴影！没办法，上帝只好将它变成一只威武的老虎，这下，林中之王应该不会怕什么了！

不料，它又说："这也不行啊，猎人会拿着枪要了我的命啊！"

最后，无奈之下，上帝将它变回了原形，说："老鼠就是老鼠，把你变成什么也不能让你大胆起来，你还是做老鼠吧！我怎样做都帮不了你，因为你只有鼠胆。"

足够的胆识对于一个人很重要，它决定了能不能实现自己的目标、超越自身的思想局限！因为很多时候，机遇并没有那么多，容不得我们一次次地错过，另外也只有消除患得患失的心理才能果断地把握住机遇！

在一个大公司里，一位负责修剪花圃的中年人正在忙碌着，这时公司的老板正好路过花圃，他们俩开始聊起来。中年人请教说："老板，您的事业现在做这么大，肯定很有成就感。哪像我们天天过得平庸无聊的打工者，怎么努力也不会有出息。什么时候我才能赚大钱，能够成功呢？"

老板和气地说："这样吧，你对花圃园艺这方面挺精通的，现在我们公司旁边有一大块空地，我们就种树苗吧！另外，你知道一棵树苗多少钱吗？"

"30元。"中年人答道。

老板又说："照这样算来，我们这块空地足够种下三万棵树，那么成本也就是90万元。三年后，一棵树苗可以卖多少钱？"

"大约3000元。"中年人认真地计算了一下答道。

"这样，资金和肥料之类的由我来投资，你只需要定时给它们浇水施肥等工作就好了。三年之后我们就有几百万的利润，那时我们一人一半。"老板认真地说。

不料中年人却拒绝说："不行不行！这生意太大了，我不敢做，还是算了吧。"

的确，一句"算了吧"就让自己失去了一个难得的机会！生活中的我们不是一样吗？很多人梦想着成功，但是当你真正遇到机遇的时候，却没有勇气尝试，注定与成功无缘！只有敢于尝试的人，才会把握住机会，取得成功！

在生活中，有多少人因为"害怕"而让自己失去了本该把握住的机遇，错过了本该拥有的美好！心胸往往也影响一个人的胆识，只有心胸开阔、有理想有目标，敢于去尝试并有勇气去成功的人，才能有所成就！很对人之所以不敢去尝试，是因为一方面缺少信心和勇气，另一方面也说明其没有担当，不敢承担人生中的风险，更没有远见卓识，当然成功永远不会属于他们！

胆识是一个人迈向成功的第一步，只有敢于接触、敢于尝试、敢于承担责任的人，才会将自己的抱负和梦想付诸行动，才会取得最后的成功！

3. 从容镇定，急中生智

在复杂而匆忙的社会生活中，无论多么谨慎和细致的人都不免出现一些纰漏，甚至有些时候还会陷入意外和危机当中。面对危险和困境，焦虑和惊慌是解决不了任何问题的，只会激化矛盾，很容易让自己失去对事情的判断和局面的把控，甚至带来无法挽回的悲剧！

理智和冷静是战胜危机的最好方式，对于生活中的突发事件，我们只有保持从容镇定，学会巧用智慧周旋和化解，才能找到突破点和解决之道，从困境中解脱出来！

古代的时候，有一个地方的负责人没有尽到职责，给当地造成了很大的损失，而且还惊动了朝廷，被关押起来。

而这件事正好发生在张县令所管辖的范围。一天，两个锦衣卫打扮的使者来到张县令的府上。然后很高傲地说："受朝廷委托，我们前来协助处理这个案子。"

张县令刚开始一点儿也没有怀疑，因为他们的派头和举止都十分得体。而事实上，他们并非所谓的朝廷派来的人，而是名副其实的江洋大盗。当张县令一不留神，这俩人趁机把他给控制住了，把他胁迫到室内。

张县令被这突如其来的举动吓蒙了，一时间竟不知道该怎么办才好。这时，其中的一个人冷笑着说："冒犯了，张县令！我们并非朝廷命官。好听一点就是道上的朋友；难听些就是江洋大盗。兄弟们最近手头不太宽裕，所以才来麻烦你，不妨把你库里的银子借给我们用一用！"随即，他们拿出明晃晃的匕首架在张县令的脖子上。

直到这时，张县令才明白是怎么回事儿。他冷静一想："这件事千万不可鲁莽，否则就会闹出人命。"他尽力让自己平静下来说："我知道你们是为了钱而来的，我也不会因为一点钱而不顾自己的性命，咱们最好都冷静一些，不然对你们也不利！"

张县令的淡定很出乎他们的意料，一时间竟然不知道怎么回答才好。于是，张县令接着说："库里确实有很多银子，但是现在看管很严，你们这样绑架我很容易被发现的，到时候不仅我会丢掉官职，你们也不会有什么好下场！这样吧，为了大家的安全，我还是向朋友先借一点回来，你们觉得怎么样？"

这俩人相视一看，觉得张县令说的也不是没有道理，再说他也不敢要什么花招，所以就同意了，但仍然声色俱厉地说："不要给我们要什么花招，否则我这匕首可不认人！"

张县令故意怯懦地说："不敢，不敢！"随后立即把管家叫了过来，说："这两位是锦衣卫，因为一些莫须有的罪名，要抓我回去。不过这两位义士想放我一条生路。你现在帮我去筹措1000两黄金，我要好好地谢谢他们！"

管家一听就急了，问道："这一会儿的工夫不可能弄这多钱啊！"

张县令说："没事儿，我给你写几个我朋友的名字，他们都有钱，应该能凑够数目。"

张县令随即挥笔写出了九个人的名字。管家认真一看，这些人哪里有钱啊，都是些武艺高强的人。猛然间管家就明白了什么意思！没多久，这九个人就托着珠宝箱进来了，然后一起说道："县令，这是您要的黄金，请大人过目！"

两位强盗这时非常得意，竟没有看出半点破绽，连忙上去查看箱子里的钱财。突然，九个人一拥而上把他们制服了！

在生活中，当危险降临的时候，我们一定要学会保持从容镇定，不慌乱才能有分寸，不仅能给自己留下思考的时间和空间，也能避免事态的进一步加剧和激化！面对强盗的威胁和蛮横，一不小心就会失去理智而导致悲剧。然而张县令并没有露出半点惧色和慌张，而是急中生智稳住对方，慢慢与其周旋等待武士们的到来，结果不仅人身和财物没有任何损失，反而将盗贼擒获，最终以智取胜！

无论遇到什么事情，一份良好的心态很重要！尤其在遇到突发的情况时，做到冷静和理智往往能够在困境中突围，起到事半功倍的效果！

4. 从容是一把宝剑

在激烈的社会竞争下，一个人想要取得进步和成就，除了具备最基本的知识和能力外，良好的心态也是我们前进道路上决定成败的关键！

面对困难和挑战，有的人顿时乱了阵脚，失去了理智和清醒之后，本来具备的优势和潜力都被抑制了；相反，如果我们能够从容面对生活和工作，以一颗平常心去应对，能够做到这一点我们就已经胜利了一半！同时自己的冷静和坦然更像一把宝剑深深地刺进了"对手"的心里，击溃其心理防线，为自己赢得先机！

一家电子公司由于经营不善，已经濒临倒闭的边缘。因此在这里工作的王工程师选择了辞职，然后来到另一家电子公司应聘。

去面试的时候，王工程师的几个朋友和他一起过去了，因为他们担心工程师会紧张，发挥不出来！工程师却笑着说："我都工作这么多年了，电子类方面的技术我已经熟练透了，紧张什么啊！"

到达面试的公司之后，工程师发现前来应聘的人非常多，而且几乎都是一级技师，大部分都和自己比较熟悉。因为曾经他们还在一起参加过这方面的比赛，技术方面都不相上下。

他们面试的考题是做一种新的元件。比赛开始了，大家都各自来到自己的位置上，大部分人都神情专注，面色凝重。没多久，很多人就开始流汗，心里已经安静不下来了。但是，王工程师却一脸轻松从容，认真仔细地制作着手中的元件。又过了一会儿，工程师站了起来，示意主考官自己已经完成了任务。主考官走了过去，看了看他制作的元件，未发一言。

这样一来，剩下的那些人更加紧张，甚至手都拿不好东西了，很多人匆匆了事就下来了！

考核结束，大家制作的元部件当中，只有王工程师的最精密。随他而来的朋友不停地夸赞说："你太牛了，一种新的东西你都能做得这么好！"然而工程师摇摇头说："不！是他给了我机会。事实上，他们的水平也不比我低，甚至还会超过我！"

这时，主考官接着对大家说："他说得不错，这位先生很坦诚。他制作的元件其实还可以更好，其他人的水平并不比他差。但是，他有一颗从容的心，这是战胜别人的武器。事实上，刚开始的时候其他人制作得也很精密，但后来因为看到这位先生的从容而乱了自己的阵脚。所以才会出现这种结果！"

面对挑战，着急和慌乱只会让我们失去机会和自己的优势，从容的心态不仅能够让自己平静下来，也能成为打败对方的一种心理武器！在众多和自己水平不相上下的技师面前，王工程师想要赢得胜利并没有太大的把握和优势，但是在挑战面前他稳住了自己的阵脚，以从容的心态完成了任务，让那些本就紧张的人更加紧张，从而失去了与自己竞争的机会！

从容淡定的力量是巨大的，它能够让一个人在危急和关键时刻保持清醒和理智，甚至激发出自己的潜能，创造出奇迹！在生活和工作中，我们只要时刻保持从容镇定，就能有条不紊地处理和判断事情，在竞争中多一份胜算！

5. 坚信实力不放弃

物竞天择，适者生存！在人类历史的发展过程中，只有学会适应社会、在生活中磨炼自己的意志和优势，不向苦难和困境低头，才能战胜"对手"和阻碍，实现人生的超越！

在面临危险和竞争的时候，相信自己的实力，给自己足够的勇气是我们突破困境的第一步！很多时候，对手或许并没有我们想象的那么强大，困难也没有我们认为的那么难以克服，而是我们自己在最关键的时候放弃了，哪怕再坚持那么一点或许处境就将大不一样！

生活没有回头路，只有足够的毅力和坚持，才能够战胜困难，才能使自己勇敢地站起来，不为生命留下遗憾！

在我国内蒙古的大草原上，有一种班布鹰，它们的捕食习惯与一般的鹰不太相同。因为他们从来不把一些野兔和羚羊之类的小动物放在眼里，靠着自己宽大的翅膀和凶猛的习性，它们喜欢把蛇和苍狼作为自己的攻击目标，尤其是对苍狼情有独钟！

生性剽悍的班布鹰往往在草原的上空翱翔，一旦发现有狼群的行踪，它就会紧盯住其中一只不停地追赶。苍狼自然知道班布鹰的本领和手段，所以拼命地逃跑才是唯一的出路，于是撒开腿没命地逃跑。这时候，班布鹰就紧随其后，而且在追赶的过程中不断地降低高度，以最快的速度逼近苍狼！

当苍狼听到身后呼啸的风声，就知道班布鹰已经距离自己越来越近了，为了逃命，苍狼这时候会不顾一切地向前加速。而正在这时，班布鹰会用自己的爪子狠狠地在苍狼背上抓一把。当这种疼痛传遍全身的时候，令人惊奇的一幕出现了，苍狼不再奔跑和反抗，而是瘫软在地上。因为它以为自己已经被抓住了，所以就停止挣扎，束手就擒。

事实上，这时班布鹰才刚刚赶到，它会用其中的一只爪子用力地抓住苍狼的头，而另一只爪子则迅速攻击苍狼的双眼！随着一声凄惨的叫声，苍狼便一命呜呼了。这下，苍狼彻底成了班布鹰的美食，被班布鹰抓住皮毛带着飞向了远方。

在班布鹰的不断捕猎下，苍狼的数量在迅速地下降，最后几乎到了种群灭绝的地步。但是，情况并不像人们想象的那样，苍狼会绝迹！事实上，苍狼族群在这样恶劣的生存环境中，奇迹般地生存了下来！

其实，苍狼和班布鹰的速度不相上下，如果苍狼在逃跑的过程中永不放弃，那么班布鹰根本不可能追上它。但聪明的班布鹰就是在这种若即若离的追逐中狠狠地那一抓，让苍狼产生了错觉和误判，以为自己真的被捉住了！苍狼丧失了希望，恰恰给了班布鹰胜利的机会！

其实苍狼不是死于对方锋利的鹰爪，而是败于自身的压力！在生死关头，害怕和恐惧让它丧失了理智和清醒，自己放弃了争取生存的机会。

而后，慢慢地苍狼就发现了这其中的秘密，不再像以前那样坐以待毙，一旦出现班布鹰的影子，苍狼就没命地逃跑。这时班布鹰依然会用以前的方式，尽管苍狼的背部同样会被抓得血肉模糊，但苍狼忍着剧痛继续向前跑，一刻也不停留！当班布鹰的耐心被消磨干净的时候，就会逐渐被远远地甩在身后，苍狼从而逃过一劫。

事实上，在速度相当的情况下，班布鹰巧妙地给对方施加了心理压力，而苍狼正是在这种压力下放弃了！

而后情况发生了变化，苍狼在巨大的压力面前，不退缩，不放弃，它仍坚信自己的实力，尽力发挥出自己所有的潜能。正是这样，苍狼战胜了心理压力，最终才给自己争取到新的生存机会。

生活中，我们随时都可能遇到挑战和危机，事实上，在困境面前迅速做出反应还远远不够。很多的成功和突破都说明，只有坚持到底，哪怕只看到绝境中的一丝希望也要尽力争取，用自己的实力战胜心里的怯懦，才会微笑到最后取得胜利！苍狼和班布鹰的故事就是最好的说明，其实有时候事实并非像我们想象的已经没有了回转的余地，只要还有勇气，只要相信自己不放弃，突破重围的机会完全存在！

战胜困境靠的是实力，然而有时候更多的却是心理上的承压能力。一个人如果能够在挫折，甚至绝境面前顶得住压力，迎难而上用实力拼到最后，看似已经注定的结局或许就会逆转，出现胜利的奇迹！

6. 战胜心里的恐惧

人生原本没有那么多的恐惧，然而有的人却因为自己的不够自信而自我束缚手脚，哪怕在很小的困难面前也显得畏首畏尾，甚至停滞不前。

恐惧是自信的敌人，一旦让这种坏习惯驻扎在我们心里，那么我们将会失去一个人应有的处事勇气和分辨是非的能力，遇到机遇不敢尝试、碰到困境保守退缩！其实，当我们从战战兢兢中走过来的时候，才发现原来真正的"心理魔障"却是自己！

生活需要精神支撑，积极乐观的心态能够让我们勇敢地向前迈进，哪怕是荆棘遍布也会用尽全力去克服，做到这一点，成功离我们只会是一步之遥！只有克服掉恐惧心理，我们才能轻松自如地面对生活中的各种挑战，用自己的智慧和勇气战胜苦难、战胜自己！

从前有一个老猎人非常喜欢打猎。一年冬天，天气冷得出奇，但这也挡不住老猎人的脚步，因为他最喜欢在冬天打猎。于是，他就把自己包裹得严严实实，前往十几里外的地方去了。

到达乡间野地不久，他就意外地发现了动物的脚印，他开始变得很兴奋。随后就顺着动物的脚印慢慢地寻找，不一会儿就来到了一条结冰的河流跟前。

这条河非常宽，不过河面已经被厚厚的冰雪所覆盖，而且上面还有动物所走过的脚印。但是，老猎人却不敢确定这冰面是否能够承受一个人的重量。最终，由于内心强烈的捕猎愿望，他决定涉险跨过河流。

猎手伏下双手和膝盖，一点一点地开始在冰面上爬行起来。正当他爬到一半的时候，突然他开始担心起来，心里充满了恐惧。他想，这冰面会不会突然断裂，自己随时都有掉下去的危险，甚至他已经听到了冰面裂开的声音。

他又想，在这样一个荒无人烟的地方，如果自己掉下去肯定就一个结果，那就是被淹死！他越想就越害怕，他再也不敢乱动了，但他已经爬行得太远了，无论前进还是回去，都危险重重。

然而，正当他在冰面上吓得心怦怦直跳，甚至绝望的时候，一阵嘈杂声传了过来。他回头一看，原来是一位农夫驾着一辆马车正在冰面上行走，而且他的车上还装满了货物。当农夫看到老猎人滑稽的一幕时，感到十分的不解！

生活不能盲目，但是更不能让"害怕"吓倒自己，在前进的路上有时候需要适当的勇敢和自信！猎人的患得患失让自己心里的恐惧感迅速升温，直至最后寸步难行，事实上这只是内心的枷锁局限了自己！如果他足够自信，也不会在那里浪费掉时间，成为别人眼中的笑话！

　　在一处地势险恶的峡谷，下面是波涛翻滚的水流，只有几根滑溜溜的铁索横亘在悬崖峭壁之间。然而，这是人们到达山另一边的必经之路，曾经有很多人在这里不小心葬身洞底，想想就让人后怕。

　　有一天，一个盲人和一个聋子要经过这里，当他们来到这里的时候，正巧一位健康的人也要从这里过去。没有办法，经过短暂地商议之后，他们只能一个个地用手抓住铁索慢慢地前进。

　　盲人心想，我眼睛看不见，无论多么危险我也看不到，可以心平气和地攀附。

　　聋人说："我的耳朵不好使，下面的巨浪再大也不会影响到我，我可以轻松地前进。"于是，盲人和聋人便很快从铁索桥上走过去了。

　　那个健康的人既能听见波涛的翻滚，又能看到险峻的地形，于是他一遍一遍鼓励自己。然而，没走多远，当他看到桥下的险象，听着浪涛吓人的击打声，让他开始想象自己掉下去的惨状，内心变得越来越恐惧起来。再看看自己离对面还有很远的距离，他一下子就没有了信心，双腿也开始发软。

　　所以，他决定停下来放弃过桥，于是就紧张地抓住铁索，想要转过身往回走。突然间，由于过分地紧张，他脚下一滑跌了下去，在一声惨叫中失去了自己的生命！

　　恐惧是一种非常消极的心理，轻者让人们犹豫不决，在心里纠结和矛盾；严重的将会阻碍人们行动的勇气，不仅会因为"瞻前顾后"而错过最适合的机会，而且还会对人的身心健康有很大的危害。同样的一座铁索桥，为什么盲人和聋人能够顺利地通过，而正常的人却跌入深渊一命呜呼呢？归根结底还是他们内心在起着关键作用，盲人和聋人完全可以不受外界的影响而泰然自若，正常的人却因为看到听到的一切而"吓倒"了自己！

　　事实证明，很多时候我们夸大了困境的难度，却贬低了自己的能力！这就导致了我们对事情的误判，让自己变得脆弱不堪！其实，人生中的有些失败可能是因为事情的本身难度，而有些失败却无关事情本身，恰恰在于我们思想中的恐惧！

7. 用勇气铺人生之路

丘吉尔说："勇气是人类最重要的一种特质，倘若有了勇气，人类其他的特质自然也就具备了。"这句话告诉我们，无论做什么事情，勇气是必不可少的一种品质，只有具备这种品质的人才不会惧怕困难和险阻，才敢于说出自己的真实想法，向自己的目标奋进！

在我们的生活道路上，有时候，成功的人之所以成功，就是因为他们具有一般人没有的勇气，在人们不敢想或者想不到的时候，他们往往会做出惊人的判断和决定！或许一时间没有人能理解，甚至还会嘲讽和担忧，但是事实会证明他们的勇气是带有远见和智慧的！

在第一次世界大战的时候，德军和美军双方陷入战争的状态，双方的枪炮声不断响起。在他们之间是一条狭长的无人地带，其中有一位年轻的德国士兵不幸受了伤，正尽最大努力尝试着通过那块无人地带。不过很不巧，他被带钩的铁丝缠住，于是不断发出痛苦的呻吟，并且小声地呜咽着。

尽管枪炮声非常激烈，但这丝毫没有影响到附近的美军听到他无比痛苦的声音。正在这个时候，一名美国士兵无法再忍受，出人意料地爬出战壕，匍匐着向那名德国士兵爬过去。其余的美军立即领会了他的举动，便都不再射击。不过，这时候德国方面丝毫没有停止，直到最后一名德国军官明白了是怎么回事，才命令停火。

顿时，双方之间出现了"停火"的状态，无人地带一片沉寂。年轻的美国士兵爬到德国士兵身边，不但帮他解除困境，还扶起他走向德国的战壕，把他交给了德国的人员。正当他转身要离开的时候，猛然间一只手拍打在他的肩上，原来是一位佩戴着铁十字荣誉勋章的军官，这代表着很高的荣誉，是德国最高勇气标志！然而这位军官却出人意外地把自己身上的勋章给摘了下来，帮着佩戴在了美国士兵的胸前，然后让他安全地回去！

然而，当美国士兵回到了自己的阵地，双方又开始了之前的战争！

勇气不仅能够让我们积极迎接挑战和困难，有时候也会让人忘记自身的危险去帮助别人脱离险境，当然这更是一种值得称赞和尊重的行为！

刚大学毕业的海洋在一家公司找到一份工作，半年后，他很想了解自己干得怎么样，想知道老板对自己是如何评价的。虽然他早已意识到，老板不可能拿出时间和他这样一名普通的员工交流，但他还是决定要试一试，于是他就给老板写了一封信。在信中，他向自己的老板问了好多问题，最后一个，也是最重要的一个问题是："能不能让我在自己的岗位上做些更重要的工作？"

出乎意料的是老板竟然回了他的信，不过只回答了最后一个问题说："刚好公司决定建一个新厂，你去负责监督安装新机器吧。不过你要准备好，这可能既不会提拔你，也不会给你加工资！"在回信的时候，老板同时把施工的图纸也一并交给了他！

海洋没有这方面工作的经验，在这么短的时间里要完成这项任务，在别人看来是不可能的事情。事实上，海洋自己也知道这一点，不过他更知道这是一个非常难得的机遇，如果自己做不好放弃了，或许以后永远也不会得到赏识了。于是，他利用一切时间把图纸研究明白，并向一些有经验的人请教，最终的结果令他自己很满意，顺利完成了老板交代的任务！

海洋怀着无比激动的心情去找老板汇报情况，然而他并没有见到老板本人，一位工作人员交给他一封信，信中说："当你拿到信的时候，恭喜你已经成为新厂的总经理，另外年薪也是你原来的十倍。

"据我所知你是不能看懂这些图纸的，我就是要看看你用什么样的办法去解决这件事情，是勇于克服还是遇难而退。结果让我大吃一惊，你不仅能够快速地领会到新知识，在领导方面也很有一套！其实，当初在你要求重要的职位和更高的薪水时，我便发现你与众不同，我很欣赏你的勇气和魄力。"

想要比别人做得成功，想要取得更加耀人的成绩，就要学会打破自身的局限，以积极的心态敢于说出自己的想法、做常人不敢做的事情！这位有远见和想法的年轻人的行为可能很多人会想到，但是很少能有人做得到，甚至根本连想都不敢想。但是他做到了，他把自己的想法付诸了行动，并有勇气去挑战自己，结果幸运降临在了他的身上！如果当初没有这份勇气，他根本不可能拥有这个"奢侈"的机会，他的成功是自己勇敢和努力的收获！

一个人想要拥有足够的勇气，首先要突破自己的那道"心理屏障"，把残存在内心深处的"不可能"给清理出去，才能够让我们保持积极进取和奋发有为的热情！有句话说得好，心有多大，舞台就有多大！事实上，足够的勇气是创造奇迹的开始。不怕做不到，就怕想不到，只有敢于尝试和实践的人才会拥有更多的机会和收获，才会在竞争中做到华丽转身！

8. 临危不乱是一生的财富

生活是丰富多彩的，惊险和意外也会让你防不胜防，往往在你没有任何心理准备的情况下就出现了！这时候，慌乱和痛苦不但解决不了事情，反而还会让你失去分寸，错失转机的机会。所以，无论面对任何状况都要保持冷静和耐心，留出时间寻找最佳的解决方案，才能做到损失最少、收获最多！

很多时候，成功不仅需要智慧，还需要一份良好的心态。一个人无论做事多么的谨慎和认真，都难免会出现纰漏和失误，在面临突如其来的情况时能够镇静、从容地去面对和接受是一种素养和修为，更是人生难得的财富！

在20世纪70年代至80年代，王亮孤身一人到离家足足有三百多公里的城市闯荡，后来慢慢经营起来一些小本生意。由于王亮的勤劳和聪明，几年之后他已经积攒了十多万元，在当时他们这样的人群里已经是个不小的数目了。

后来，由于思乡心切，王亮便打算回家乡做事。

由于那个时候银行业务还不是特别方便，汇款又恐树大招风，引来不便。于是，王亮就想出了一个好点子，那就是将自己的钱都换成金条，然后藏在了自己的那辆破自行车里。经过一番改装，把金条包裹严实后放进车架空芯中，没有人会发现。他依旧穿着一身破衣服和一双半旧的鞋，骑一辆破单车回家了。

快到了中午的时候，王亮突然觉得有些饿了，正巧路边有一家饭店。于是，他就要了一碟花生米，半斤小烧，把自行车往饭店门口随便一放，就放心地吃饭去了！由于长途骑车比较劳累，再加上二两小酒入肚，不知不觉王亮就进入了梦乡。当他醒来准备走的时候，却意外地发现车不见了。

一时间，王亮内心痛苦至极，但片刻后他就恢复了平静。他什么话也没有说，更没有报警，而是选择在附近租一间房子住下，就干起了修理自行车的行当。经过几天的张罗，一个看起来像模像样的修理部开张了，尽管他满心的心事，但王亮一点儿也不外露，尽量让自己显得自然从容，而且对人还很热情，甚至有时候只收个成本价。就这样，这个小店的生意一直很不错，但这并不是他所想要的。一转眼，有半年时间过去了，他已经修理了不知多少辆自行车，但他自己的那一辆却始终没有出现！

一天，一位年轻人推了一辆破旧的自行车让王亮修理，年轻人看着王亮修理起来很费劲于是不加思索地说道："如果看着没有修理的价值了，就别修了，干脆就当破烂卖掉算了！"说者无意，听者有心。第二天，王亮就在自己的店门口贴上醒目的招牌：高价收购永久牌自行车。

慢慢地，消息很快传了出去，到这里来卖自行车的人越来越多，而且都是这个牌子的。皇天不负有心人，终于有一天，王亮的小店里来了一位中年人，手里推着的破旧自行车正是他丢的那辆！

王亮尽管十分激动，但丝毫不动声色，然后仔细地打量这辆自行车，他发现这辆自行车毫发无损。于是就果断地拿出百元大钞递给了中年人，轻轻地关了店门。之后，王亮立马卸下车架一看，自己的金条完整地待在那里，顿时他激动得流出了泪水！

第二天，人们再也没有看到王亮的小店开门，他早已回家和自己的家人团聚了！

有人说，成功永远只属于有准备的人！的确，在人生的道路上，我们只有给自己准备好一份处变不惊的心态，才能在困境中清醒理智，不为所扰、不为所困，轻松地走向成功！王亮不小心丢了装有金条的自行车，但是他并没有像一般人那样痛苦难过，而是用冷静代替了恐慌，最终又让金条失而复得，避免了损失。

人生没有一帆风顺的，在困境面前做到临危不乱的人，往往能够看透事情的本质，抓住最关键的环节实现人生的突破和逆转，这是一个人取得成就和辉煌的必备条件！

第九章

抛却焦虑

——拒绝患得患失，明确方向不迷茫

　　随着现代社会节奏的不断加快，以及人们对生活追求的逐步提高，各种压力就会接踵而来，这时候人们就会产生各种各样的紧迫感和焦虑的情绪！

　　面对生活，很多焦虑本来是可以避免的，不必让它成为我们心灵的"包袱"。事实上，很多人总是放不下一些事情，为过去的事情纠结，为将来的事情担心，为自己现在还没有得到的忧愁、苦闷，等等。其实我们可以活得洒脱一些，何必要让自己为一些没有思考价值的东西患得患失呢？珍惜生活和已经拥有的岂不是更有意义吗？改变不了环境，至少我们还可以改变心情！

　　不要让焦虑侵蚀了我们的健康，剥夺了我们的快乐，给自己一个明确的方向，才能找准道路不迷茫！

1. 不为明天而焦虑

在人们为了生活和理想而奋斗的过程中，常常会感到不安和焦虑，但他们却不是为了眼前的"缺失"发愁，而是在担心"明天"未发生的事情！

事实上，明天还没有到来，一切都存在变数，而自己焦虑的只是一个"假定"的结果，这种担心完全是没有必要的。生活本来就已经很烦琐，何苦还要预支明天的烦恼，给自己增添不必要的麻烦呢？学会活在当下，留出时间和精力走好脚下的路，把眼前的事情解决好，明天的事情自然就会迎刃而解！

在撒哈拉大沙漠中，生活着一种沙鼠。这种沙鼠有一种习惯，那就是在每年旱季到来之时都要囤积大量的草根，以准备在最艰苦的时候使用。因此，只要一到旱季，沙鼠就忙得不可开交，在自己的洞口进进出出，一天到晚满嘴都是草根，这种辛苦让人看着都有点不可思议！

不过让人们很不解的是，一般只要够自己用的就可以了，然而沙鼠却不是这样。即便已经足够自己使用了，但它还是不肯停下，仍然一刻不停地寻找草根，运回自己的洞穴。只有这样这些沙鼠才会让自己心里安稳，否则就会焦虑不安，嘴里还不停地发出叫声！

事实上，它们本可以不让自己这样劳累和焦虑，但现实中它们却不是这样。经过研究证明，沙鼠之所以会出现这种情况，其实是由于它们的遗传基因决定的，是一种出于本能的担心。人们发现，很多时候，沙鼠干的活要比自己的需求多上几十倍，也就是说它们干了很多多余的、没有价值的事情！

比如，在正常情况下，一只沙鼠在旱季里只要有两公斤草根就足够了，但它往往会往自己的洞里运回十公斤草根心里才能踏实。但是，这些吃不完的草根在烂掉的时候还需要沙鼠往外清理，这真是自讨苦吃。

由于沙鼠个头很大，在医学实验中更能准确反映出药理药性。所以，曾经有人想用沙鼠代替小白鼠做医学实验。然而，在具体的实验中，沙鼠并没有人们想象的那样好用。因为，沙鼠一旦被放进笼子里就会很不适应，它们依然会寻找草根，就连笼子外面的草根它们也会千方百计地想去弄到手。事实上，它们在这里根本不缺吃喝，但它们还是不能让自己安稳下来！

在笼子里的沙鼠可谓整天过着"衣食无忧"的生活，可最终人们还是发现它们很快就会死去。后来医生研究发现，沙鼠之所以会那么快死去，是因为它们囤积不到自己想要的那些草根。虽然它们的生活没有受到威胁，但在潜意识当中它们会因为焦虑而死，这完全是自己带来的威胁！

只有内心的轻松才会带来生活的快乐，明天的事情还没有到来，我们为什么要为明天而活得如此不快和劳累呢！人生的每一段时间有都对应的事情要做，明天的事情自有明天的解决方法，现在的担忧不但无济于事，还会徒增烦恼！在前进的道路上，我们一定不要像焦虑的"沙鼠"一样，为明天而奔波，甚至为明天而死去，踏实走好每一步才是最重要的！

另外也有研究证明，焦虑是缩短人类寿命的最大因素之一。很多疾病都是由于内心的焦虑、紧张等情绪淤积而成的，它对人体的伤害是巨大的！所以，消除人生的焦虑会带给我们快乐和健康！

2.　越放松身体越轻

在奋斗的路上，很多人一味执着于成功，把输赢和得失看得很重，甚至为了达到目标而不惜一切代价！但是结果却和自己的想法大相径庭，陷入一个恶性循环的怪圈：越想靠近反而离得越来越远；越想得到反而失去的越多。这时，有的人在痛苦和挣扎中放弃，而有的人懂得放下心中的包袱轻松前行，最终获得成功！

人生不苛求才能得到快乐，欲望往往会让一个人产生强烈的趋向，禁不住诱惑的人很容易失去正常的判断和意识，从而迷失了自己，在错误的方向里越走越远！面对追求和理想，我们需要一份平和宁静的心态，远离急功近利，心无杂念才能不为外物所扰，才能脚踏实地地走向快乐和美好！

对于游泳，可能大家都很熟悉，但是其中有一个常识不知道大家是否都知道：那就是，当一个人溺水的时候最好的自救方法并非拼命地挣扎和呼救，而是尽可能地让自己平静下来，身心放松才能浮上水面！从某种角度来说，很多人的溺水身亡在某种程度上是因为自己太过于强烈的求生欲。因为，越是在危急的时候，焦躁而强烈的欲望就越会增加自己的负担，会让你一步步挣扎到更深的水中！

事实上，在人生的过程中也是这样的道理。漫画家几米是很受大众欢迎的，因为他的作品无论从意境上，情趣上，还是哲理上，都非常耐人寻味……

几米的人生并没有大家想象的那么顺利，尤其在他画画的经历中，十多年前的画风却和现在大相径庭。那时，几米还没有成名，他只是一个名不见经传的小人物，后来也不断地努力过，但是始终没有取得成功，只能靠给杂志画些插图来维持生活。这种生活不是几米所想要的，他想要改变，包括生活和地位。于是他开始没日没夜地加班工作，希望有朝一日靠自己的画笔实现人生的目标！

他太想成功了，太想拥有富足的生活和体面的人生了，他十分苛求自己的成功！然而，正是这种急功近利的思想害了他。这样拼命地工作不但没有带给他成功，反而因为劳累过度使自己病倒了，而且险些要了他的命。在这样的人生巨变之后，几米终于醒悟过来了，他不再那么苛求自己了。病好了之后，他仍旧画漫画，给杂志画插图，然而他已经改变了以前的作画风格。这一次，他把财富和地位完全抛在了脑后，把心灵的重负给卸了下来，用心感受生活，用心创作，画自己，画生活……从他笔下画出来的都是美好而纯净的理想！

几米是个聪明人，尽管刚开始他被生活困住了，但是后来他最终没有深陷其中，而是及时地回到真实，用宁静平和的心面对生活，从而避免被求生的欲望拖入水底！

生活无须太刻意，顺其自然得来的才是最好的。然而在现实中，很多人却在刻意地追求某些东西，整天处心积虑、战战兢兢，让思想囚禁在牢笼里挣扎和徘徊！但是这样做的结果只会是离成功越来越远，心中的痛苦越来越多！几米的故事是最好的证明，为了摆脱生活的不如意，他不顾现实、刻意追求和付出，最后拖垮了身体也没能取得成功！相反，当他醒悟过来，以一种平和的心态面对生活和工作的时候，不经意间成功却向他投来了橄榄枝！

人生就像一碗水，只有放平了才不会溢出。如果一个人心中的"在乎"太多了，那就放不下一切，原本可以成为加速我们前进的动力，最后就成了心灵的累赘，压得自己喘不过气来。生活需要快乐和轻松，带着包袱前进只会让我们与成功和幸福擦肩而过，所以，放下心中的苛求，轻装上阵才会得到最好的收获！

3.　远离"慢"的焦虑

在现在的社会中，很多人刻意追求速度，把"快"看成是取得胜利的关键所在，慢了一点就会焦虑和担心，好像是要失去整个世界一样！

然而，当我们在处理事情和奋斗的过程中唯"速度"是图，把一切都抛开不管不顾的时候，恰恰是本末倒置了！因为成功才是我们真正的目标，而速度只是为了缩短我们到达目的地的时间，只顾速度而毫无方向和理智可言的追逐，到头来只能以失败而告终，甚至还要付出惨重的代价！

生活就是一个向着梦想进发的过程，需要速度，更离不开明确的方向！不要等到已经走得很远的时候，才发现自己不知为何而来，这种盲目是愚昧的，更是可笑和可悲的！

在一条河边住着一只小海马，这只小海马总想着发财，总是一天到晚幻想着自己会拥有好多好多的东西！在一天夜里，这只小海马做了一个美梦，它梦见自己拥有了七座金山……

当太阳升得老高的时候，这只小海马才从美梦中醒来。它揉了揉惺忪的眼睛，才发现原来是一个梦，但是小海马觉得这个梦是一个神秘的启示，是上天有意眷顾它，给它一条发财的道路，它要实现自己的梦想！

于是它带着自己的梦想，义无反顾地离开家乡向远方走去，并且带上了七个金币，它认为这象征着它要找到七座金山，虽然它并不知道七座金山到底在哪里。

由于海马是竖着身子游动的，所以它从河里一直游到海里，速度非常地慢，在大海里它艰难地移动着。就算在这样艰难的情况下，它依然没有忘记自己的梦想，那就是也许那七座金山会突然出现在眼前。

游了很长很长时间，小海马并没有发现金山，而是有一条鳗鱼出现在了自己的眼前。鳗鱼问："海马兄弟，看样子你挺着急的，你这是要去哪里呀？"

海马自信满满地说："我去寻找属于我自己的巨额财富，但是我的游泳方式太慢了，不知道什么时候才能到达！"

这时鳗鱼发现发财的机会来了，就说："你说得很对啊，像你这样的速度怎么可能到达啊？不过我这里有个好办法能够提高你的速度。只要你给我四个金币，我就给你一个鳍，带上了这个鳍你就会游得很快。"

为了找到金山，小海马不惜用四枚金币换来一个鳍，不过果然没有错，它游动的速度快多了，比以前提高了一倍。海马高兴极了，心里想："也许用不了多久金山就会出现在我面前了。"

然而它又游了很长时间金山依然没有出现，正在它郁闷的时候，一个水母出现在了眼前。水母忙问道："小海马弟弟，看你满头大汗，要干什么去呀，也不舍得休息一下？"

海马一想到金山，就又来了兴致说："在远方有属于我的七座金山，但是我现在游得太慢了，你有什么办法吗？"

水母一听到这话，就暗自高兴地说："那你真是找对人了，想提高速度还不容易吗？我有一个办法，只要你肯出三个金币，这个喷气式快速滑行艇就是你的了，这样你的速度会飞快，你想到哪里就能到哪里。"

海马用最后的三个金币换来一个划艇，这个神奇的小艇使它的速度一下子提高了五倍。它想："这回真的该看到我的七座金山了吧！"

然而金山还是没有出现，一条漫无目标的鲨鱼出现在眼前。大鲨鱼知道海马需要快速游的方法后对它说："我知道你想游得快一些对吧？这个并不难，我可以帮到你。你是知道的，我本身就是一条在大海里飞快行驶的大船，只要你走进我的肚子里，我就可以带你去，就会节省大量的时间。"

小海马信以为真，高兴地直跳说："那真是太好了。我都不知道该怎么感谢你，鲨鱼先生！"小海马一边说一边钻进了鲨鱼的口里……

快并没有错，而漫无目标地求快就是自己的失策了！聪明的人往往懂得稳中求胜，既保证速度，又要理清自己的头绪，清醒地向前进发，才不会迷失了方向！小海马只知道心中的那"七座金山"，完全失去了自己的理智和清醒，总是在为自己的速度不够快而焦急，只要能够让自己快速前进，小海马就不惜一切代价去付出，结果不仅没有看到梦境中的"七座金山"，反而丢掉了自己的性命！可悲、可叹、可怜！

我们的人生何尝不是这样呢？很多人庸庸碌碌一生，总抱怨时间不够，总觉得速度太慢，到头来也不知道自己在为什么而忙碌！在前进的道路上，只有时刻保持清醒和理智，明确心中的方向，不被"速度"困扰，才能顺利到达成功的彼岸！

4. 别让焦虑害了你

在现实生活中，面对困境和危险，很多人立马就失去了控制，要不然会变得焦虑和不安！他们在患得患失中变得胆怯或者退缩，往往把很小的阻碍无限制扩大化，从而限制了自己正常的水平发挥！另外，有些人还容易让自己暴躁和冲动，不能理智地面对生活中的困难，最终带给自己伤害和后悔！

无论遇到什么事情都不要焦虑，否则只会让自己的弱点暴露无遗，给对手以可乘之机。快乐幸福的生活需要一个良好的心态，在困难面前，焦虑不能给我们带来任何益处，只会增添麻烦和痛苦！所以，我们要冷静地处理生活中遇到的困境，不要让坏情绪失控，从而影响了自己的清醒和理智！

在一座山上，住着三只兔子兄弟。老大在生活中总是显得很焦虑，整天担心自己会被狐狸捉住，所以，它从来不敢出门，就天天紧张不安地躲在洞穴中。很快，它就被活活地饿死了。

虽然都生活在一个洞穴里，但是兔子老二的性格却与老大完全相反。它从来没有把狐狸放在眼里，而且也从来不考虑自己出门的时候会不会遇到危险。它认为老大一向太过于胆小，太过焦虑了。它觉得像自己这样才是真正的勇敢，尤其是自己在外面的几次成功脱险，它就更加地自信了，从此它更加不害怕自己被狐狸吃掉了！

然而，正是它这样的自负和掉以轻心，终于有一次被狐狸逮住了，真正地成了狐狸的美餐，后悔已经来不及了！

兔子老三的命是最苦的，当它第一次出去的时候就被狐狸逮住了，不过侥幸的是由于狐狸的疏忽，它最终成功地逃了。从此，它坚信这个世界上狐狸是肯定会吃掉兔子的。而通过那一次逃跑，让它明白了一个道理："其实，有些时候狐狸也是追不上我们的，只要我加强体育锻炼，不断提升自己的生存本领，躲避掉狐狸的追捕还是有希望的！"

想到这里，兔子老三觉得面对狐狸其实不用那么焦虑，只要加强防范，灵活地选择和判断，让自己的体质越来越好，就不会那么容易被狐狸捉住了！于是，兔子老三每天除了觅食外，还不断锻炼自己，慢慢地它就拥有了一身过硬的本领。

在生活中，我们需要把握住一个度，不要畏惧困难，也不要高傲自大，对现实状况有一个合理的定位，然后做出正确的判断，才不至于让自己陷入困境和迷茫！三只兔子的故事告诉我们，过度地夸大危机会让自己陷入寸步难行的境地，然而过度地自信又会使自己盲目自大，只有正确看待生活中的困难，从根本出发提升自己的适应能力，才能在激烈的竞争中立于不败之地！

在非洲草原上，很多小蝙蝠以吸血为生，而它们吸食的对象就是这里的动物，最惨的要数这里的野马了，每年都会有很多野马因为小蝙蝠而死去！

人们会感到不解，那么小的蝙蝠吸血量肯定是有限的，怎么会因为这点血而死去呢？带着这些疑问，一些生物学家来到非洲草原。他们把一些小的摄像机放在有野马经过的地方。过几天，他们通过摄像机拍摄到的画面清楚地看到，小蝙蝠到底是怎么杀死野马的。

原来，当小蝙蝠在一只马腿上吸血的时候，往往会用自己锋利的牙齿咬破野马的皮肤，然后再用力地吸血。在这一过程中，野马会感到疼痛难忍，便会控制不住自己而疯狂地奔跑、踢腿。可是无论野马怎么努力也摆脱不了这种疼痛，更不会让小蝙蝠放弃！恰恰相反，野马的剧烈运动会让自己的伤口越来越大，流血越来越多，结果便会吸引来更多的吸血小蝙蝠。

最后，野马会变得疯狂起来，用不了多长时间就会死去！

原来，野马死去的根本原因并不是小蝙蝠的吸血，事实上那点小伤口远远不足以要了野马的命，然而它的暴躁和焦虑才是真正害死自己的原因！

很多时候，束缚住我们手脚的不是外部的环境，而恰恰是我们自己内心的失控和焦虑！面对困境就是面对一个挑战，往往考验的是我们的心态，只有能坚持住阵脚，不急躁不慌乱的人才会赢得最后的胜利！从野马的疯狂而死我们可以看出，本来只是一点小事，却因为自己按捺不住内心的暴躁而加剧处境的恶化，最终导致令人遗憾的悲剧！其实有些事情，我们根本不需要去理会，或者不用特别在意，平静坦然地面对一切都会过去！

焦虑就像是一剂毒药，一旦进入心里就会让人失控，甚至发疯，直到最后带来无法挽回的悲剧！所以，我们一定要保持清醒和镇定，学会用理智战胜困境！

5.　人生不可患得患失

人生不平坦，生活难免会有些许的起起落落，我们要学会坦然地接受和面对，不要让纠结和彷徨占据了我们的心灵！即使我们没有到达理想的彼岸，即使我们已经赢得了鲜花和灿烂，不为失败失落，不为胜利得意，告诉自己一切都会过去的，只有这样我们才能在生活中拥有快乐，才能远离"得不到"和"已失去"的困惑！

生活需要向前看、向前走，有些事情既然我们已经无法改变，就不要再一个"死结"上停留，把得失看得轻一些，身上的重压才会轻一点！为了生活的美好，为了向着目标轻松起跑，放下患得患失，成就我们的人生！

在一个国外的大城市，有一座大的公园，而一位富翁每天都要开车经过这里。不过，令富翁奇怪的是，每天他要住的酒店都被一个衣衫褴褛的人死死地盯着，而这个人就坐在公园的凳子上。

有一天，这位富翁一时来了兴致，当他再次经过公园的时候，就让自己的司机将车停下来，然后富翁走到那个人面前说："先生，我想问你一个问题。你能告诉我你为什么每天要盯着对面的酒店看呢?"

"先生,一看您就是有钱的人,天天住在那样高档的地方,当然不会体会到我的心情。我很穷,每天只能睡在这条长凳上,但是只要我白天往那儿看,晚上就会梦见自己也住在了那个酒店里!"

富翁觉得很有趣,就笑着说:"我可以满足你一次愿望,今晚我就让你住在那家酒店里好好感受一下!同时我会给你支付一个月房费。"

几天后,富翁又一次经过这里,就下车想去看看那个人住得怎么样,结果在公园原来的凳子上又看到了那个人!事实上,那个人已经搬出了酒店,重新回到公园的凳子上了。

富翁有些不解,就走到那个人跟前问道:"先生,你觉得那家酒店住着不舒服吗?为什么要搬出来呢?"那个人回答道:"以前我住在这里的凳子上时,晚上总能梦见自己睡在高级的酒店里;而后来当我搬进去之后,就天天梦见自己又睡在冰冷的凳子上,所以我根本睡不着!"

无论贫穷还是富有,我们都要珍惜生活,接受现在的自己!不要让那些不真实的东西左右了自己的心情,坦然拥有才是最佳的选择,才会生活得快乐!

得不到时苦恼,得到时又忧心忡忡,总是在患得患失中忧虑和不安,这就是故事中的穷人一直得不到快乐的原因所在!心安身才能快乐,一个人的内心如果总在左顾右盼,那么又怎么能快乐和幸福呢?

巴西的足球队在世界上都是非常强劲的一支球队,曾经取得过辉煌的成就。有一年,巴西队再次参加世界杯,国人几乎一致地认为他们能够拿到比赛的冠军。然而,在足球的赛场上存在着很大的变数,就算是一支非常强大的队伍也会出现意外。在这次比赛中,令人遗憾的是巴西队就遭遇了这样的结局。在半决赛时,巴西队意外地输给了法国队,结果没能将那个金灿灿的奖杯带回巴西。

巴西队的每个球员都明白,他们身上肩负着重任。因为足球是巴西的国魂,代表着他们的荣誉,失败会让他们承受着很大的心理压力。他们感觉这次很失败,没有勇气回去面对家乡父老。他们知道,球迷们的辱骂、嘲笑是难以避免的。所以离自己的国家越近的时候,他们越是心神不宁,准备接受大家的指责。

可是，令球员们万万没有想到的是，当飞机降落在机场的时候，出现了让他们永远也忘不了的一幕：在欢迎他们的人群里，数以万计的球迷站在机场等候着他们，人群中有两条横幅格外醒目："失败了也要昂首挺胸！""这一切都会过去！"球员们顿时泪流满面，感受到了无限的关怀和温暖。所有的人都没有讲话，默默地目送球员们离开了机场。

球员们深刻地理解了"失败了也要昂首挺胸"，他们鼓起勇气继续前进。但是，相比之下，他们没有深入地去理解"这一切都会过去"的含义！

四年后，巴西队再一次走进了世界杯赛场，他们不负众望，终于拿回了失去四年的世界杯冠军，也找回了自己的信心！

这次他们信心十足地乘坐专机回到了自己的国家。这次巴西足球队享受了很高的待遇，专机一进入国境就有十几架战斗机为之护航。随后飞机一降落，即受到聚集在机场上的三万多人的欢迎，接下来的更加壮观的场面在等待着他们。从机场到首都广场将近20公里的道路两旁，十几万人自愿聚集在这里欢迎着英雄的归来。

人群中依然挂着两条醒目的横幅，上面写着："胜利了更要勇往直前！""这一切都会过去！"球员们依然轻而易举地就理解了"胜利了更要勇往直前"，但是依旧没有理解透彻"这一切都会过去"的深层含义！后来，巴西足球队的队长断断续续向一些人请教，问这句话的意思。

碰巧的是，队长请教的一位老者正是写"这一切都会过去"这条横幅的人。随后他给队长讲了一个故事。

故事是这样的，伟大的所罗门王曾经做了一个梦。在梦里他听到一位智者说了一句至理名言，在这句至理名言里包含了人类的所有智慧，能够让人在得意的时候不会趾高气扬，忘乎所以；失意的时候能够振作起来，奋发图强，始终保持勤奋上进的状态。

但是，后来所罗门王醒来之后再也回忆不起来那句话，他感到非常地着急！于是，所罗门王把最具智慧的几位大臣都召集过来，然后把自己的梦一五一十地告诉了他们，要求他们把那句至理名言想出来。随后他又拿出一枚大钻戒说："如果能想出那句名言，就把它镌刻在戒面上，我要天天戴在手指上。"

一个星期过去了，几位老臣怀着无比激动的心情前来送还戒指。在戒面上已刻上了一句至理名言："这一切都会过去。"

失败并不可怕，可怕的是在内心的阴影中走不出来、在痛苦中纠结和挣扎，敢于接受现实，敢于坦然面对才能远离焦虑和忧愁！无论是失败还是成功，巴西队球员总能拥有昂扬的斗志，勇敢地走向新的生活，不仅有众人的鼓励和安慰，更多的哲理却潜藏在"这一切都会过去"之中！一句简单的话却能够让人远离失败的懊恼和成功之后的得意，永远保持一个良好的心态，这也是他们取得成功的关键！

无论得到还是失去，这都是我们生活的一部分，与其奢求和渴望那些遥远的想象、焦虑和悔恨已经失去的东西，还不如让自己勇敢地接受和拥有当下！生活如同一次旅行，患得患失不是我们的初衷，快乐和幸福才是最终的期待！

6. 当机立断不犹豫

在通往成功的道路上，拼搏和努力是必不可少的，但机遇也是至关重要的。人的一生中有很多关键的时刻，能否果断干脆地做出正确的判断、抓住一不小心就可能溜走的机遇，往往就决定了是非和成败！

机遇不是经常都有的，也不可能永远都为我们准备着，当机遇到来的时候一定不要犹豫不决和顾虑重重，更不要在患得患失中变得焦虑不安！只有那些能够把握准时机，果敢地留住机遇并毫不犹豫地付诸行动、顺势而为的人，才能在激烈的竞争中占得先机，快人一步赢得成功！

20世纪50年代中期，欧美市场一度流行起来塑料花，无论家庭还是公司大厦，都少不了这种塑料花制成的各种摆设和装饰品。面对这种不可多得的商机，李嘉诚毫不犹豫地暂时放下手中其他的生意，投入全部的精力和资金生产塑料花，后来竟然建成了"长江塑料花厂"，并且这个花厂在世界上都是最大的，因此李嘉诚也获得了"塑料花大王"的美誉。

20世纪60年代初期，当大家开始注意到塑料花的商机时，而李嘉诚却不再看好塑料花市场，并预感将会由盛转衰。于是，李嘉诚再一次果断抉择，迅速退出塑料花市场，成功地让自己免遭后来塑料花危机带来的损失！

随后，敏锐的商业眼光让他看到，香港的房地产有很大的发展空间，于是开始关注房地产业。随后，他购买了大量的土地，用自己的果敢和智慧在竞争日益激烈的市场中大败素有"地产皇帝"之称的英资怡和财团控制下的置地公司。这一壮举正是"小蛇吞大象"的成功之作。于是，在这样的成功中，李嘉诚为自己集聚了大量的财富！

后来，李嘉诚成为了人们心目中成功的象征，并不断研究他成功的秘诀！有人认为他的成功得益于自己的果敢和敏锐，能进则进，不时则退。

的确，李嘉诚也是靠着自己的果敢不仅成就了辉煌，还奠定了他在香港甚至亚洲的重要地位。

生活中需要当机立断，在奋斗的路上更需要敏锐和干练！成功是属于那些有准备的人的，他们敢于想别人不敢想、做别人不敢做的决定，在关键的时候看准一个方向，并为之不懈拼搏，最终取得成功和辉煌！李嘉诚的创业故事对人们是一个很好的启发，机智和果敢让他迅速发现商机，然后竭尽全力为之奋斗，并能在前进的道路上灵活转变，该出手时就出手，从来不让自己犯难，所以才成就了今天的业绩！

在我国广袤的沙漠上，有一种看起来十分普通，但事实上却很重要的植物，那就是梭梭。由于它们顽强的生命力和良好的防风固沙的作用，所以被誉为"沙漠梅花"和"沙漠卫士"。的确，他们不仅成为我国沙漠地区的重要植被，同时在亚洲沙漠区它们的覆盖面积也是最大的。

众所周知，沙漠的生存环境是十分恶劣的，不是所有的植物都能在那里生根发芽的！干旱和风沙会让其中的植被承受很大的压力，想要生存困难重重。但是，梭梭树做到了。从外形来看，梭梭长得并不高大出众，一般只有三四米高，可是它有顽强挺立的生命，不畏风沙。不仅起到防风固沙的作用，而且还给单调的沙漠带来了生机和活力！

当然，素有"沙漠植被之王"的梭梭，它的成功自有自己的秘密！其中，它的生长速度就是一般的植物比不了的！据研究，梭梭的种子发芽所用的时间在世界上的种子当中是最短的，只要遇上雨水，两三个小时后它的种子就会发芽，长出新的生命。

与其他的植物相比，就算是一般比较快的，比如稻谷、花生等也得三四天时间，更不要说那些需要两年多才能发芽的椰子！

正是梭梭这种在艰难的环境中，不观望，不犹豫，抓住雨水到来的时机迅速生根发芽的果敢，才能在沙漠中顽强地生长，成为沙漠的忠实守护者！

很多时候，机会对于大家都是平等的，之所以有成功和失败的区别，就是因为有的人能够当机立断抓住宝贵的机遇，从不在内心里焦虑和犹豫，而有的人却迟迟不敢决定，所以最终才成就了不同的人生！梭梭旺盛而顽强的生命力就是有力的证明，它拥有一般植物没有的坚强和勇敢，更重要的是梭梭从来不错过任何生长的机会，只要遇到雨水马上就生根发芽，长出新的生命，这就是它为什么能够扎根沙漠的原因！

司马迁《史记》中说："当断不断，反受其乱。春申君失朱英之谓邪？"历史已经证明了，在关键的时候不能当机立断的后患，我们一定要从中吸取经验和教训，面对生活中的机遇不要犹豫和徘徊，更不要让焦虑影响了我们的决断！成功不需要等待，在当今竞争日益激烈的大背景下，有时候果断和速度就成为了制胜的法宝，只有勇于出手才能创造出奇迹，取得辉煌的成就，才能不给自己的人生留下遗憾！

7. 放下包袱，轻松前行

人生就像一场旅行，前进中不需要背上太多的包袱，因为我们的目标是寻找到秀美的风景、感受到轻松和快乐！生活也是一样，想要幸福和快乐其实并不难，只需要一个转身和一个转念，何必还要舍近求远处心积虑地去苦苦寻找呢？其实，当我们绷着紧张焦虑的神经绕过一大圈回来之后，才发现原来我们起初要到达的终点正是出发的起点！

生活就是这样，有些曲折是我们必经的，而有些曲折是我们自己寻找的！只有放下心中的包袱，不被名利和浮华遮住了双眼，读懂生活的意义和乐趣所在，才不会盲目地追寻，才能拥有真正的幸福和快乐！

在大海边，一位商人正坐在码头上悠闲地看着来往的船只。这时，一位渔夫正划着自己的小船靠岸，小船上有好几尾大黄鳍鲔鱼。一看到渔夫，商人像是找到了说话的人，便开始带着恭维的口气说渔夫抓了这么高档的鱼，接着问："请问您抓这些鱼需要多长时间呢？"

渔夫说："其实用不了多长时间，只需要一会儿的工夫！"这时，商人又问道："那您为什么不再抓一会儿呢？那样会得到更多的鱼！"渔夫觉得不以为然："这些鱼已经够用了，我们一家人都吃不了的！"商人又问："天还这么早，剩下的时间你要去干吗呢？"

渔夫解释："我呀？生活过得很舒服，每天也不用早起，只需睡到自然醒，然后起来抓些鱼回来。之后就是陪自己的孩子玩玩，要么再睡个午觉。傍晚的时候没事儿就出去逛逛，这样的日子挺舒服的！"

商人听后感到有些不可思议，这么多的时间都让他给浪费了。于是商人就帮渔夫出主意说："我是大学企管硕士，我可以给你规划一下：其实你本可以花更多的时间去捕鱼，有了钱你就可以买一条大船。这样一来会让你捉到更多的鱼，你又可以买更多的渔船……最终你将拥有自己的渔船队，你再捕到的鱼就不用卖给鱼贩子了，直接运到加工厂会让你赚到更多的钱！或者你自己开个工厂专门加工这些东西……最后你就可以搬到城市去，在那里你的企业将会有更大的发展！"

渔夫问："完成这些大概需要多长时间呢？"

商人回答："15 到 20 年。"

渔夫问："然后呢？"

商人大笑着说："然后你就是老板啦！只需要在适当的时候宣布股票上市……你便可以几亿几亿地赚！"

渔夫继续问："然后呢？"

商人说："你可以搬到海边的小渔村去住。每天也不用早起，只需睡到自然醒，然后起来抓些鱼回来。之后就是陪自己的孩子玩玩，要么再睡个午觉。傍晚的时候没事儿就出去逛逛，这样的日子非常舒服的！"

渔夫听后淡淡地说："这样的生活我现在已经做到啦！"

幸福不是别人赐予的，也不是金钱和地位能够代替的，只有懂得生活的人才能不为外物所扰、不追逐和迷恋人生的诱惑，扔掉心灵的包袱轻松迎接快乐！相反，正是那些贪恋虚荣的人才会处心积虑去获取和占有，结果却是南辕北辙，离真正的生活越来越远！从故事中不难发现，获得美好的生活大可不必费尽周折，也不需要大量的财产和地位。事实上，很简单就能做到的事情，只是有时候我们太刻意了，反而被诱惑迷住了眼睛，向相反的方向走去！

面对生活需要一颗宁静淡泊的心，幸福和快乐是一种享受和态度，在得失面前越是急功近利和焦虑，最终离生活的美好就越远！与其劳心费神地去追逐那些人生的包袱，还不如放下重负拥抱幸福！

8. 把复杂的问题简单化

在很多人的潜意识里，只要遇到问题就绞尽脑汁地思索，本来一件很简单的事情，却越想越复杂，越想层次越多，他们往往认为这样就显得自己有智慧和能力。其实不然，在现实生活中，很多问题并不需要复杂化，事实上也没有那么复杂，想得多了反而阻碍正常的思维，影响工作效率，甚至适得其反！

然而，在现实生活中却不乏这样的人，他们一开始就给自己的心灵压上重负，烦琐的思绪让自己在焦虑中变得迷茫和困顿不堪！有时候，复杂化并不一定能解决好问题，说不定还会导致矛盾的激化，而简单化才是最直接有效的方式！

把复杂的问题简单化，不仅能够获得心灵上的轻松，还能够让自己充满信心和希望、抛开坏情绪的消极力量，更有利于问题的解决，"一举几得"的事情何乐而不为呢？

在一个大学的实验室里，由于刚买了一台新仪器，为了弄清楚它的内部构造，大家都聚在一起想办法。

这台仪器里装有一百多根弯管，所以要弄清楚它的技术原理，首先就必须分清每一根弯管的入口与出口。大家想尽了办法，甚至把各种能用的设备都用上了，但还是达不到理想的效果！正在大家一筹莫展的时候，学校的一位清洁工帮他们想出了一个很好的办法，很快就将问题解决了。

事实上，清洁工并不需要什么特殊的工具，只是两支粉笔和几支香烟就够了。清洁工开始行动起来，只见他把香烟点着，吸上一口，然后把嘴里的烟雾喷到管子里。这时候，清洁工就在这根管子上写上"1"，而站在管子另一头的人看到哪一根管子充满了烟雾，就立即也写上"1"，以此类推，按照这种方法，很快问题就解决了！

在生活中，随着阅历的增加以及面对的复杂问题越来越多，人们的思想也就形成了一种惯性：凡事都要往复杂的方面想，即使是很容易就能解决的事情，他们也根本不向简单的方向去思考，因为他们的思想告诉自己这是"理所应当"的复杂！故事告诉我们，往往想得越复杂就越难以解决，当我们换一下思维回归到最简单的方法的时候，顿时就会豁然开朗！

有一天，小华的父亲拿着一块厚厚的木板，然后把它平放在地上，笑着对小华说："小华，快点走过去。"

小华心想，这还不是轻而易举的事情吗？于是，小华踩上去，从这头跑到那头，又轻松地跑了回来，完全像走在平地上一样！

在父亲面前，为了显示自己的能耐，小华故意把自己的双眼都闭上了，后来干脆一条腿在上面又蹦又跳，还时不时地翻着跟头。每一次，小华走的时候都显得很熟练，从来没有从上面掉下来一次！

父亲笑了笑，带小华来到后山上，然后把这块木板放在一条深沟上，再次说："过来儿子，快点走过去。"

小华一看幽深的沟底，立即吓傻了眼。

父亲笑道："走过去啊，这不是和刚才一样吗？还是那块木板，长宽都没有什么变化！"

小华盯着那木板，额头渗出了细汗。

父亲半开玩笑地说："快点儿子，对面的果子都要熟透了，不从这里过去就要绕很远的路，要到天黑才能到达那里摘到果子呢！"父亲知道小华天生就爱吃对面的果子，所以父亲就用这些果子的诱惑让他走过去！

"对啊，那边有好多我爱吃的果子呢！"小华一边说着还一边流着口水。

但他还是不敢过去，伸出去的一只脚刚触碰到木板就又缩回来了！

父亲叹了一口气，说："儿子啊，这次为什么过不去了呢？"

小华低下头说："爸爸，除了木板和沟的两边，我还发现这条沟可深着呢！"

父亲问道："深又怎么了？"

小华说："另外，只要我一走上去，就会想到掉下去会有多惨，哪会和平地上的感觉一样呢？"

父亲说："可是在家里的院子里，我已经看到你能够非常熟练地来回走了，从来没有掉下去过啊！"

父亲微笑着，用鼓励的眼神看着小华说："小华，其实是你把这条路想得复杂化了，所以才吓住了自己！你听我的，不要想太多，你只看这里的木板和沟的两边，就当别的什么也没有。来吧，试着走过去！"

听了这话，小华硬着头皮，终于鼓起了勇气。按照父亲说的，他轻松地就走了过去！

小华很高兴，他觉得这是自己长这么大以来最成功的一件事。后来，他告别了父亲，去了远离家乡的大城市，开始了新的生活。

若干年后，小华已经成为了一位著名的音乐家。

小华在谈到自己的成功经验时说："成功，其实真的很简单，如果你把它想得太复杂，就会让自己产生畏惧的心理，变得没有自信。学会把复杂的问题简单化，每一个人都会成功！"

一代功夫巨星李小龙在自己的武学思想中提到："以无法为有法，以无限为有限！"大道至简，最大的法度就是无法，最大的限度就是无限，这是一种境界和超脱！武学理念是这样，我们的人生何尝不是这样呢？复杂和简单也是相对的，当复杂达到一定的程度时也就成了简单，真正的智慧不一定就在复杂当中，相反往往存在于简单之中！

很多时候，只是我们把问题想得太复杂了，是自身的思想局限了我们的水平发挥。只有把自己从狭隘的思想牢笼里解救出来，从事情的本质出发，用最直接有效的办法去解决，才能脱离思维的惯性把事情简单化，才能用最少的时间攻克最多的难关！

第十章

放下忌妒

——正确看待生活，做好自己最重要

　　有人说："忌妒是心灵的毒药。"的确，心存忌妒的人总是容不得他人比自己优秀，会用一种扭曲的眼光看待他人的成功，并且想方设法排斥和诋毁他人！这是一种过分争强好胜的心理，往往表现出自私和狭隘，不仅有损于健康，还会让自己在生活中失去正常的视角和理智，害人害己！

　　俗话说，玩火自焚，忌妒也是一样，首先伤害的就是自己。每个人都希望自己变得更加优秀和成功，这是无可非议的。但是我们不能排斥他人的进步，而是应该正确看待生活，换一种角度学会欣赏他人，吸取他人的经验为自己的成功奠定基础！所以，我们要让自己的心胸变得更加开阔，真诚地接纳他人，与他人友好相处，才能取得成就和辉煌！

1. 忌妒害人又害己

现实生活中的很多人，总希望自己处处能领先别人一筹，把自己理所当然地放在中心的位置，希望得到他人更多的认可和肯定。然而一旦自己没有得到重视和关注，有人比自己做得更好更优秀的时候，就会在心里产生一种敌视和忌妒的坏情绪，同时还会伴有焦躁和不安，不仅有损于健康，还会影响正常的生活和工作！

莎士比亚说："您要留心忌妒啊，那是一个绿眼的妖魔！"忌妒心强的人往往不能理智地看待他人的进步和成功，并想方设法排挤和抵制对方，甚至会失去理智做出一些让自己后悔莫及的事情！毋庸置疑，忌妒不能轻易沾染，它就像是一把双刃剑，在伤害别人的同时也伤害了自己。

《左传》中有这样一个故事。春秋时，郑庄公手下有两员大将。一位是颍考叔，他的年龄比较大，但是无论办什么事都冷静沉稳；而另外一位是公孙子都，年轻气盛，在办事的时候往往沉不住气，浮躁。这两人都很勇敢，但是孙子公都却有一个弱点，凡事总喜欢与别人攀比，能把别人比下去是他最高兴的事，否则他就会心里难受。

有一回出征，他们要去攻打许国的国都。郑庄公决定任命颍考叔为先锋，给了他20辆战车。公孙子都一看就急了，心想：他都有战车，我这支队伍为什么就不配战车呢？他便直接跟颍考叔说："您应该把战车分给我一半，因为我这儿也有队伍啊。我也需要战车呀。""我说子都啊，你怎么就不明白呢？我是先头部队呀。把战车给了你，我的战斗力就会削弱很多，还怎么打仗啊？再说先头部队打不好，您在后面也不可能取胜啊！您要站在全局考虑，战车我不能给您。"子都一听很不服气，"同为朝臣，一点战车您都不舍得吗？"后来两个人争吵得不可开交。最后，还是郑庄公出面解决的，庄公说颍考叔的话非常有道理。子都心里非常不服气，并暗暗发誓说："咱们走着瞧。"

后来，郑国出兵攻打许国。颍考叔率领军队第一个占领了城头，并且把许国的国旗给摘了下来！子都紧赶慢赶还是赶不上颍考叔，眼看又被他抢了上风，心里很不是滋味，就想出了一个邪念。

于是，子都便摘弓抽箭，最后把颍考叔真的给射死了！然后自己冲上城头说："许国的都城是我攻下来的。"就这样，子都带着功劳浩浩荡荡地回到了郑国。郑庄公高兴地出来迎接，并设宴为子都接风庆祝！

酒宴上，郑庄公问起颍考叔的情况，子都说："颍考叔真的很不幸，我都没来得及救他，他就中箭身亡了。"于是，在酒宴之前，大家纷纷为颍考叔感到难过，并集体默哀，然后才开始饮酒。

可是，这时惊人的一幕出现了。或许是因为子都自己心里愧疚而产生了巨大的心理压力，突然神智出了问题，端着酒杯便说："你们还记得我吗？我就是你们的颍考叔啊！是公孙子都拿箭射死了我……"就这样，在胡言乱语中，公孙子都冲到高处跳下去便摔死了！

只有胸怀坦荡，把别人的进步和辉煌当成激励自己前进的动力，我们才可能心平气和，远离忌妒的伤害，当然也不会伤害到别人！颍考叔和公孙子都的故事正是向我们阐述了这样一个道理：忌妒和攀比是人生道路上的一个短板和软肋，更是我们身上的致命弱点。正是公孙子都看不得别人的进步和成功，容不下别人超越自己，忌妒让自己的心理发生扭曲，进而做出一些偏激和残忍的举动！结果不仅害死了颍考叔，也断送了自己的生命，令人感到惋惜和可悲！

忌妒别人不仅会让自己的内心失去平衡并导致一种极端的情绪，还会遮挡住人们的视线，让我们看不到光明和希望，唯有的只是仇恨和冲动！人生更多的是需要一种理智和平和的心态，才不会让情绪出现波动，才能与人和睦相处，轻松愉快地走向成功！

2.　超越可比范围，成就独立风景

魏人李康说："木秀于林，风必摧之；堆出于岸，流必湍之；行高于人，众必非之。"的确，在人生前进的道路上，才华和能力出众的人往往会遭到别人的忌妒和羡慕，有时还会被刻意地孤立！但这是不是就意味着我们只能默默无闻，甚至甘于平庸与别人趋同呢？当然不是，我们没有必要被别人的看法和思想所左右！事实上，之所以我们的优秀会引起"众怒"，是因为我们还不够优秀，超越别人的范围还很有限，让别人有可比性比较，所以很多人才会与我们攀比而忌妒！

一般情况下，攀比是有尺度的，当我们远远把他们甩在身后，让他们想都不敢想的时候，失去了可比性就没有人会忌妒，反而会理所当然地接受！所以，面对别人的忌妒，最有效的办法就是让自己的优秀发挥到极致，让别人无可比拟！

一位刚毕业的大学生，由于在学校时就积极参加社会活动，几年下来无论是管理工作，还是口才演讲都非常优秀。所以，在他参加工作后，就表现得很出众，创出了高出他人的效益。

俗话说，树大招风！果然，他的优秀和成功激起了大家的忌妒和愤怒，总有人想着法儿地和他过不去。这时候，他感到了无比的困惑和失落，自己有什么错呢？为什么大家都会排挤自己呢？一系列疑问出现在他的心里，他经常问自己是否也要趋同别人？

后来，他的老板知道了这件事情，把他请到自己的办公室，什么话也没说，示意他看看屋里面墙上挂着的一幅风景画：在那幅画里，很多树都长得一样高，唯有在中间的那棵松树特别醒目，高大健壮直冲云天，那超凡脱俗的壮美令人震撼！

老板说："往往一个正在积极向上升的普通员工，是不会因为某一个人一夜之间成为总裁而忌妒的，然而他却会对自己同事的一次晋升耿耿于怀；一个想发财的人并不会因为很多富翁腰缠万贯而忌妒，却会对自己身边的人中了彩票而羡慕不已；一个爱出风头的人并不会和世界级的伟人攀比，却会因为自己朋友的一次获奖而愤愤不平。一个成功的人往往会被同事或者熟人排斥、忌妒，而在圈子之外却获得了承认。通常，人们不会忌妒那些远离自己的人，更不是远远把自己甩在后面的人，而是与自己有可比性，又略微比自己强的人。"

大学生听后猛然间醒悟了：自己该怎么做还要怎么做，不会因为别人而改变；而最好的办法就是让自己更加优秀，让别人没有可攀比的可能，超越可比范围，成就独立的风景！

道路是自己的，奋斗和优秀更是我们的权利，不要因为别人的眼红而停下自己的脚步！我们大可不必顾及这种扭曲的心理，反而要大踏步地往前走，当我们取得更加辉煌成就的时候，尊重反而代替了忌妒！面对别人的忌妒和孤立，涉世不深的小伙子困惑了。但是后来经过老板的启示，他幡然醒悟，明白了自己应该更加努力，发挥出更加优秀的水平，才能"平衡大家"的心态，远离忌妒的心理情绪！

相信很多人在奋斗的过程中都遇到过类似的情况，其实这是我们人生需要突破的瓶颈。面对别人的忌妒，我们只有进步得更快，当我们站在更高位置的时候，就会成为独立的风景！

3.　做一双人生的平底鞋

生活本是一个友好相处的过程，然后才能体会到其中的无限乐趣！事实上，我们身边的很多人往往凭借着自己的优势而高傲自大，把别人的热情、随和丝毫不放在眼里。当别人取得成功或者进步的时候，他们立即心生忌妒和仇恨，因为他们始终认为只有自己才是最好的，理应成为最优秀的！然而，恰恰因为他们这种孤芳自赏和超强的忌妒心理，才让自己失去了人生最好的东西，最终得到的却是悔恨和遗憾！

忌妒和高傲只会让自己失去内心的平和和宁静，从而让自己的情绪变得焦躁和冲动，以至分不清是非好坏，更看不到什么才是真正的生活意义，找不到自己的正确归属！只有那些内心平静、懂得珍惜生活和人生、不忌妒他人、不好高骛远的人，才能真正拥有自己的快乐和幸福！

在一家大商场里面，一双高跟鞋和一双平底鞋被放在挨着的同一个柜台上。天长日久，除了客人和销售人员之外，就没有别的人搭理它们了，所以慢慢地它们俩就成为了好朋友。平底鞋每天没有事情的时候，就帮助高跟鞋美容打扮，让它看起来无比的光亮。然后，高跟鞋也每天帮平底鞋整理好外观。它们每天就这样尽量把自己收拾得干净利索一点，等待着各自的希望和归宿！

商场里人来人往，很少有人会注意到它们。因为价格的缘故，平日里高跟鞋面对平底鞋总是显得无比高贵和不可一世，从骨子里就看不起平底鞋，总觉得自己比平底鞋美丽高雅。然而，平底鞋并不会因为这些而与它计较，依然一心一意护着高跟鞋。

有一天，终于有人来看它们了。要买鞋子的是一位穿着华丽的贵妇人，这正是高跟鞋梦寐以求的主人，它觉得只有这样的人才能配得上自己的气质。贵妇人穿上高跟鞋，在镜子面前扭来扭去，高跟鞋满心的欢喜！平底鞋微笑着看了看高跟鞋，贵妇人肥胖的身体简直快要把高跟鞋压扁了，并且看起来很不协调！于是，平底鞋偷偷地对高跟鞋说："姐姐，这个人不合适，还是再等别的人吧！"高跟鞋气愤地说："你想得太多了，除了我没有其他的鞋子能够衬托出夫人的气质了！"平底鞋没有说话，只是非常地担心。

不一会儿，贵妇人便把鞋子脱掉了，开始试穿平底鞋。这下，高跟鞋开始仇恨和忌妒平底鞋了，心想："臭东西，你算老几啊？就你那模样哪里有美丽可言，还想跟我争，真是笑话！"平底鞋明白了高跟鞋的心思，它不想为此失去了朋友，也不能让它受到伤害。于是平底鞋故意想办法让贵妇人的脚感到不舒服，最后贵妇人一脚把平底鞋给甩了出去。看到这一切，高跟鞋高兴极了，心想：不用别人说，自己好好反省吧，这就是你最好的下场。

贵妇人最后还是决定把高跟鞋带走，高跟鞋得意扬扬的。这时，平底鞋又劝高跟鞋说："姐姐，这位夫人不适合我们俩，还是不要强求的好，还是放弃吧！"高跟鞋面带冷笑说："我知道你心里忌妒我了，尽管我们是好朋友，但是我的人生和你不一样。"平底鞋没有说话，眼里含满了泪水！

高跟鞋自从被贵妇人带走之后，无论是红地毯，还是各种高贵华丽的地方，它都走过了，这让高跟鞋很是满意，这也正是它渴求的！可是好景不长，只穿了两个星期高跟鞋，贵妇人的脚便疼得厉害。最后，贵妇人怒气冲冲地把高跟鞋塞进盒子里。就这样，高跟鞋每天连阳光都见不到，伤心地哭了。

自从高跟鞋走了以后，平底鞋显得悲伤孤独，闷闷不乐。有一天，柜台前来了一位美丽文静的姑娘，仔细看了看平底鞋，觉得非常不错，就把它买下来了，而平底鞋也觉得这位姑娘不错，就决定跟她走了！姑娘很喜欢这双鞋，兴奋地把它带回了家。

平时，姑娘特别爱惜平底鞋，无论走在哪里都是小心翼翼的，每次穿完就把它晾在窗台上。平底鞋脏了，姑娘就会像呵护孩子一样把它洗干净，平底鞋觉得好幸福。日复一日，在这样快乐的日子里，它唯一担心的就是高跟鞋，只可惜到现在也没有遇到它！

高跟鞋被放在鞋盒子里，好久不见阳光了，于是被各种细菌和霉菌侵蚀着，慢慢开始腐烂，原来的美丽渐渐消失。高跟鞋现在唯一的希望就是贵妇人能够把盒子打开，它从来没有想到自己会落到现在的下场！不过高跟鞋偶尔想起平底鞋，心里就会觉得暖暖的。心想："或许平底鞋比我更惨呢，谁会看得上它呢？"这么一想，高跟鞋心里平衡多了，开始偷偷地微笑！

意外的一天，贵妇人突然打开了盒子，高跟鞋认为自己的好日子终于又要来了，它想着贵妇人会再次穿上它，不由得心中充满惊喜！可是，高跟鞋由于腐烂变质散发出难闻的臭味，让贵妇人尖叫了一声，捂住了鼻子。贵妇人连同盒子一起把它扔进了垃圾箱……

很多天过去了，尽管姑娘不会经常把平底鞋穿在脚上，但总会把它清理得干干净净，很爱惜地放在一个既通风温度又舒服的环境里。对于平底鞋来说，它已经很满足了……但总有一个遗憾，那就是一直没有高跟鞋的消息！

只有内心平静的人，人生才可能平静，即使我们现在已经拥有了优势和资本，也要平静地看待自己和生活！那些忌妒心强却又一味贬低别人、夸大自己的人，已经失去了内心的平衡！总想着与别人比较，总想着站在上风，当然他们的道路不可能平稳，更不可能取得成功，甚至还会一败涂地！像故事中高跟鞋，就是因为太喜欢攀比，太想超过别人，才落到如此悲惨的境地；而平底鞋始终如一保持自己的谦和、平静，不忌妒别人，最终找到适合自己的生活，得到快乐和幸福！

现实生活中有多少人像高跟鞋一样，由于忌妒心的驱使，看不到自己的价值所在，盲目地和别人攀比，甚至把别人看得一无是处！只有学会做平底鞋，我们才会看到生活的美好，不急躁、不忌妒，在平静中收获自己的人生！

4. 忌妒是一种卑下的情感

《心理学大辞典》中说："忌妒是与他人比较，发现自己在才能、名誉、地位或境遇等方面不如别人而产生的一种由羞愧、愤怒、怨恨等情绪组成的复杂的情绪状态。"

在生活中，之所以很多人不能正确面对别人的优秀，是因为他们没有宽广的胸怀，往往表现出一种狭隘的眼光，心生忌妒和仇恨！他们不希望别人比自己生活得幸福，甚至盼望着别人的失败和悲惨，他们心里缺少阳光，却满是这种卑下的情感！容易忌妒别人的人，更是缺少自信和退缩的表现，没有担当和挑战的勇气，为了内心的平衡才会出现这种不正常的心理，但这往往会适得其反！

俗话说："己欲立而立人，己欲达而达人。"我们要学会换位思考，只有容得下别人的成功，我们自己才可能取得成功！如果一个人因为忌妒而惊慌失措，他可能会优秀，但绝不会是最优秀的，因为他没有这份心境！人生在世，只有带着一种欣慰和愉悦去看待别人的幸福和成功的时候，我们才可能拥有自己的幸福和成功！

有个人整天梦想着自己遇到上帝，然后满足自己的各种愿望。有一天，他真的遇见了上帝，上帝对他说："现在你有什么要求请提出来，我可以满足你！但有一个前提，那就是无论你得到什么，你的邻居必须得到双份。"

听到上帝的话，那个人刚开始还在窃喜，但是稍微一想就感到很失落。他在心里想：如果我得到一份田地，那么邻居就会相应地得到两份；如果我很幸运地拥有一箱金子，那么邻居岂不是有了两箱；更让他不可接受的是，上帝要是给他一个美女，自己的邻居注定就会有两个！

想来想去，他还是觉得不能便宜了邻居，不知该提出什么愿望。最后，他咬咬牙对上帝说："好心的上帝啊，你就把我的一只眼睛挖去吧！"上帝就满足了他的愿望。但是，从此以后，他便成了一个彻彻底底的"独眼龙"，而邻居却无辜地变成了瞎子。

　　忌妒会让一个人变得狭隘和目光短浅，如果自己超过别人就会得意，而一旦被别人超越就会心里酸溜溜的，甚至怀恨在心！因为害怕别人超过自己，往往做出的决定也会建立在牺牲别人的基础上，这种思想严重偏离了正常的轨道！

　　在古代，有一位国王饲养了一群象。在那么多象中，有一头象长得全身白皙，毛柔细光滑。国王甚是喜爱，于是把这头白象交给一位驯象师训练。

　　驯象师也很喜欢这头象，不只照顾它的生活起居，也很用心去训练这头大象。全身白皙本就令人觉得十分好奇，不过更令人喜欢的是这头大象好似很有灵性。在训练过程中不仅聪明灵活，还能理解驯象师的话。俨然，驯象师和这头大象成为了一对合作默契的"师徒"。驯象师整天不离不弃，想把它培养成世界上最好的大象，也可以让国王高兴。

　　有一天，恰逢当地庙会，国王打算骑白象去看看热闹。于是就命令驯象师将白象清洗干净，打扮漂亮，再在大象背上铺上一张毛毯。驯象师按照国王的意思认真地布置一番。

　　于是，国王在一些官员的陪同下，骑着白象进城看庙会了。

　　由于这头白象实在太漂亮了，民众都围拢过来观看。其中有很多人赞叹并且高喊着："真美啊，真美啊，从来没看到过这么美的大象！"

　　走了一路，竟然大家都在说大象的事儿，好像国王根本就不存在一样。骑在象背上的国王顿时觉得被大象抢了风头，十分生气、忌妒。

　　国王很不高兴地返回王宫，心里盘算着怎么收拾这头大象。

　　等到了王宫之后，遂命人将驯象师叫来说："这头白象，有什么特殊的技艺没有？"驯象师回答国王："您能具体说一下哪方面的吗？"

　　国王说："它能不能在山顶表演技能呢？"驯象师说："没问题。"国王就说："那就好。"

　　第二天，驯象师和白象一同来到高山顶比较陡峭的地方。

　　国王说："你让这头白象三只脚站立在山谷边上。"驯象师说："这简单。"他骑上象背，对白象说："用三只脚站立。"果然，白象立刻三只脚站立。

　　国王又说："它能两脚悬空吗？""可以。"驯象师刚说完，白象很听话地照做。

国王接着又说："现在你让它三脚悬空，只用一脚站立吧。"

驯象师这才明白国王的意图，他是想把白象摔进山谷，置白象于死地。

不过驯象师依然命令白象照做了。这下国王更是不平衡了，对驯象师说："你让它四肢离地我看看。"

驯象师想了想决定告诉白象腾空飞到对面的悬崖，进入邻国去了。国王这才后悔不已，但为时已晚！

生活是大家的，每个人都有自己的优势和特点，我们不是太阳，当然不能要求所有的事情都以我们为中心！然而忌妒心太强的人总想超越一切，不能让哪怕一丁点儿的东西遮住自己的风头，否则他们就会产生不正常的情绪，排挤和敌视别人！故事中的国王就是因为忌妒心太强烈，长时间已经习惯了高高在上的生活，任何人都不能抢了他的风头，最令人可笑的是，他竟然和一头大象也争风吃醋，想着法儿地也要除掉大象！生活中的好多人不正像这位国王一样容不得别人比自己优秀和成功吗？

有一副对联说："欲无后悔须律己，各有前程莫妒人"。人生的大好时光不要浪费在忌妒别人上面，把自己的精力和时间用在学习和进步上面岂不更好吗？一味地和别人攀比计较，挖空心思地阻挡和诋毁别人，不仅会让自己身心疲惫，还会错过本该属于自己的机会，更会污染自己纯净的情感！所以，我们不要把别人的优秀当成威胁，而是要看成自己前进的动力，放下狭隘，拥有自信，才会远离纷争，走得更远、更高！

5. 学会保持心理平衡

快节奏的生活，激烈的社会竞争，让人们在不断奋斗的同时也学会了攀比和忌妒！很多人看到别人比自己条件优越或者表现得更优秀，就会产生一种不平衡的心理，总喜欢拿自己的不足与别人的长处比较，结果越比较越是纠结和烦恼。于是，他们看什么都不顺眼，甚至还会做出一些不理智的举动，最终害人害己！

一个心理失衡的人，往往找不到一个能让自己平和的位置，也看不到自己身上的优点，无论面对什么事情都不能正确对待，这就是失败和痛苦的根源！我们只有学会欣赏别人，看到自己的价值和存在，保持良好的心态和愉悦的情绪，才会发现生活的美好，才能在工作中与同事和睦相处，拥有快乐和幸福！

在一家医院的重病看护室里，住着两个重病患者。房子很小，只有一扇窗子可以看见外面的世界。所以，也只有那个靠近窗户的患者每天能够坐在床上欣赏外面的风景。另外一个人则终日都得躺在床上。

于是，靠窗的病患每次都会把自己看到的外面的美景一一讲给另一个人听。他告诉另外一个人说："窗户的外面是开阔的水面，水面上有成群的白天鹅，人们在水上划着小船，年轻的恋人在树下携手散步……反正有很多很多非常好看的东西！"

另一个人倾听着，每次听都像是一种享受，听完之后就会格外地开心和舒服。但是，后来慢慢地他感到靠窗户的人描绘的世界实在是太好了，自己真想目睹一番。可是自己的床位不在窗户那边。在一个天气晴朗的午后，他心想：凭什么让他一个人独享外面的美景，而我却不能呢？这样一想，他突然觉得不是滋味，他一定要想办法和那位病人换换位置。

这天夜里，他一直在想着那件事，翻来覆去就是睡不着。突然间，靠窗户的另一个人惊醒了，拼命地咳嗽，总想伸手去按床头的铃，但一直就是够不着。但这个人只是旁观就是不肯帮忙，直到他感到那个人的呼吸渐渐微弱……第二天早上，护士来时那人已经死了，然后他的位置就空出来了！

第二天下午，这人就向护士请求搬到靠窗户的床上。然后护士们帮助将他换到了那张靠窗户的病床上，他感觉很满意。人们走后，他吃力地坐了起来，使劲地往窗外望去，顿时他傻眼了，因为窗外除了一堵白色的墙，什么也看不到！

如果这个人不起恶念，在别人急需帮助的情况下按一下铃，这一切悲剧就不会发生，他还可以听到美妙的窗外故事。可是现在后悔也晚了，他看到的是什么呢？除了墙，还有一颗忌妒丑恶的心。不久，他就在愧疚中死去了！

生活中的美好和幸福需要我们去寻找和发现，等待只会是一场空！但是，这并不是说要和别人比较、跟风，而是学会欣赏和自我肯定，否则盲目地攀比和狭隘的眼光会让自己内心的天平严重失衡，从而走向贪恋和卑下的不归路！故事中的人就是因为攀比的心理太过于强烈，忌妒别人比自己条件优越，进而满腹的牢骚和不满，最终因为自己失去理智的行为造成了令人遗憾的结局！

攀比是万万不可以有的心理，它会让一个人变得自私和盲目，看到别人比自己优秀就会感到不平衡，总想着把别人挤压下去，把自己的利益看得高过一切，当这一心理预期被别人遮住的时候，他们往往就会铤而走险，不计后果！所以，我们一定要让自己的内心时刻保持一份平衡，尊重别人成绩的同时给自己足够的信心，让心灵充满阳光，才能让忌妒和攀比远离，才能不让坏情绪感染和影响自己，为我们的成功和快乐增加一份筹码！

6. 换一种眼光欣赏别人

有人说："欣赏别人的言行是一种友善，被人欣赏是一种福分，不会欣赏是一种残疾。你是我的风景，我是你的风景，欣赏是视线内的一份美好，一份享受。"这句话说得很好，欣赏不仅是一种态度，更是一种智慧和修养！

懂得欣赏别人，才能在生活中感受到快乐和美好，才能与别人和睦相处，远离忌妒对内心的伤害，带着阳光和微笑面对身边的人和事。尤其在工作中，当同事取得成功和进步的时候，我们要怀着诚心去祝贺和鼓励，并从中借鉴别人的经验和方法，这样才能不断取得进步和突破，才会同样得到别人的关注和友善，营造一份彼此尊重、和睦相处的环境氛围。

在现实生活中，每个人都有自己的优点和不足，我们不要一味地盯着别人的缺点不放，那样不仅伤害了别人，也狭隘了自己！所以，我们要换一种眼光学会欣赏，因为在欣赏别人、接纳别人的成功和辉煌的同时，不仅给予了对方充分的肯定，也是对自己的肯定和提升，彰显了宽广的心怀和气度！

钱学森是享誉世界的科学家，为我国的发展做出了不可估量的贡献。就是这样一位伟人，在工作和生活中都表现出了谦逊谨慎和宽广的胸怀！比如，尽管有些科技人才还很年轻，只要是有思想、有见地的他都倍加爱护和欣赏。曾经他自己的一篇论文中出现了失误，当有人给他提出来的时候，他不但没有生气，后来反而鼓励对方撰写稿件，并设法予以公开发表。

1964年的一天，已经临近我国第一次近程火箭飞行测试。然而，这时候由于天气高温造成推进剂温度升高，如果再不想办法，就会影响到射程。

为此，大家各抒己见，争论不休。当时有人提出"再加燃料，加大射程"，但是有一个年轻人立即提出了反对的意见："不能再加燃料，相反要减少600公斤燃烧剂才能达到预期的目标，从而加大射程。"但是，没有人赞同他的意见，没办法他只能找到钱学森谈论自己的观点。钱老听后连连说："对，对，有道理。"最后，这次飞行测试按照这位年轻人的意见改进，令人意外的是三发全部成功。他就是王永志。

后来，王永志还担任过其他的重要技术服务，后来又成为中国工程院院士，并荣获国家最高科学技术奖。

凡是取得卓越成就的人，一定有他们伟大的地方，这其中就包括接纳和欣赏别人的气度！一个人首先要敢于承认自己的缺点，同时欣赏别人的优点，才能在奋斗的领域拥有更开阔的视野和更高远的目标，因此达到常人所不能达到的境界！

的确，如果在我们的内心连一个人都容不下，那么今后我们凭什么取得更大突破呢？钱学森的故事正是向我们展现了一位功勋卓著的伟人的海纳百川的气魄！

圣诞节临近，在美国的各个角落都洋溢着喜庆和热闹的氛围。

这时正在中学读书的爱丽丝，收到了很多同学寄来的贺卡，她打算在好朋友面前炫耀一番。谁知别人却意外地拿出了比她更多的贺卡，这令她忌妒不已。

"你能告诉我怎么拥有这么多的朋友吗？是不是有什么秘诀？"爱丽丝惊奇地问。

然后她的这位朋友给她讲了一个故事！

在一个春暖花开的日子里，海伦和她的爸爸在一个公园里散步。突然间，海伦看到一个穿着有点滑稽的老人，只见这位老人紧裹着一件厚厚的羊绒大衣，脖子上还戴着厚厚的围巾，好像她在过冬天一样！然后海伦就悄悄地对自己的爸爸说："爸爸，你看见了吗？那边的老太太多么可笑啊！"

不过，海伦的爸爸并没有取笑那位老太太，而是变得非常严肃，然后对海伦说："海伦，我发现你不具备一种优点，那就是学会欣赏别人。这会让你在与别人的交往中显得缺少真诚和友善。"

海伦的爸爸接着说："其实你不应该去取笑别人，事实上那位穿着大衣的老人或许是大病初愈，一时不能适应外面的气温而已！你看她的表情，是多么的生动和富有情趣，你不认为很可爱吗？她渴望春天，向往大自然，确实令人感动啊！"

随后，海伦在爸爸的带领下来到那位老太太面前，微笑着说："夫人，您欣赏春天的专注真令人感动，您让我们感到春天更加让人爱怜！"

听到海伦爸爸的一番称赞，那位老人激动地说："真的谢谢您，先生！您的话让我非常感动！"说着老人还拿出一份礼物送给海伦说："小姑娘，你看起来很漂亮……"

这件事过去了，海伦的爸爸说："做人一定要懂得去欣赏别人，看到别人的优点，这样你就会获得更多的朋友。"

世界上没有完美的事物，当然我们每一个人也不是十全十美的。但可以肯定的是，每个人身上都有自己的优点，只是有些时候我们给忽略了而已！在与别人的交往过程中，只有拿出诚意欣赏别人，善于发现对方身上的闪光点，才会获得尊重和友谊，更有利于我们走向成功和幸福！

很多时候，欣赏和忌妒只在一念之差，但结果往往却是天壤之别的！面对别人的优秀和成功，选择忌妒的人只会让自己内心充满愤恨和排斥，不仅不会进步，反而还会因为痛苦地挣扎而停滞不前，甚至倒退，最终在成功的道路上越走越远；然而，如果我们选择换一种眼光去欣赏的时候，一切看起来都是那么的美好和积极，无形中就会在内心里升起一种自信，让我们有勇气取得更大的成功！

学会欣赏是我们走向成功的基础，因此，我们要拿出热情和诚意去发现和欣赏别人的优点，远离不良情绪的干扰，成就自己的人生！

7. 爱情不忌妒

丁尼生说："爱情是自由自在的，而自由自在的爱情是最真切的。"爱是人类最本真的一种情感表达，当然它需要呵护和经营，更需要宽容和理解！

人生分为曾经、现在和将来，真正的爱情不会因为曾经的得失而有所顾虑，或许对方曾经有过刻骨铭心的经历和幸福，但那些已经过去，你所要面对的是现在和将来！只有坦诚地接受，不忌妒对方曾经的美好，尊重那些已随风逝去的"往事"，才是对现在感情的最好诠释！

杰克和自己的女友已经交往了有几年时间了，这天他单腿跪在地上，然后掏出一个心形的盒子，对自己的女友说："亲爱的，你愿意嫁给我吗？"

女友看到自己面前高大结实的男孩，那么温柔体贴，恐怕再也找不到这么好的伴侣了！

"我愿意。"于是女友直接干脆地回答。

这时杰克紧张的心终于放松了下来，热情地给了女友一个吻，说："谢谢你，从今往后有了你的陪伴，我就是世界上最幸福的男人！"

他们俩决定将婚礼定在下一年的 8 月 8 日，此后他们俩一起准备着，然而就在这个过程中，女友想起了一件往事……

事实上，对于杰克的女友来说，这并不是第一次筹备婚礼。五年前，当她正准备和自己的未婚夫结婚的前几个月，她的未婚夫突然不幸去世了，这让她无比地痛心。虽然事情已经过去很久了，尽管她也知道自己已经能够承受那份痛苦，但是曾经她许诺过要成为已经去世的未婚夫的唯一……所以，现在她很纠结！

第二天早晨，她开始祈祷：亲爱的上帝，曾经在我将要结婚的时候，不幸您带走了我的未婚夫。但是现在我又爱上了另外一个男孩，请您转告他不要生我的气，原谅我吧！

这时，一阵急促的敲门声打断了她的祈祷，原来是杰克！"你准备好了吗？"杰克问道。

"准备什么？"女友惊讶地问道。

"你忘了吗？亲爱的，我们商量好的要去做婚前咨询。"杰克说。

"噢，是的！当然已经准备好了，等我去开车！"因为女友的车要快一些，所以他们决定开女友的车去。

"你还好吗？"当杰克发动车之后问道。

"没事儿啊。"女友心不在焉地答道。

"我知道你是愿意和我结婚的，对吗？"杰克追问道。

尽管女友心中有很多的纠结，但那是对过去事情的一种梳理和总结，其实她也深深地爱着眼前的这个大男孩！

"是的。"女友坚定地回答。

到达教堂之后，杰克把车开到停车场里，下了车问女友说："你看见我的钱包了吗？"杰克显得有点慌张。

"会不会是掉在座位底下了。"女友说。

然后他们一起回到车里去寻找！

不一会儿杰克就找到了自己的钱包，不过在这个过程中他还发现了其他东西——一个闪闪发光的金色物体。

杰克拿到女友面前问道："这是什么？"

女友顿时惊呆了，原来是自己几年前弄丢的金手镯，而且它还是前未婚夫赠送的生日礼物！后来自己多次寻找都没有找到，后来就慢慢地放弃了！

"真漂亮啊！"杰克不禁惊叹道。

女友决定不再隐瞒这只手镯的来历，然后把一切都告诉了他！

杰克静静地看着这只手镯，什么话也没有说。然后轻轻地、很温柔地将手镯戴在女友的手腕上。

"现在，你可以把它当成我们两个共同送给你的礼物了。"

几年前，女友为了找到这只上面刻有"拥抱和亲吻"字样的手镯，把车里车外已经翻了好几遍。女友心想，或许这就是已经去世的未婚夫对自己祈祷的回应！现在这只手镯作为一种象征把杰克和女友，以及女友的前未婚夫一起聚集在教堂里。

最后，杰克和自己的女友一起来到教堂，在靠近铜门把手的地方，他们看到了"爱能包容一切"的经文。而后面的几个字最醒目：爱情不忌妒。

爱情是一种很神奇的东西，看不见也摸不到，只能用心去感知！爱情是自由的，就像天空的风筝一样，不能拉得太紧，更不能刻意去追究飞过的痕迹，因为那是无意义的！把握好一个度才是最重要的，否则，只会让你不经意间错失了美好！

爱情不忌妒才会释然和洒脱，才能够在今天和明天的道路上体会到畅通无阻的愉悦！既然选择了相爱，就要怀着包容的心态去接纳生活中的点点滴滴，不要因为一点小事而解不开风情！学会在爱情中包容，在包容中相爱，这是人生的一道亮丽风景！

8. 赞美是一种财富和力量

人生在世，靠的是信念和精神的支撑，其中赞美就是一种巨大的精神力量！它能够让我们忘记劳累，瞬间积聚振奋的精神；也能够在失败和困境中给予我们站起来的勇气；同时它也是激发人们潜能的一种有效的方式！因为当我们获得别人的肯定和赞美时，内心就会感到极大的鼓励和安慰，这种充实和满足往往能够带给我们无限的动力，是任何方式都代替不了的，所以我们才能够在前进的道路上不断地奋力前进！

在生活中，赞美别人不仅是一种为人处世的艺术，更是一种积极的态度，能够带给我们快乐的心情，远离坏情绪的烦恼！因此，我们应该珍惜别人适时对我们的赞美，这是一种难得的机遇，让我们及时得到自我调整和肯定！当然，我们在得到别人赞美的同时，也要学会赞美别人，让别人也拥有成就感，看到生活的希望和阳光！

在纽约的一家杂货店里，一名见习服务员正在忙碌着。他每天从早到晚地忙，被累得筋疲力尽。

由于比较疲劳，于是，这位服务员连穿戴也不讲究了。头上戴的帽子歪向了一边，工作服上也是污迹斑斑。他越干越觉得疲惫，慢慢地开始泄气了。同样的箱子，他感到越来越重，好像什么也干不好。面对一家客户三番五次地更换订单，他更加耐不住性子了，他真想撂挑子走人！

这时候，有一位顾客把小费递到他的手里，笑着说："干得不错，你对我们的服务真是太周到了，谢谢你！"

突然之间，这位服务员的疲惫一溜烟儿就没有了，心情也变得格外好。并且，他也学会了对别人微笑。后来，当经理问到关于工作的感受时，他回答道："挺好！"事实上，是那位顾客一句赞扬的话让他像是换了个人似的！

一个人无论精力多么的旺盛，都会有疲倦的时候，所以在工作的过程中，适当的鼓励和赞美能够让人精神焕发，重新拥有动力！就像干旱的小草，经过充足的浇灌之后很快就会充满生机！在生活中也是一样，批评有时不一定能起到作用，而赞美恰恰能给人以积极的力量，所以我们不要轻易地就批评一个人，更不要吝啬阳光一样温暖的赞扬之语。

很多人都知道卡耐基这个人，尤其在国内营销界。可是关于他小时候的一些事情，或许很少有人知道。

在卡耐基小的时候，被人们公认为是个彻彻底底的坏孩子。在他九岁的时候，他的父亲为他找了一个继母。由于他的继母来自富裕的家庭，而那时卡耐基还生活在贫困的农村，生活当然也很清贫。卡耐基的父亲一边向继母介绍卡耐基，一边说："亲爱的，以后你要注意这位全郡最坏的男孩，我面对他的时候已经是没有办法了！说不定什么时候他就会做一些让你无法想象的坏事。"

出乎卡耐基意料的是，继母并不是那种看起来很苛刻、凶狠的人，而是微笑着向他走去，托起他的头认真地看着他。然后又回到丈夫身边说："你错了，其实他并不坏，他应该是全郡最聪明的孩子。只是暂时他还没有找到施展的地方！"听完继母的话，小卡耐基心里热乎乎的，甭提有多高兴了，几乎连眼泪都要流出来了！凭着这一句话，他决定要和自己的继母成为好朋友！

事实上，正是继母的这句话成为他一生的前进动力，为他后来创造成功的28项黄金法则提供了帮助，后来有千千万万的人从中获益！

在他的继母到来以前，可以说没有一个人夸赞过他，人们都认为他是一个调皮的坏孩子。但是，继母就只说了一句话，便让他看到了自己的优点，找到了自己的信心，成就了他的一生。后来，卡耐基成为美国的富豪和著名作家，同时也是 20 世纪最有影响的人物之一。

关键时候的一句肯定和赞美往往比一千句一万句教诲更有效果，甚至能够改变一个人的一生，让失去信心和希望的人们在痛苦中感受到生活的温暖，并以此为动力坚持不懈地奋斗下去！

1960 年，哈佛大学的一位博士做了一个非常出名的实验。

新学期刚开始，校长找到两位教师说："由于你们过去几年的教学工作很不错，大家一致认为你们是全校最好的老师。所以，算是一种奖励，我们特意挑了一些学生让你们来培养。不过，你们一定要记住，他们不是一般的学生，他们的智商比同龄的人要高。"校长临走的时候，又叮嘱道：你们在教学的过程中要像平常一样，千万不要让他们认为自己是被特意挑出来的，包括他们的家长也是一样。

从此以后，两位老师更加积极努力地教学了！

一年之后，这两个班级的学生成绩在全校是最突出的，甚至分数值都要比普通班的学生高出好几倍。

结果出来之后，校长不好意思地把这项实验告诉了两位老师："其实，学校所挑出的学生不是智商最高的，你们两个也不是学校最优秀的老师，只是随机挑到了你们俩！"两位老师怎么会想到这些呢，他们只会庆幸自己的教学成果！

正是学校把这种期待传达给了两位老师，而两位老师对学生又有同样的期待，所以老师和学生才会产生无形的动力，发挥出自身最大的潜能，创造出奇迹！事实上，这种企盼是把心中的一种愿望转化为现实的心理，产生一种积极的推动作用。原来每一个人都有可能成功，但最终的结果会受到一个重要因素的影响：就是你周围的人是否像对待成功人士那样爱他、期望他、教育他。

赞美不但不会让人感受到压力，反而是无穷的动力！因为这里面有别人的默默期待和肯定，为了不让大家失望，他们会竭尽全力、全身心投入其中，正是有了这样的动力，他们的潜能才会被激发出来，创造出奇迹！实验的结果告诉我们，赞美的力量是无穷的，出乎意料却又在情理之中，并不是最优秀的师生却因为赞美而成了"最优秀"的师生！

　　赞美不是一种简单的恭维，而是要拿出真心和诚意给予别人肯定、鼓励和安慰，让别人感受到自己的价值和意义，拥有更多的信心和勇气去面对生活和人生！赞美是一种积极的力量，让赞美成为我们前进中的"驿站"，随时为我们补充"营养和动力"，然后才能走得更快更远！

第十一章

祛除浮躁

——沉稳拥抱美丽人生

自古以来，只有沉稳的人才能成就大事，才能在人生的舞台上经得住考验和磨炼，浮躁只会让自己失去更多机会。然而，很多人遇到事情沉不住气，只要有一点不顺利意志就会动摇。他们要么草率地放弃，要么冲动暴躁，要么只会垂头丧气和抱怨，而不是冷静地思考和观察，这只会让自己陷入更加糟糕的境地！

内心充满浮躁的人，无形中会夸大自己的能力，把很多本该注意的细节给忽略掉了，不能清醒地认识自己和生活，更不会坚持到底，这是一个人走向成功的大忌！所以，我们在生活中一定要祛除浮躁，无论遇到什么问题都要静下心来去面对，只有内心的平稳才能更好地解决事情！

尤其在现在的生活中，各种纷扰和诱惑很容易让人们产生浮躁的心理，造成视觉的虚幻和心灵的盲目！只有学会沉稳宁静，才能让自己拥有快乐的成功！

1. 有多少耐心，就会有多少收获

尼克松曾说过："胜利的道路是迂回曲折的。像山间小径一样，这条路有时先折回来，然后伸向前去；像山间小径一样，走这条路的人需要耐心和毅力。累了就歇在路边的人是不会得到胜利的。"由此可见，耐心是一个人走向成功、最终获得胜利的一个法宝。但凡有价值和意义的事物一般都不会轻易被得到，只有那些能静下心来的人才会收获不一样的美景！

一个耐不住性子的人，在奋斗的路上很容易急于求成，遇到一点困难或者波折就会烦躁不安，往往自怨自艾或者怨天尤人，不能坚持到最后，最终与最佳的时机擦肩而过！事实上，很多事情并不是我们做不到，也没有我们想象的那么艰难，之所以最终败下阵来，很多时候是因为我们没有耐心，缺少一种宁静和平和，是我们的浮躁赶走了机遇！

有两个人一起坐在河边钓鱼，他们分别是一个年轻人和一个老人。

到了傍晚，年轻人一条鱼也没有钓到，而老人的箩筐里却装满了大大小小的"战利品"。

年轻人当然很奇怪，于是就怀着疑问问老人："大爷，您是不是有什么秘诀啊，咱们俩一块儿来的，一天过去了我怎么一无所获，而你却是满载而归呢？"

老人微笑着说："其实嘛，我并没有什么特别的办法，用的鱼饵也是和你们的一样。原因就在于，你们年轻人大都有一种通病，无论做什么事情都沉不住气，容易心绪浮躁，稍微一点不顺利就着急。其实，你在钓鱼的时候我就已经注意到了，你总是时不时动动鱼竿，发发牢骚，要么看不到鱼上钩就焦躁地走来走去。很多时候本来鱼儿要上钩的，你这样浮躁的态度正好把它们给惊吓到了，怎么可能钓到鱼呢？而我就和你不一样了，在钓鱼的时候达到了一种忘我的境界，安安静静地守在那里，水里的鱼儿根本不会知道岸上有人。钓鱼是一件讲究耐心的事，一个缺少耐心的人是无法钓到鱼的！"

在通往成功的路上，浮躁是最让人忌讳的！无论自己有多么的优秀，或者拥有多么得天独厚的条件，一旦对一件事情失去了耐心，那么你就会变得盲目和急躁，还会疏忽很多细节和理性的判断导致情绪失控！其实，钓鱼是最能考验一个人耐心的事情，只有学会静下心来，不让自己变得焦躁，才会有机会等到鱼儿上钩！

做人也是一样，只有能够沉得住气，不慌乱不心急，保持一颗平常心，才能不被外界干扰，最重要的是不被自己的浮躁情绪所左右！

曾经有一位年轻人立志要在 40 岁的时候成为富翁，可是当他 35 岁的时候还是两手空空。他发现通过自己的踏实努力是不可能快速实现目标的时候，他幻想着一夜暴富。

之后，他不断地做一些生意，比如开旅馆、咖啡厅和花店，等等。但每一次都以失败告终，他的家也陷于绝境了。到 40 岁时，承受巨大压力的他在家人的劝告下重回职场，当一切都没有效果的时候，没办法他的太太只好前去寻找一位智者帮忙。智者知道这些情况后，对太太说："如果你先生愿意，你还是让他自己来一趟吧！"

后来，这位先生虽然来了，但无论从神情还是态度，一看就知道他心不在焉，肯定是为了敷衍他太太而来。智者不发一语，带他到庭院中。这个院子足有一个篮球场那么大，里面生长着茂密的百年老树。随后智者递给他一把扫帚说："如果你能把庭院的落叶扫干净，我就会告诉你怎么成为一个亿万富翁。"

他虽然不信，但看到智者如此的严肃，再加上金钱的诱惑，他便答应了！他心想：不就是扫个院子吗，这有什么难的。他费了很大劲儿才把庭院打扫一遍，过了一个钟头，正当他准备把这些树叶弄走的时候，他却看到刚扫过的地上又掉了满地的树叶。懊恼的他便加速扫树叶，以期盼能够赶上树叶落下的速度！

但无论他怎么加速，地上的落叶好像还是没有太大的变化。这下，他开始发怒了，认为智者是在和他开玩笑。

智者微笑着对他说："其实，人们的欲望和地上的落叶差不多，是扫不尽的，层层消磨你的耐心。一个人只有拥有足够的耐心才能听到财富的声音。就好像你心里产生了想要成为富翁的欲望，而事实上你只有一天的耐心，这种差距实在是太大了，那一点点耐心怎么可能让你拥有富翁的财富呢？再比如，这院子里的树叶要一冬天全部掉光后才扫得干净，而您却只想花费一天的时间扫净，根本就是不可能的！"说完，就请夫妻俩回去。

临走时，智者对这位先生说，今天你为我扫地也挺辛苦的，作为回报你们会在回去的路上碰到一个粮仓，里面有很多麻袋稻米。如果你能够全部搬运回家，你将会看到稻米堆下面有一个箱子，在这个箱子里你会看到数量不多的金子，算是对你们的酬劳吧！

夫妻俩走了一段路后，果然像智者描述的那样，看到了一间粮仓，里面确实堆了很多稻米。看在金子的份儿上，他拼命地把那些稻米都搬到外面。在快搬完了的时候，真的有一个箱子出现在他的面前，箱上无锁，他轻易地打开了宝物箱。

打开箱子之后，一个小麻袋映入他的眼帘，他连忙用手摸了摸，结果令他大失所望，哪有什么金子，只有一堆黑色种子及一张纸条。他看到文字的内容是："这里没有黄金。"

正当他气急败坏地把手里的麻袋狠狠地摔在地上，然后准备离开的时候，智者出现在了他的面前，站在门外双手握着一把种子。智者微笑着说："你知道吗？刚才你搬的那些稻米都是这些种子经过几个月才长出来的。事实上，你连一颗种子的耐心都没有，怎么听得到财富的声音！"

世间万物的生长都需要一定的过程，我们同样不可能一口吃成胖子，只要懂得循序渐进，用自己的耐心和毅力去奋斗，才能收获自己的人生！正如智者所说的，心里有成为富翁的欲望却只有一天的耐心，怎么可能得到财富呢？无论做什么事情，只有当我们的耐心达到一定程度的时候，才会包容机遇和成功的能力。否则，即使机遇来临，我们也不可能留得住，因为它需要有一个更大的空间来展现自己！

的确，有多少耐心就会有多少收获，有时候慌乱只会让我们忘记了自己在哪里、干什么，越着急就会离目标越远，失控的情绪更会让我们失去理智，做出错误的决定！我们一定要记住，任何事情的成功都需要一个过程，而且只有在这个过程中带着微笑坚守和等待，机遇才会向我们招手！

2. 沉稳是战胜敌人的法宝

人生就是一个不断战胜的过程，很多时候我们会遇到各种各样的困难和阻碍，只有敢于站起来接受挑战的人才会实现一步步跨越和成长，而沉稳就是我们"克敌制胜"的法宝！

　　沉稳的人无论遇到多大的事情都会镇定自若，让理智占据自己的心头，然后冷静地分析局势，从容面对找到困境的突破口。然而，事实上很多人在困难面前都被吓得失去了分寸，他们变得胆怯和懦弱，完全分不清是非对错的方向，内心的混乱更会加剧事情的恶化！所以，与其这样不会有一点机会，还不如让自己放松下来寻找出路。

　　遇到困难不紧张，保持情绪的稳定和平静，才能让内心真正地强大！当我们斗志昂扬、精神饱满地站在困难面前的时候，困难就不再显得那么难以跨越，相反一份自信和沉稳已经占据了心灵的高地！

　　日本江户时期，有一位茶师远近闻名，为大家所熟知，而且他一直在一个地位显赫的人家当管家。

　　有一天，这家主人要到城里去办点事，舍不得离开茶师，就说："你就和我一块儿去吧，不然我们这些天都喝不上你泡的茶了！"

　　那个时候的日本社会很不稳定，浪人、武士依恃强力横行无忌。

　　于是，这位茶师就无比地担心，对主人说："主人啊，我一个茶师，一点武艺都不懂，万一在路上出现点意外怎么办？"

　　主人说："你就挎上一把剑，别人一看就知道你是一个身怀武艺的人，那样就没有人敢轻易难为我们了。"茶师只好按照主人的吩咐，换上一套武士的衣服上路了。

　　一天，主人出去办事，茶师在外面闲逛。不一会儿走过来一位浪人，向茶师挑衅说："看样子你也是一名武士，不知你的武艺怎么样，那咱俩比比剑吧。"

　　茶师说："其实我只是一个茶师，根本不懂武艺。"

　　浪人说："什么？既然你不是武士，为什么还要穿上这样的衣服？真是有辱武士的尊严，你就更应该死在我的剑下！"

　　茶师一想，躲是躲不过去了，就说："这样吧，你给我一点时间，让我把剩下的一点事情办完就去和你比武！"浪人想了想答应了。

　　然后，茶师即刻奔向这个城里最大的武馆。来到时只见外面已经排满了人，都是前来习武的！茶师分开人群对大武师说："请求您帮我一个忙吧！我想让您教我一种作为武士的最体面的死法！"

　　大武师非常吃惊地说："怎么回事儿，其他人来这里都是为了怎样更好地活，而你却要求一死？"

这时，茶师才一五一十地把情况都说给了大武师，然后说："作为一个茶师，我就只有泡茶这点本事，但是今天被逼无奈和别人比武。所以只想死得有尊严一点。"

大武师说："既然这样，你先给我泡茶，然后我再教你！"

茶师很是伤感地说："这可能是我在这个世界上泡的最后一杯茶了。"

茶师拿出所有的本事，认真地为大武师泡茶，然后捧给大武师。

在茶师泡茶的过程中，大武师一直在一旁认真地看着，当他喝了一口茶之后说："活了这么多年，这还是我第一次喝这么好的茶。不过我可以告诉你，你已经不必死了。"

茶师说："您有什么秘诀吗？"

大武师说："我不用教你，到时候你只要把自己平时泡茶的心态拿出来比试就不会有什么问题了！"

这个茶师听后就去赴约了。果然那位浪人已经早早地等在了那里。见到茶师，浪人立刻拔出剑来说："我们不要浪费时间了，现在就开始吧！"

这时大武师的话又在茶师的耳畔响起。然后，茶师就按照大武师的吩咐拿出平时泡茶的心态微笑着面对浪人。茶师轻轻地把帽子取下来放在那里，然后再解开宽松的外衣，认真地把每一件衣服叠整齐，接着又用绑带把……只见他一点儿也不慌张，好像什么事也没有一样，一直气定神闲。

这时，浪人已经有点按捺不住了，越来越紧张，因为从茶师的举动来看好像有很深的功夫！茶师越是微笑和放松，就越让浪人摸不着头脑，感到心里发慌。等到茶师全都装束停当，然后举起剑挥到半空又停下了，因为他不知道该怎么用剑。就在这危难之时，只见浪人突然跪在了地上，说道："请求前辈饶命，是我有眼不识泰山，您是我这辈子见过的武功最高的人。"

在生活中，战胜一个人的最好方式就是战胜他的内心，当我们强大的内心击破对方的心理防线的时候，无论他的外在有多么的咄咄逼人，最终也会偃旗息鼓！当别人慌乱的时候我们保持沉稳；当别人躁动不安的时候我们依然微笑、气定神闲，这是成功者之所以成功的方式和智慧！茶师受到大武师的提醒，把自己平时泡茶的心境拿出来面对别人的攻击和挑战，他的淡定和从容让对方感到心虚，最终"不战而屈人之兵"！

无论多么艰难的事情都会有解决的方法，一定不要因为紧张和害怕而让自己的情绪失控，只要我们拥有良好的心态，用内心的沉稳去战胜困难，在心里把对方打败，那么我们就会迎来最终的胜利！

3. 告诉自己没什么大不了的

尼克松说得好："逆境能打败弱者而造就强者。"在现实生活中，很多人因为不够自信而变得忐忑不安，在事情没到来之前就先给自己的心灵加上一把枷锁！在自己已经设下的思维牢笼里，他们认为自己一定克服不了困难，一定会把事情搞砸。所以当困难真的出现，哪怕只是微不足道的小事，他们立即就会惊慌失措，陷入困顿和恐慌，情绪变得极度失落！

其实，没有什么大不了的事情，逆境可以突破，困难可以克服，只要我们能够稳住阵脚，冷静地面对眼前的事情，踏踏实实着手解决，一切都会风平浪静的！那些在困难面前只知道大惊小怪，好像天要塌下来一样的人，最终只会自己把自己吓倒。

从前，有一位名叫保罗的人从部队退伍了，然后他开始了新的生活，并且马上出去寻找工作。因为他在部队的时候就是一名优秀的机械师，所以很快他就在一家企业应聘成功，成为一名机械师。

由于有了以前在部队的基础，投入到工作后进展得很顺利，上司也很欣赏他，他也为自己感到开心！一转眼一年多的时间就过去了，一天他的领导对他说："为了对你长时间的良好表现做出奖励，我决定给你升职，让你做我们的总工程师，专门负责重型柴油机。"

以前的保罗工作认真卖力，虽然有时候有点累，但是他一直都非常开心，从来没有什么顾虑。但是，自从自己升职之后，他就变得无比忧虑，充满担心！这个职务不但没有让他感到荣誉，反而无形中让他感受到很大的压力。忧虑无时无刻不在困扰着他，不管在什么时候和什么地点。

他一直担心会出现什么问题，但是越害怕问题来得就越快。终于有一天，他心里最害怕的事发生了。一天早上，当他再次来到机器工作的地方，发现这里静悄悄的，没有平日机器的声响！他非常奇怪，就快速走过去，一看他就愣住了：四台巨型牵引车全坏了！

以前他也会为一些事情担心，但是现在遇到这样的问题，他感到天就好像要塌下来了一样。这时，他心急如焚，立刻找到经理，把机器坏掉的事情详细地说了一遍，然后低垂着头等着挨骂！

可是出乎他的意料，天没有塌下来。经理也没有他想象的那样，把他给训斥一顿！相反，经理对他微微一笑说："没啥，那就修好它！"就是这样一句极其简单的话让他再也忘不了！

此刻，保罗心中的忧虑和担心一点儿也没有了，世界又恢复了平静。然后，只见保罗拿起工具认真地把机器修好了！

"修好它！就这样一句简单的话改变了我对工作和生活的看法。从那天起，我开始变得充满热情和自信，相信自己能把工作做好。我知道，如果有一天什么事搞糟了，不用着急，只需要冷静下来把它修理好！"很多年后，保罗在说起这件事时感叹道。

静下心来才能办大事，慌乱和焦躁只会让自己内心变得混乱和迷茫，找不到走出去的方向！很多时候，一些事情只是很平常，只是因为我们不能正确地看待彼此，才会产生浮躁的情绪，夸大了困难的分量，当然这不利于困难的解决！保罗的故事告诉我们，面对困难一定不能慌乱，不要被自己吓倒了，而当我们卸下心灵的重担，认清形势，沉静下来寻找解决办法的时候，一切都会显得那么轻松！

坏情绪往往会让我们丧失斗志和勇气，消极地接受眼前的一切，不敢向困难发起挑战，首先自己就把自己打败了，还何谈战胜困难呢？无论遇到什么事情，从容和镇定才是最根本的出路，戒除浮躁，保持积极乐观才能有效应对！

4. 小不忍则乱大谋

俗话说："忍一时风平浪静，退一步海阔天空。"在我们与人交往的过程中，难免会出现一时的不愉快，甚至是对方的指责和"冒犯"！但是我们一定不要失去理智而变得狂躁和愤怒，而应该以大局为重，学会换位思考，虚心接受别人的意见和建议，包容对方的过失或者不当，只有这样我们才能与别人友好、团结相处，取得最终的胜利！

　　而那些不能听取别人的意见，也不能容忍别人一点点瑕疵的人，往往喜欢"快意恩仇"，斤斤计较，哪怕在最关键的时候也不能控制自己的情绪，这种"任性"会导致人生的惨败！所以，无论遇到任何事情都要保持沉稳，小不忍则乱大谋，不要因为一时的冲动而断送了明天，理解和宽容会让世界更美好！

　　2010年南非世界杯，在给人们带来精彩的视觉盛宴的同时，也让很多人为其中发生的事情感叹不已！

　　在小组赛中，尼日利亚和希腊队分在一组，随着时间的推移，双方进入激烈的争夺中，直到开始16分钟，尼日利亚先进一球领先。时间又过去几十分钟，这时双方的两名球员在边线拼抢，当希腊队球员在球出界后把球抱住，做出将球掷向对方的动作，不过这一动作并没有触碰到尼日利亚的那位球员。然而，尼日利亚的那位球员却发怒了，随后用鞋底狠狠地蹬对方，结果主裁判将其红牌罚下。这样一来，希腊队的人数就比尼日利亚的多了一个，在人数占优的情况下，希腊队加强进攻，在最后的时间里逆转取胜。

　　另一场比赛是由法国对阵墨西哥。中场休息的时候，法国队的更衣室里气氛显得非常抑郁。主教练多梅内克在布局战术的过程中，当提到阿内尔卡有很多不足，甚至违纪的时候，对他显得很失望，言语多少会有些严厉，但不失尊重！另外，主教练又警告阿内尔卡，如果再不想着积极改变，很有可能就会被罚下场。这时，阿内尔卡突然暴怒了，并用脏话辱骂主教练！就这样，主教练内心非常气愤，在下半场的指挥中无法正常发挥，法国队最终零比二输掉了比赛。

　　在这两场比赛中，都是因为球员自己的不够冷静，一时冲动造成了恶果！无论是尼日利亚的那位球员，还是法国队的阿内尔卡，在遇到别人的"冒犯"时都不能控制自己的情绪，选择了愤怒和攻击。但他们收获的都不是痛快而是痛苦，最后不仅进失去了比赛，甚至还会断送自己的前程！

　　在生活中，我们一定要控制好自己的情绪，不要随意就被别人激怒，更不要做出盲目而粗暴的决定！当我们对别人的言行感到不满意的时候，首先要冷静地思考一下，对方是不是有自己的道理，或者我们该不该冲动，然后再做出决定也不迟，否则一时的"意气用事"只会带来无法挽回的悲剧！足球比赛的故事正是告诉我们，遇事一定要冷静，不分青红皂白的冲动是愚蠢的、盲目的，更是令人遗憾的！

沉稳和平静是每个人都应该具备的素质，在当今复杂多变的社会生活和竞争中，只有祛除浮躁，理性客观地去面对生活中所遭遇的一切，才能做到有条不紊！懂得忍让不仅是一种智慧，更是一种勇气，原谅别人也是成全自己，能够做到在小事中团结协调，才能在大事中得心应手，才能拥有愉悦健康的情绪！

5. 脚踏实地，留下自己的脚印

鲁迅曾说过"世上本没有路，走的人多了，也就成了路！"的确是这样，路是很多人走出来的，第一个在荆棘丛生中去开辟这条道路的人，一定会留下自己的脚印和汗水，更会被人崇拜和尊敬，因为它是开拓者！但是，如果我们在既成的道路上行走，是不会看到自己的脚印的；而当你行走在没有人走过的地方，或者是泥泞不堪之中的时候，就会留下深深的痕迹！

人生也是如此，很多人抱怨自己只是芸芸众生中的一个，没有什么特别的地方，无论怎么努力也不会有辉煌的成就，因此变得躁动不安，或者是漫不经心，情绪变得很消极！事实上，之所以不能脱颖而出，那是因为你还在成千上万人走过的道路上徘徊，你所走过的脚印和别人很相似，当然会被众多的脚印所掩盖！

一个人想要得到别人的重视，想要取得非凡的成绩，不仅要死心塌地地去付出和努力，还要学会创新求变，在原有的基础上实现突破，开辟出自己的新领域！

在美国的一家大公司，有一名员工工作非常认真，无论做什么事都勤勤恳恳，希望用自己的付出换来自己的进步！

然而，后来他发现在公司里并不只有他一个人这样，有上千的人都和他一样在自己的工作岗位上每天奋斗着。他在心里想：像自己这样只靠每天的辛勤劳动超过别人简直是难于上青天。索性，他干脆就没有以前那么卖命了，热情也减少了很多，每天漫不经心地工作。

一天，公司派他去给郊外一个大农场送一些资料。到了之后他见到了农场主是一位黑人大叔。事情结束之后，他和这位大叔攀谈了起来，大叔问道："小伙子，你感觉在这家公司工作怎么样？"

他苦笑着回答："不是很好！像我这样的普通员工，每天都做着很普通的工作，公司里有很多我这样的人。所以，无论我有多么成功，也不会有什么大的成绩，根本谈不上什么未来和前途！"

听了他的话，黑人大叔哈哈大笑起来，问："小伙子，现在请你回头看看，看你能不能在刚才我们走过的道路上找到我们的脚印。"

因为他们正在农场的一条小路上散步，所以他不可能看到自己的脚印，于是他摇了摇头。

黑人大叔说："找不到吧！不过，尽管我们看不到，但是它已经确确实实地留在上面了。最初这里是没有路的，后来很多人都在上面走，当大家的脚印都重叠在一起的时候，才成了路。所以，你要记住，在无数人已经走过的地方，是很难看到自己的脚印的！"

听完黑人大叔的话，他好像有所领悟！黑人大叔又说："你看啊，小伙子，只有在还没有人走过的地方，甚至是在泥泞的道路上前进时，脚印才会清晰可见！"

他恍然大悟，心里有一种前所未有的激动！

回到公司后，他就像换了一个人，在工作中常常提出自己新的见解和创意，不久之后公司上下很多人都对他刮目相看，很快他就被公司提拔了！再后来，他成了公司的总经理！

从上面的事例中我们可以看得出，成功需要努力，更需要创新，一味固守在成千上万人走过的地方，是不会取得新的进展的，更不会吸引别人的关注，即使付出很多，收获也只是微乎其微！只有摆脱原有的道路，学会创新，才能开辟自己新的道路，换一种新的思维来改变自己的工作和人生！

朱熹在《观书有感》中说："问渠那得清如许，为有源头活水来。"人生就像一潭水，只有活水源源不断地注入，才会让水变得澄澈清明，否则即便不会成为"死水"，也是毫无生机，不会得到人们的喜爱！同样，无论在工作还是生活中，都离不开创新，都要有自己的观点和思路，才会显现出自己的智慧和才华，才能得到别人的赏识和重用，当然也会使自己的人生保持旺盛的生命力！

所以，当我们还没有成功，或者还在迷茫的时候，先不要断定自己的前途，更不要灰心失望，而是要时刻保持良好的情绪，坚持下去找到成功的突破口，就会有新的希望和收获！

6. 宁静的内心才美丽

随着社会的发展和生活节奏的加快，很多人的心都变得浮躁起来，为金钱利益和名誉地位而身心疲惫，想得到片刻的宁静都是一种奢望！那么究竟什么是真正的宁静和自然呢？

其实，宁静是一种心态和境界，不是归隐山林或与世隔绝，不是"两耳不闻窗外事"的回避，更不是刻意做出来的形式！它是一种发自内心的平和和纯净，不为外物所扰，不为纷繁所困，让内心徜徉在自然的氛围里感受生活，做最真实的自己，回归最纯粹的美好！

宁静的人生才会快乐，不要带着某种负担和情绪来面对生活，因为一颗躁动和功利的心是感受不到那份祥和和平静的。只有让自己沉静下来，才能看到生活的美好和真实！

在一所美术学院举行的书画比赛中，很多人都报名参加了。在这次比赛中有一个要求，那就是突出表达平静祥和的意象，只有对这种意向表现得最充分的人才能获得最高的奖励。

很多天以后，美术学院收到了很多作品，包括黄昏的森林，宁静的村庄，天真可爱的孩子……

院长亲自看过每件作品，最后只选出两件。

在第一幅画中，人们可以看到一池清幽的湖水，周围是高山和倒映在水面的蓝天，天空点缀了几抹白云。如果再仔细一看，就会发现在远处还有一座小茅屋，烟囱有炊烟袅袅升起……

第二幅画中，没有秀丽的风景，更没有宁静的小河。相反，只有几座山，山峰尖锐孤傲。在漆黑的夜里，一道闪电划破苍穹，降下了冰雹和暴雨。乍一看，这幅画好像与大赛的表达主旨格格不入。但仔细一推敲就会发现，在这样的夜晚，岩石夹缝里有一个鸟窝，尽管外面电闪雷鸣，小燕子还是蹲在窝里给自己的孩子喂着食物……

最后主办方把最高的奖励颁给了第二幅画的作者。随后院长解释道："我们所要求的宁静祥和，并不是完全拒绝声响，远离劳作，风景秀美的外在表现。宁静祥和的感觉，是能让人即使遭遇挫折和逆境，依然能够保持心中一片清澄。宁静的真谛就只有这么一个。"

刻意雕琢出来的东西本身就带有自己的主观思想和意识，当然不会表现出来它原本的质朴和纯真，更不会让人感受到那份宁静和自然！院长话语中的意思是，表面上看去好像那幅有山有水的画作会带给人们宁静。事实上，在第二幅画作中更能让人感受到生命不畏艰险，即使疾风骤雨依然保持内心的宁静和洒脱，这才是令人敬畏的地方！

有一个幼儿园需要修整，于是园长就计划找人为幼儿园的墙壁装饰一番。最后经人介绍请来了一位美术设计师，不过在这之前有人建议让孩子们自己在墙上画一些自己喜欢的东西更好！

设计师看起来很忙很疲倦，但由于是熟人介绍的，他还是愿意帮助幼儿园完成墙面的装饰。这时候，幼儿园的孩子听说可以画画，都高兴坏了，忙着拿画笔、找纸，一派热闹的景象。

过了一个多星期，当园长找到这位设计师取画的时候，设计师这才想起来他还答应了这样一件事情。设计师有些歉意地说："请您放心，在三天之内我保证完成任务，把您需要的画全部画出来！"园长答应了。

三天后他又去找设计师，设计师果然已经画好了。园长把这些画带了回去和孩子们的放在了一起。

看到设计师的画后，人们不断称赞，说设计师不愧是设计师，每一幅画的构思都很巧妙，而且还有很多都是孩子们感兴趣的东西！也有人说设计师的颜色搭配也是一流的……

看来看去，大家最后竟然都发现了一个问题，虽然设计师的画堪称经典，但总让人觉得好像缺了点什么。一时间大家议论纷纷，但都说不出到底少了什么！正在大家仔细琢磨的时候，幼儿园的一位厨师走了过来，也进来凑热闹。厨师一看到孩子们的这些画就说："这些画多好啊！很快乐，让人觉得很轻松！"

听到厨师的话，大家好像突然明白了一样！的确，设计师的画里什么都丰富，唯独缺少了快乐和轻松！因为设计师整天忙于各种事物，内心不可能保持宁静和放松，他这种浮躁的情绪已经无形中渗透到他的画里，真正的轻松快乐是装不出来的！然而，孩子们和他不一样，他们天真无邪，内心简单快乐，想到什么就画什么。所以，尽管很大程度上孩子们的画线条很粗糙，但却是发自内心的快乐的一种表现。或许孩子们根本就不懂颜色搭配和技巧的运用，但是他们的简单朴素和内心的纯真是设计师做不到的。

园长突然明白了：孩子们的心，是多么的平静啊。而这，正是真正的美。

无论做人还是做事，讲究的就是一种内心的平稳，只有心灵不被外界干扰和影响，才能全身心投入其中，收获自然之美和真正的快乐！就像故事中的设计师一样，因为身心疲倦，在作画时不可能融入真正的轻松和快乐，即使有也是形式上的敷衍，有其形而无其神！这种缺少自然和宁静的底蕴的画作线条再怎么优美，也会显得呆板无生气！

事实上，宁静不仅是一种轻松愉悦的情绪状态，也是一种情怀！在人生的道路上，快乐和幸福不是强求得来的，而是需要我们抛开一切心灵的负担，不随意也不苛求，才能远离浮躁，收获人生最美的风景！

7. 幸福，需要心灵的关照

在现在的社会中，很多人抱怨自己的生活不幸福，感慨结婚后再也找不到当年的纯真爱情，取而代之的是更多的争吵和烦恼，没有耐心与对方沟通，直到最后完全变成了沉默，连争吵的兴趣都没了！所以，有人说，婚姻是爱情的坟墓，将会把当初的美好和浪漫全部地埋葬，这真的是婚姻无法更改的宿命吗？

事实上并不是这样的，什么是真正的幸福，怎样才能得到幸福，这是成千上万的人在苦苦探索的奥秘！生活需要用心经营，更需要耐得住寂寞和浮躁，只有相互珍惜和包容，在生活中以一颗平常心来对待，能够经常相互倾听和沟通的人才会在生活中感受到幸福和快乐！而正是那些经不住岁月和烦琐的打磨，面对需要承担的责任变得慌乱和盲目的人，才会慢慢丧失激情和耐心，才会出现生活不幸，最终渐行渐远！

生活不是为了赌气，而是相知相伴的一个甜美的过程，只有不断地给生活注入新鲜的血液，才会有彼此的精神活力！

一位中年女士在家里打扫卫生，当她打开衣柜准备收拾一下的时候，突然间发现了一个好看的盒子。这是什么呢？她不禁在心里产生了疑问。

于是，她怀着好奇把盒子拿出来。原来是一个老式的饼干盒，不知在这里面放了多少年了。猛然间她好像想起了什么，但又不十分确定，毕竟，她已经很久没有碰过这个盒子了。当她打开盒子之后，看见里面有很多封信，由于一直在盒子里，所以纸张的颜色还没有变化。

女士拿起最上面的一封信，打开来一看，顿时，那些熟悉的字迹映入眼帘，原来是现在的丈夫当年送给她的情书，看起来厚厚一摞！当年的那些文字现在看起来依然让人觉得清新温暖！就这样，中年女士不自觉地一封封把这些情书全部都看完了，她的心在颤抖，仿佛又回到了当年的恋爱时光！那时，他们是多么的甜蜜和幸福，当年他们都认为彼此是自己一辈子都离不开的人，但是现在一切都变了！

现在他们生活在一起都再也感觉不到一丝的快乐，甚至更多的是痛苦。他们彼此不愿意相处和交谈，感情也非常淡漠，不过他们都说不出到底出现了什么问题，但就是谁也不能使对方满意。他们一直都找不到合适的解决办法，慢慢地连解决的兴趣都没了，就这样它们感觉彼此越来越远，大家都开始逃避。

她的丈夫经常出差，就在昨天她的丈夫又因为一些事情出了远门。然而，她连干什么事都没有问就说："去吧，尽管忙你的事情吧。"本来今天丈夫是应该回来的，但稍早一点的时候他又打电话回家说还要再晚一两天！现在他们之间好像根本就没有什么共同的话题，她心里非常清楚自己的丈夫希望在旅途中寻找到一点点的快乐，因为在家里只有彼此的沉默；而她自己也根本不在乎丈夫什么时候回来，因为他在不在家都是一个样。甚至他们彼此都觉得不在一起更能让自己放松一些，这好像成为了他们之间的一种不言自明的默契！

可是，今天当她再次把当年的那些情书翻出来的时候，一种变化悄然发生了。她静静地坐在那里，回想着那些情书里的快乐和甜蜜，一股股暖流涌进了她的内心，让她久经痛苦和折磨的内心顿时得到一种安慰。她已经很久没有这样幸福过了，这就是曾经的爱情带给自己的快乐，今天她又找回来了！

随后，她找来笔和纸，准备给自己的丈夫写一封情书！她很认真地去写这封信，好像在用自己的爱去召唤丈夫当年的激情和爱恋，她从内心里希望自己和丈夫重新找回当年的爱情！她在信里写出了自己的愿望，她希望他们都开始善待对方，并尽最大努力让彼此都感觉到爱和快乐，而不是总给对方心里造成痛苦。要懂得给予对方更多的关爱，而不是苛刻和自私！她决定远离生活中的各种干扰，静下心来好好寻找快乐和幸福！

情书写完之后，这位女士感到前所未有的轻松，她觉得自己已经被痛苦压抑很久了，这次终于得到了解脱。尽管丈夫还好没有看到自己的情书，但是她很有信心，她似乎预感到他们的爱又要回来了！

最后，女士在信封上写道：写给那个给我写了一饼干盒的情书的帅男人。

丈夫回来了，他一眼就看见了桌上的信，于是就打开看了起来。信中写道：曾经的我们拥有过美好的爱情和甜蜜的生活，但是后来由于我们缺乏及时的沟通和了解，没有照顾到彼此的需求……所以我们失去了快乐和幸福！对此，我们都应该担负责任。亲爱的，让我们以后多一点和谐快乐，多一点关心和爱护，让自己的心无私地敞开，不要让生活的烦琐杂事带走了内心的宁静和美好，重新找回甜蜜的生活……看完这些，丈夫不禁流出了泪水！实际上，他也有和妻子同样的感受，终于他们又幸福地走到了一起！

爱情是浪漫的、天真的，而生活是现实的、烦琐的，所以很多人能够在爱情里表现得温顺和气，却在婚姻生活里变得苛刻和随意，但这不能成为阻碍幸福的理由！事实上，爱情里的温顺和气依然可以延续在现实的生活里，只是需要一个心态的转变和调节。只有远离浮躁的情绪，拿出自己的细心和耐心，给生活更多的宽容和理解，甜美的爱情才可以伴随一生！

就像故事里的夫妻一样，当初的爱慕和激情在生活中慢慢地淡去，随之而来的却是各自的不耐烦和层出不穷的矛盾。就是因为他们在现实生活中缺少耐心和理解沟通，慢慢地隔膜越来越深。在这个世界上，真正使人快乐的不是各种新鲜和刺激，事实上新鲜和刺激并不能永恒，只有质朴和包容才会带来长久的幸福!

幸福是自己给的,只有踏实、细心地生活,放下一切杂乱繁芜,学会付出自己的真爱,才能拥有永久的爱情和幸福的婚姻!

8. 强行坚持,必然导致浮躁

在这个世界上,有些事情需要我们坚持才能到达胜利的彼岸,但是有时候盲目地坚持只会让自己纠结痛苦,让内心失去平和变得烦恼和浮躁!一个人一旦陷入思想的较真当中,那么他将再也平静不下心情,干什么事情都会显得沉不住气,最终折磨的还是自己!

所以,凡事不能强求,不要在不可能完成的事情上面耗费大量的精力,因为即使你再怎么努力也只是徒劳无功!该放弃的时候一定要放弃,换一条道路或许就会带来新的契机!

一对父子走在路上,走着走着儿子突然"哎呀"了一声,原来是他的脚碰在了一块大石头上面,他就皱着眉头停在石头前面。

父亲问他:"怎么了,脚有问题吗?"

"脚倒是没事儿。"儿子漫不经心地答道。

"那你为什么不走了呢?"父亲疑惑地问。

儿子苦着脸说:"这块石头挡着我的路了,怎么走啊?"

父亲说:"这么宽的路,你绕过去不就行了吗?"

儿子回答道:"不,我不想绕,我一定要从这块石头上过去!"

父亲说:"可能做到吗?"

儿子说:"我知道很难,不过如果我能过去的话,不就是战胜了它吗?"

经过艰难地尝试,儿子一次又一次地失败了。

最后,实在过不去了,儿子就一脸痛苦地说:"完了,一块石头我都无法战胜,那么以后还怎么实现自己的理想呢!"

父亲说:"不是战胜不了石头,而是你自己太执着,有些时候固执地坚持还不如放弃。"

在我们的人生中,并不是所有的事都需要坚持,一定要看清事实真相再做努力，否则盲目地付出就变成了固执和呆板，并且还会让自己内心忍受痛苦！例文中儿子的经历就是一个很好的证明，石头挡住了路可以绕过去，可是儿子的"一再坚持"非但没有让自己走过去，而且还受到了很大的打击，在失败中变得急躁和不安！所以，适当地放弃也是明智之举！

在一次公司的面试当中，有一位海归是学会计专业的，考官说："你这么好的条件他竟然前来面试推销员一职，真的让人费解！"不过，既然他自愿来了，当然很顺利就被公司录用了。

当时正值酷夏，天气炎热难耐，很多招进去的推销人员大部分都走了，而那个留学生却每日神采奕奕地准时来上班。有一日，实在好奇，在中午休息的间隙，同事阿辉就问他为什么你条件这么好，不去更好的公司，偏偏来这里受苦。他笑了笑，说："因为我对会计这个专业根本就不感兴趣，再说了我也不是这块料！"听完这话，大家顿时感到无比惊讶。于是就有人问道："既然不喜欢，为什么还要去学呢？而且还去国外读专门的会计高校，然后还专门进修会计。"

"其实，大家不知道，我在那里只是学了一半就放弃了。"他很坦然，"是我的家人当初硬逼着我去学会计，他们认为这是一个有前途的专业，然而我对数字特别迟钝。"他说着还表现出一副厌恶的样子。

但是有人劝他说，做我们这销售行业也不是什么省心的事，刚来的必须要从基层做起。他笑道："其实你不太了解我，我这个人喜欢广交朋友，又不想受到什么拘束。所以，做市场才最适合我。"

"你这样做会令父母很失望吧？"有人说。

"也不是啊，当初他们逼着我去学会计已经耽误了好几年时间，现在总算认识到凡事不能强求。"他坦然地回答道。

有一天，经理在和别人聊天的时候说："不是我偏心，这个留学生真的很努力，在这方面也很有自己的想法，又会动脑子，将来一定会有所发展和成就的。"

俗话说，鞋子合不合脚，只有自己穿上才知道！无论做什么事情，只有适合自己的才是最好的，强行的结果不但不会按照自己的意愿发展，反而会事与愿违走向痛苦和失败！如果我们固执地坚持下去，不仅会消磨自己的意志和耐心，还会因为无法达到目标而烦躁不堪，进而把这种坏情绪带到生活中，影响到正常的生活和判断，带来的损失会更大！所以，这位留学归来的年轻人的选择是正确的，与其强求自己也不会有什么收获，还不如及早转变方向做适合自己的事情，带着兴趣在适合自己的道路上奋斗成功的概率会更大！

所以，无论什么事情都不能强求，应该审时度势学会放弃和转变，才不会在苦苦的挣扎中永远看不到希望！

9. 成功需要戒骄戒躁

巴甫洛夫曾说过："不要让骄傲支配了你们。由于骄傲，你们会在该同意的时候固执起来；由于骄傲，你们会拒绝有益的劝告和友好的帮助；而且，由于骄傲，你们会失掉客观的标准。"的确，在生活中，骄傲会让人变得忘乎所以，辨不清眼前的方向，因为内心的浮躁把什么都不放在心上，这是一个人走向失败的前奏！

谦逊是一个人成功应该具备的基本素质，然而很多人却因为一点点成就而沾沾自喜，把自己看得至高无上！事实上越是爱表现的人越缺少内涵和底蕴，真正聪明和有成就的人从来不会到处宣扬，更不会摆出一副居高临下的样子！

任何人的成功都不是一蹴而就的，只有踏实沉稳，懂得付出，才会取得非凡的成就！骄傲会助长人们的坏情绪，让人变得不够沉稳，整天处在一种"漂浮"的状态，静不下心来怎么能够认真地做每一件事情呢？

素有"书圣"之称的王羲之在书法方面成就颇高，这里还有一个关于他的小故事。

他17岁时，书法已经为远近所皆知，得到很多人的称赞。所以就有很多人请他写对联、题字，等等。于是，王羲之就认为自己的书法已经达到很高的水准，不免就骄傲起来。后来再有人想请他帮忙写些东西的时候，他就拿起了架子，不肯下笔了。

一天，王羲之慢慢悠悠地走到一家饺子铺前，一抬头看见一副对联："经此过不去，知味且常来"。且不说对联内容怎么样，就单单说这字就显得单薄无力，结构松散。王羲之很看不上眼，由于感到肚子有点饿，于是就走了进来。

王羲之津津有味地吃完了饺子，觉得这饺子味道非常不错，就想见见这家饺子店的主人。经过店小二介绍，他看见一个老婆婆端坐在案板前，无论是擀面皮还是包饺子都是她一个人完成的，动作连贯熟练。只见老婆婆将包好的饺子随手甩了出去，饺子不但没有掉在地上，反而越过屏风一个个准确无误地落在锅内，并且更让人称奇的是，她所包的饺子，每两五个一点不差。

看完之后，王羲之惊叹不已，问道："老人家，您花了多长时间才能练成这样的功夫啊？"老婆婆回答："熟练需要40年，深练需要一生的时间。"顿时让王羲之感到无地自容。他又问老婆婆："您们的饺子馆是非常有名气，只是美中不足的是门旁的对联不敢恭维，为什么不请个人写好一点呢？"老婆婆一听，生气地说："人们都说那个叫什么王羲之的书法不错但爱摆架子，我这样的小店铺他怎么会看得上！"

老婆婆的一番话让王羲之面红耳赤，一时不知道该说什么才好，低着头匆匆地离去了。第二天，他亲自把一副对联送到了老婆婆手中，这时老婆婆才知道昨天见到的人就是王羲之。于是老婆婆要向王羲之道歉，但王羲之诚恳地说："您怎么会有错呢？是您让我知道了自己的水平还很有限，我这才知道凡事学无止境啊！您就是我的'饺子师父'，我要感谢您才是啊！"这件事对王羲之的教训和启示很大，此后他再也没有架子了，而是刻苦习书，最终成为一代"书圣"。

人们的行动是靠内心和思维的支配来完成的，如果一个人不能把自己的心态放平、放稳，那么他所看到的和想到的都是倾斜的、错误的，甚至他会把自己的位置放在整个世界之上，而只有他是最高点！

同样，骄傲自满的人往往会心急气躁，对待什么都无所谓的样子，这样不仅会留给别人一个坏印象，还会让自己不思进取、停滞不前！一代书圣王羲之的辉煌成就几乎是家喻户晓，但是早年的他也因为自己的一点小名声而产生了骄傲的心理，后来他吸取了教训，变得虚心刻苦，终于成就了自己在书法领域的地位！

事实上，骄傲和浮躁都是相连的，骄傲的人容易自满和目中无人，这种不可一世的思想和情绪往往让人内心产生"优越感"，不能正确地看待自己。只有戒骄戒躁，才能让内心平稳和宁静，才能踏实稳健地走向成功！

第十二章

放弃忧郁

——快乐是自己的，切莫自寻烦恼

在这个世界上，真正的快乐是自己给的，如果我们不选择悲伤，就没有人能够让我们哭泣。当然，在人生的道路上，我们会遇到各种各样的困扰和磨难，一时的忧伤总是难免的，但是绝不能让这种情绪无休止地蔓延！因为它会带给我们内心的痛苦和折磨，让我们走进灰暗和迷茫的世界，看不到生活的光明！

所以，我们一定要远离忧郁，学会给自己一份快乐的心境和积极健康的情绪，当我们怀着阳光的心态去面对生活的时候，就没有那么多的烦恼和纠结！远离忧郁，就要给自己一个明确的方向和一颗洒脱乐观的心，人生没有什么过不去的坎儿，给自己信心一定能够拥抱快乐，迎接美好的明天！

1. 烦恼不寻人，莫自寻烦恼

俗话说："人生不如意者十有八九。"在前进的道路上，不可否认我们会遇到许多坎坷和挫折，无论轻重缓急都会带给我们心灵上的烦恼和忧虑，对于不可避免的困难我们应该以积极的心态去面对！

其实，在现实生活中，并不是所有的烦恼都绕不开，恰恰有很多烦恼却是我们自己制造的。或许因为缺少主见，往往一件很正常的事情，却被别人的一句轻描淡写的玩笑所困惑；或许整天忧心忡忡，对任何事情都充满疑惑和忧伤，在幽暗的心灵旋涡里迷失，等等。本来没有什么大不了的事情，本来已经拥有很多，却因为患得患失而束缚了自己的心灵，徒增很多烦恼，让自己的情绪变得忧郁和阴暗！

其实，快乐和烦恼都是一种生活态度和方向，只是取决于在人生的十字路口选择哪条道路而已。世界上最悲哀的事情不是我们遇到多大的灾难，而是自己把自己囚禁在了苦难之中！

从前有一位非常喜欢留胡子的老人，有事没事总喜欢把弄自己的胡子，后来他的花白胡子足有一尺长。老人常常把自己的胡子作为自己炫耀的资本，经常拿着梳子像梳头发一样来回梳理。

有一天，老人在门口晒太阳，一个调皮的小男孩走到他跟前，左右上下不停地打量，然后就说："老爷爷，你的胡子可真够长的啊！不过你晚上睡觉时怎么办呢，是放在被子里面还是外面呢？"

被小男孩这么突然地一问，老人一时答不上来。

不过老人一直在心里思考这个问题，直到晚上睡觉的时候，小男孩的话还在他的耳畔响起。开始他先把胡子放在被子里面，觉得不是很舒服；然后又拿出来，可还是感到有些别扭。

就这样，老人一夜不停地把胡子放进去又拿出来，一整夜他都没有睡好，他一直在回忆着：我以前怎么没有注意这个问题呢？到底以前是怎么放的呢？他一直都没有找到放胡子的最佳方法，没办法只好把胡子给剃去了！

　　生活需要洒脱，过于计较和纠结的人不会拥有真正的快乐！过自己的生活，走自己的道路，何必要让别人的话左右了我们的内心和情绪呢？如果我们选择快乐，别人不可能强加给我们烦恼。所以当我们烦恼的时候一定先想一想，是什么影响了我们的情绪，是什么让我们如此的困惑，当我们真正明白的那一刻，你就会发现原来是自己在寻找烦恼！

　　生命本是一袭华美的长袍，烦恼好比长袍上爬满的虱子，再怎么光鲜也只会大煞风景！远离烦恼，应该是一件极为美妙的事情，不要刻意去做一件事情，也不要强求自己怎么样，一切还是顺其自然的最好！尽管岁月镌刻在额头上的皱纹是无法阻止的，但我们一定不要自寻烦恼，让心灵也产生皱纹！

　　曾经，有位心理学家专门研究过关于人们常常"烦恼"的问题，为此专门做了一个实验。

　　在一个周日的晚上，心理学家让一些人把未来七天之内所能遇到的"烦恼"都一个个列出来，然后按要求放在一个"烦恼箱"里。

　　三周后，心理学家便把这个箱子打开了，他让每一个人对照自己的烦恼是否都发生了。结果令人吃惊的是，其中九成的"烦恼"并未真正发生。

　　接着，心理学家又让大家把自己在生活中真正遇到的"烦恼"写下来，然后重新投入"烦恼箱"。又过了三周，心理学家再次把这个箱子打开。人们惊奇地发现曾经大部分的"烦恼"已经不再是"烦恼"了！事实上，烦恼这东西原来是预想的很多，出现的却很少。

　　心理学家从这个试验中研究得出：一般人所遇到的"烦恼"，有40%是都已经过去了；另外有50%是还没有发生的；事实上只有10%是属于现在的。另外，心理学家还认为，其中92%的"烦恼"从来都没有发生过，只有剩下的8%会发生，但是这些又是可以轻而易举就解决掉的。因此，烦恼多是自己找来的。

　　事实上，在我们的日常生活中并没有那么多的烦恼，之所以很多人被各种"烦恼"困惑，就是因为他们心里容不下事情，太过于计较！生活不能带着包袱前行，该放下的必须放下才会感受到今天的轻松和美好！然而，他们却总是为一些过去的事情或者还没有发生的事情而忧郁，事实上这样不但于事无补，还会耽误了眼前的时机，让自己陷入内心的折磨和痛苦之中！

　　心理学家的实验就是告诉我们，其实真正需要我们面对的烦恼寥寥无几，而且可以轻松解决，而大部分的所谓"烦恼"只是我们自己的一种强加和预支！然而，很多人却恰恰让这些本可以避免的烦恼给困住了，成了不可逾越的精神樊篱，这就是自寻烦恼的结果！与其把这么多的时间和精力浪费在没有意义的事情上，还不如以积极的心态投入到工作和生活中去，把眼前的事情做好才是最大的收获！

有人说："世界上最宽广的是海洋，比海洋更宽广的是天空，而比天空更宽广的是人的心灵。"的确，人们的心灵才是最宽广的，一个心胸开阔的人会活得很洒脱，根本不会让烦恼缠身，因为他们懂得在生活中寻找快乐，而不是烦恼！快乐的生活需要放弃忧郁的情绪，当我们怀着包容和接纳的胸怀面对这个世界的时候，一切都不会成为心灵的重负和牵绊！

人生短暂而美好，快乐充实才会有意义，何必要让不必要的烦恼影响了风景呢？带着愉悦的情绪感受生活，就会发现不一般的惊喜！

2. 快乐是自己给的

快乐是什么，真正的快乐在哪里？很多人穷其一生都在追寻快乐和幸福，他们付出过，也努力过，但到最后却没有获得真正的快乐！

其实，往往人们绕了一大圈去寻找的东西，事实上就在我们身边！快乐也是一样，不要祈求别人给予，只有我们自己才能给自己快乐！它不取决于金钱和地位，更不取决于拥有了多少，只需要一双善于发现快乐的眼睛！

然而，在现实生活中，很多人整天忧心忡忡，把得失看得无比的重要，于是就会在他们的心里产生很多顾虑和担心，纠结、徘徊和放不下就成了生活的主旋律，怎么可能会得到快乐呢？

人生不需要忧郁，因为它会让我们陷入心灵的低谷，带来一种消极的情绪，这会影响我们的判断和思维，更会让我们远离快乐！其实，生活就是一种态度，只有想得透才能看得开，只要我们想着去接近快乐，就不会有烦恼缠身！即使在大雨滂沱的时候，依然想着天上会出彩虹；在困境的时候，告诉自己身边有风景；人生的路要活出精彩，还在乎什么呢？

　　从前，有个国王整天忧心忡忡，不是担心这就是担心那。他害怕自己的军队会败给敌人，他害怕自己宫里的宝贝会被人抢走，怀疑大臣们不忠心……总之，从登基那天起，他就从来没有让自己轻轻松松地生活过。

　　王宫外是个集市，站在宫殿里的楼阁上能看清楚街上的行人来来往往。一天，国王望着集市上熙熙攘攘的老百姓，心想：像我这样想要什么就有什么的人整天有想不完的烦恼，真不知道那些普通人的生活会有多么的痛苦！为了知道普通人是不是也像他一样不快乐，于是他就扮成了乞丐，打算去王宫外看个究竟。

　　国王沿着城墙走了大半天，傍晚时他不知不觉就走到了一座破旧的农舍前。透过窗户，国王看到这家主人正在昏暗的灯光下吃着一小块面包。他看起来已经垂暮之年了，但是依然很开心。国王忍不住走进去问他："你怎么看起来那么高兴啊？""我是个木匠，今天挣的钱已经够今天吃的了，今晚不会饿肚子了，当然开心了。""如果明天你没有活干怎么办，你还会开心吗？"国王问。

　　老木匠看到这位"乞丐"满脸的困惑和疲惫，微微一笑说道："快乐和不快乐是自己的事，由你自己来决定，跟别人没关系。"说完，他把手里的面包一分为二，给了"乞丐"一半。

　　晚上，国王满心疑惑地回到了宫殿，越想越怀疑："不可能吧，快乐是由自己决定的吗？我要考验一下他，看他到底还能不能快乐起来。"于是国王命令城里的全部木匠必须到王宫门口站一个月的岗。不过这不是无偿的，他会给每个人一定的报酬，但只能到月末才结清！

　　第二天早上，老木匠才刚开门就被王宫的侍卫带走了，直到黄昏才放他回家。天黑的时候，国王又乔装打扮成"乞丐"的样子，然后向老木匠的家走去，他边走边得意地想：看你还怎么快乐！

　　到了木匠家一看，结果令国王大吃一惊。只见木匠的桌上放着很多面包，而且还有奢侈的葡萄酒。老木匠热情地招呼这位刚认识的"乞丐"共进晚餐。国王不解地问："你今晚的饭很丰盛啊，哪来的这么多钱啊？"木匠笑着说："你没听说啊，国王要求城里的木匠都要去站岗，要到月末才能拿到酬劳。不过我刚才已经把自己的佩剑给当了，现在什么都有了，多么令人开心啊！""这可是要杀头的啊！"国王故意吓唬木匠说。"没关系，回头发了工钱我再把它给赎回来就没事了。现在我先用木头做一把假的放在剑鞘里，保证没人能看出来。"木匠很有把握地说。

第三天早上，国王经过一番打扮来到王宫大门口，果然看不出木匠的佩剑是假的。正在这时，对面的街上有一个小偷偷了别人的钱，正好被侍卫长抓住，很多集市上的人都围过来看热闹。侍卫长严厉地说："凡是偷盗的一律要把手砍掉，现在就由你来执行吧！"侍卫长指着木匠说。

小偷苦苦哀求道："我已经几天没有吃饭了，没有办法才这样做的啊，饶了我吧。"木匠也是一位穷人，很可怜这位小偷的处境。另外，如果他要拔出剑的话就会被识破剑是假的，那样自己的处境会更危险，连国王都替他捏一把汗。

就在这时，出人意料的一幕出现了。木匠仰头对天高呼："天啊，如果您觉得这个人不能饶恕，那么你就给予我力量吧；如果你觉得应该原谅他一次，那么请把我的铁剑变成木头的！"

说完立即拔出佩剑。围观的人群感到不可思议地说："上天真的显灵了，铁剑变成木头的了！"侍卫长没办法，最后只能把小偷放了。

这时，国王走到木匠身边问："老朋友，你认得我吗？"木匠仔细一看答道："你是那个'乞丐'朋友。"国王高兴地说："以后我们俩要天天共进晚餐了。"后来，木匠成了国王的重要大臣之一。

快乐是一天，不快乐也是一天，我们何苦要为难自己呢？有时候，在生活中已经拥有很多的人却依然感觉不到幸福，那是因为他们不能正确对待生活，不懂得什么是快乐，当然不会发现身边的快乐；恰恰相反，懂得寻找快乐的人，无论在任何情况下都会过得很轻松、潇洒！因为在他们的心目中没有那么多的得失和顾虑，总能看到美好的一面，尽管有时生活会很惨淡，他们才是生活的强者、快乐的主人！

人生会拥有多少快乐，这完全由我们自己决定！当烦恼和困惑来临的时候，是坦然地迎接还是充满忧伤和纠结，直接决定了生活的色彩，快乐还是不快乐就会在这个时候出现转折。我们要学会做生活的主宰者，只有远离忧伤的情绪，以积极洒脱的心态抛开生活的各种思想阻碍，接纳快乐的节奏，才会拥有幸福愉悦的人生！

3. 放弃迷茫，学会借力远行

在当今的社会中，只有懂得竞争的人，才能在长远的发展中立于不败之地，但是竞争需要实力！有人认为只要自身足够强大，就能击败一切对手而赢得先机。事实上，一个人无论再怎么优秀，他的能力也是有限的，也有消耗殆尽的时候，仅仅凭一己之力很难在竞争的舞台上走得更远；相反，即便是一股看起来很弱小的力量，只要学会借助外力的作用，那么它就会变得势不可当，甚至能把"强者"打败！

外力的作用是巨大的，也是无法想象的，往往成功是内外力量的结合，盲目和自大只会让自己输得很惨，甚至连自己输在哪都不知道，这时候忧郁和迷茫就会填满内心，低落的情绪更容易让自己输掉！因此，在奋斗的路上，我们一定要注重外力的作用，不能因为自己的优势而忽视了对手，哪怕他现在还很弱小！

在一条小河里，一条小船自由自在地顺流而下，生活好不惬意。

正好岸上有一匹马经过这里，看到小船慢慢悠悠的，傲慢地说："伙计，你这速度也太慢了啊，你跑不快是吗？"

河水哗啦啦地流着，小船不紧不慢说："朋友，你觉得自己跑得很快吗？要不咱们俩比比怎么样？"

"哈哈，伙计，如果我没听错的话，你想跟我比试吗？好吧，那咱们现在就开始吧！"说完，这匹马就没命地奔跑起来。

马跑呀跑，头也不回，足足有半个小时过去了，它觉得自己早已把小船甩在了身后。于是马就停下来吃点草休息一下。

可是还没等它站定，船就赶上来了，不过小船依然不紧不慢地跑着，仿佛不是在参加一场比赛，而是在欣赏沿途的风景。

这下马也顾不得休息了，撒腿就跑，看看又把船抛在了后面，它才再次停下来吃草。

马正吃得津津有味，这条小船又追了上来，依然显得气定神闲！这匹马又开始奔跑起来……

就这样，每次马要停下来休息的时候，就又被小船赶上，为了摆脱它，马一次又一次地狂奔，可怎么甩也甩不掉。终于，马被累倒了，小船还是那样慢慢悠悠地往前走着。

马有点儿不明白，高喊："朋友，请你告诉我，到底咱们谁更快一些!"

小船认真地答道："在一定的时间里，你比我跑得快。"

"可是，我不明白怎么最后会输给你呢?"

"原因其实很简单。"小船慢悠悠地说，"尽管你的速度很快，但是你靠的是一己之力，而我，却借助了风和水的力量。"

古语说："知彼知己，才能百战不殆!"的确，只有充分地了解我们的对手，才能知道自己的优势和不足，才能够因地制宜发挥我们的优势战胜对方!事实上，我们不仅要知道对手自身的实力，更要摸清他们的"辅助力量"，这也是决定成败至关重要的因素。因为外力往往是自身力量的延续和提升，能够保证更持久的"战斗力"，所以，即便自身很弱的力量一旦借助外力也是不可小觑的，这是我们身处激烈竞争的环境中必须要注意的一点!

《临江仙·柳絮》中说："好风凭借力，送我上青云。"这句话的原意是指对幸福和未来的一种表达和憧憬!但它同样也告诉我们，正确借助外力能够让我们更好地走向幸福和成功，当然这个前提是自己必须要努力奋斗，才会有机会赢得成功!

所以，在对手面前即便有很大的优势，也不要盲目自大，否则这种心态和情绪会严重影响我们对事物的认知!只有充分认识到外力的作用，才能够让我们更好地分析自己的处境，准确做出自己的判断，才不会因为一时疏忽而留下遗憾!另外，我们在生活中也要学会利用外力，才能让自己取得更多获胜的把握!

4. 自信的人生不忧郁

桑塔雅娜说："哥伦布发现了一个世界，却没有用海图，他用的是在天空中释疑解惑的'信心'。"的确，有时候拥有足够的信心是一个人战胜困难的先决条件,甚至因为抱有必胜的信念而创造出骄人的成绩!

其实,在人生的过程中并没有什么过不去的坎儿,很多人之所以在困难面前屡屡败下阵来,往往就是因为自身缺少必要的信心。对自己没有充分的认识和肯定,在行动之前就已经输掉了三分"士气",又怎么可能会战胜困难有所突破呢?

自信是人生的一种资本和优势,它可以让我们从容镇定地面对挑战,取得成功!然而,在现实生活中,很多人却不能战胜自己,遇到事情变得紧张忧郁,甚至因为曾经的失败而走不出阴影,一度做出错误的判断,最终导致自己的失败!

事实上,只要我们能够坦然面对,坚定自己的信心,我们就能克服很多人克服不了的困难,取得很多人不能取得的成就!

美国总统尼克松为大家所熟知,然而就是这样的一个政治人物也会有缺乏自信的时候,以至毁掉了自己的政治前程。

1972年,当尼克松在竞选总统连任的时候,人们都对他抱有很大的信心,认为他肯定会以绝对优势获胜。因为在他的第一任期内已经做出了斐然的政绩!

然而,在这样的有利情况下,尼克松本人却很不自信,他一直都走不出以往失败的阴影。在这种潜意识的驱使下,他的判断和决策出现了严重的错误,让他后悔一生!原因就是他派人在竞争对手的办公桌上安装窃听器。事发之后,他不仅不配合调查,反而屡屡阻挠,推卸责任,即便后来选举胜利了,但最终还是迫于舆论压力被迫辞职,本造成他毕生最大的遗憾。

本来拥有很大的竞争优势,只要踏踏实实走好每一步,成功就会如期降临!然而,因为缺乏信心,尼克松变得忧郁、不自信,带着极度担心的情绪做出一系列的"蠢事",终因自己的行为而"自食其果"!这是多么让人遗憾的一件事情啊,如果能怀着一颗平常心对待,事情就会出现意想不到的结果!

有一位女歌手,由于是第一次登上演唱的舞台,还要面对台下的那么多听众,她不由得心里紧张起来。想到自己马上就要上场,她紧张得手直哆嗦,手心里也满是汗水。这时她心里更是着急:"自己这么紧张,一会儿登上舞台万一忘掉歌词怎么办？"越想，她心跳得就越快，自己简直马上就要瘫软在地上。

这时，一位前辈笑着向她走来，随手把一张叠得整整齐齐的小纸条递到了她的手里，轻声说道："这上面是你要唱的歌的歌词，一会儿上去想不起来的时候就看一下。"她握着这张纸条，如获至宝一样心里踏实多了。结果情况并没有她想象的那样糟，相反很成功，她拿的那张纸条根本就没有用上！

她高兴地走下舞台，走到那位前辈面前表达自己的谢意。然而前辈却笑着说："其实你不用感谢我，事实上是你自己战胜了自己，你的成功源于自己失而复得的自信。我给你的只是一张白纸，并没有什么歌词！"这位歌手十分惊讶，她打开纸条一看果然什么都没有。他自己真的觉得很不可思议，竟然是这样一张空白纸条让她取得了最后的成功！

最后，那位前辈接着说："姑娘，事实上这并不是一张简单的白纸条，而是你的自信啊！"在以后的人生路上，她让自己紧紧握住自己的自信，成功地克服了许许多多的困难，迎来一个个成功！

无论在人生的何种场合，勇敢自信才会让人看到你闪光的一面。不要过多地患得患失，告诉自己"我可以"，只有首先战胜了自己，然后才可能战胜别人取得成功！很多时候，我们缺少的并不是实力，而是缺少引导我们发挥实力的"信心"，只有抛开内心的忧虑，从容不迫地迈出自己的脚步，才可能接近成功和辉煌！

真正的强大不是外表的剽悍，而是内心的镇定和积极，自信的人能够果断地远离忧伤和纠结，以微笑和坦然面对眼前的事情，不会让坏情绪左右了自己的方向和行动！成功靠的就是一种强大的气场支撑起来的自信给我们勇气和超越的力量，然后才能发挥出自己的实力和潜能，迎来灿烂的人生！

5. 徘徊不定是成功的敌人

人生在世，无论做任何事都要果断干脆，并要有自己的主见，徘徊不定只会让我们陷入思想的斗争，变得不知所措而消磨掉自己的意志，最终会错过最佳的时机！

一个人想要成功，就应该具有拿得起放得下的勇气，该决断的时候一定不要"拖泥带水"，自己看准了的事情就要勇敢地去实践，才不会让自己因忧郁而痛苦不堪，更不会因为迷茫而找不到方向！生活中的人们往往就是缺少一种果敢的精神，面对事情犹豫不决，摇摆不定，更甚者因为不懂得取舍而盲目付出，等等，这些最终只会带给自己痛苦和失败！

面对一件事情，徘徊不定的人在内心里会有一种负担和不安，因为一时找不到确定的答案而忧郁、踌躇，这种精神的折磨很大程度上会让情绪变得低落和消沉！所以，我们要时刻提醒自己做到果断干脆，不要因为自己的"模棱两可"与成功擦肩而过！

里根是美国的前总统，在他小的时候曾经去一家制鞋店做一双鞋。当鞋匠对里根说："我们这里可以做方头的，也可以做圆头的，请问你想要哪一种呢？"由于里根不知道自己适合哪一种，所以一时答不上来。没办法，鞋匠只好让里根考虑清楚之后再来给他答复。过了几天，正巧鞋匠在街上遇见了里根，但是这时里根依然是一副徘徊不定的样子。最后鞋匠对他说："好吧，我明白该怎么做了。过两天你就可以来取新鞋。"

两天之后里根如约来取鞋了，但是令里根惊奇的是，两只鞋竟然不一样，一只是方头的，另一只是圆头的。

这时里根有些不解地问："怎么会是这样啊？两只鞋不一样怎么穿啊？""我都等了你好几天了，但是你一直摇摆不定，我只好替你决定了！其实，这算是对你的一个教训，凡事不能让别人来替你拿主意！"鞋匠回答。

俗话说："当断不断，反受其乱。"很多事情都证明了，无论在决策还是判断方面，最忌讳的就是犹豫不决！很多事情不会给我们太多的时间去考量，如果我们不能够快速拿出自己的见解和主张，那么无论其他方面准备得多么充足，到头来也只能功亏一篑！到那个时候再想起来后来和痛苦，一切都为时已晚！

法兰克·比吉尔是美国保险业的巨头，在这一领域相当的成功。在他刚刚涉足保险业的时候，由于他的推销能力比较出色，所以做得有声有色。

然而好景不长，正当他对未来充满激情和抱负的时候，他却陷入了困境，遇到了事业的瓶颈。

他不是一个服输的人，为了让自己在业绩方面迅速提升，于是他不惜早出晚归去跑业务，并想尽一切办法说服客户购买自己的保险。为了争取到每一个可能成交的业务，往往三番五次地登门拜访。可是他的付出并没有得到相应的回报，甚至收获也是微乎其微，当然他的业绩并没有什么改观。

那段时间，他的心情非常糟，整天郁郁寡欢，对未来的生活也是感到一片茫然甚至有的时候他真的想要放弃自己已经奋斗了很多年的职业！

一天早晨，他和往常一样，刚刚从梦中醒来就又被各种沮丧和痛苦包围着！然而，这次却不像以往越来越难过，而是在片刻之后就平静了下来。

他开始认真思考解决问题的办法。

他不断地问自己：最近我为什么变得这样难过呢？究竟我遇到了什么问题？随着这些疑问，往日里自己的那些工作场景一一浮现在脑海里。他清楚地记得，很多时候在自己的多次努力下，有的客户终于答应了，但是在最后的关头又反悔了，自己的所有努力又前功尽弃了，不得不让自己再去寻找新的业务！

他不停地想着，自己怎么才能从这种糟糕的状态中解脱出来呢？

当他没有想到更好办法的时候，他就开始翻越自己以前的工作笔记，通过各种方法研究对比，希望自己能找到自己失败的症结所在！很快，他就发现了问题的真正原因在哪里，顿时他感到豁然开朗，一些新奇的想法出现在自己脑海中！

从此以后，他改变了以往的方式，并尝试着用新的策略和理念展开推销工作。不过结果出乎人们的意料，在不长的时间里他就把此前的每次 2.7 元的成绩猛地提高到了 4.27 元，这简直就是一个奇迹。后来更让人赞叹的是，就在当年他新接的业务中，首次突破百万美元大关，在同行业都引起很大的轰动！

凭借自己在这方面的聪明才智和独到的策略，让他快速地成为行业中的领头者。

后来，他把自己的这套独特秘诀公布于众。原来，当时他在研究日志时发现了一组奇特的数据，从此让他对工作的认识发生了彻底的改变：据统计，在他一年的成交业务中，70% 是第一次见面成交的，而第二次见面才成交的有23％，剩下的7％只有在第三次见面的时候才能成功交易。但是在实际工作中他的大部分时间却用在了那仅有7％成功机会的客户上面。

于是，他改变了以前的销售策略，毫不犹豫地把7％的利益放弃，不再为它的诱惑所动。这样，他就节省出更多的时间拓展其他新业务。所以，最后他获得了成功！

所以，成功并没有那么难，很多时候只需要你果断放弃那诱人的7％！

生活是现实的，很多事情有得就有失，我们不可能要求自己万无一失。相反，当我们不能够兼顾和同时取得的时候，一定要学会果断地放弃，才是最大的成全！否则，一味盲目地拼搏和努力，不但取得不了应有的效果，还会让自己看不到方向，内心孤苦和彷徨的同时也感染着自己的情绪！

法兰克·比吉尔的事例正是告诉我们，贪图求全会让自己失去更多，果断放弃一部分来保全更大的部分才是最明智的选择！他当初之所以困惑和忧郁，就是因为没有找准方向，当发现了问题的真正原因后，他没有犹豫，所以才不会忧郁，最终他成功了！

人生是一个短暂而美好的过程，举棋不定会浪费掉大量的时间，不要在徘徊中消磨了自己的耐心！否则不但会"激怒"我们的情绪，让自己变得忧郁、消沉，还会失去更多值得我们拥有的机会！

6.　不要背着包袱前行

马云说过："永不抱怨的人生态度才是第一位的。"或许在人生的路上，我们会遇到很多坎坷和挫折，请不要抱怨，因为那样可能会伤害到别人，但可以肯定的是一定会首先伤到自己！

遇到事情经常抱怨的人，不仅显得心胸狭隘，更会让自己背上沉重的包袱。如果我们把所有的时间都用在寻找和指责别人的过程中，又怎么能及时自觉发现自身的原因，为自己的道路清扫障碍呢？既然很多事情已经发生了，抱怨也是于事无补的，只会带给自己消极和悲观的情绪，并会用一种忧郁的眼光看待这个世界上的一切人和事，最终陷入痛苦和失落中不可自拔！

我们又何苦用这种方式来惩罚自己呢?

人生会有很多不如意的事情,无法改变就要果断地放下,一条路堵住了,我们完全可以开辟出另外一条新的出路!在挫折面前学会调控自己的情绪,不要让消极和忧郁占据了我们的心灵,要勇敢地面对新生,放下包袱并且原谅别人,最主要的是成就自己!

卢梭是法国的大思想家,在他年轻的时候曾遭到自己女朋友的抛弃和羞辱。

原来,那时卢梭刚刚 22 岁,在自己的订婚典礼上,当他还沉浸在幸福中接受大家的祝福时,他的女友却拉住别人的手对他说:"对不起,我认为我们的结合不会幸福。"还没有从幸福的状态中反应过来的卢梭痛苦至极,面对这么多人,他感到了极大的羞辱,真想找个地洞钻进去。

慢慢地,他的事情在整个镇都传开了,他感到了前所未有的耻辱和痛心。于是,为了躲避这里的人异样的眼光,他决定离开这里。于是,卢梭开始了在不同的国家之间的流浪生涯,先是从瑞士到德国,后来他又从德国到了法国。他在心里暗暗发誓,一定要让自己带着荣耀回去,重新找回自己失去的尊严。

30 年后,卢梭终于回到了自己的家乡。当时年轻的他现在已经是鬓角发白。不过他确实完成了自己的心愿,那个时候他已经成为伟大的文学家和思想家了,这足以让他在众人面前找回信心和尊严。

事实上,卢梭的作品一经问世就在欧洲引起了巨大的反响,他的名字已经响彻欧洲。在回到家乡的第二天,有位老朋友问他:"不知你是否还记得当年你的那位女朋友——艾丽尔?"卢梭笑着说:"怎么会不记得呢?险些她就成了我的新娘子。"在卢梭的话语当中,丝毫感觉不到任何怨恨,并且显得相当轻松。

"当初让你在那么多人面前出丑,然而她自己也没有落到好下场。她的生活一直都很艰难,甚至靠着亲戚们的救济艰难度日。这可能是对她背叛你的惩罚吧。"朋友这么说。大家都以为卢梭会感到非常高兴,当初背叛自己的人终于得到了报应。然而卢梭却说:"其实知道她现在的情况后我非常地难过,上帝不应该惩罚她。请你把这些钱转交给她但千万不要说是我的,因为她会认为我是在羞辱她,这样她肯定不会接受的。"

朋友用质疑的语气问:"你对她真的没有任何的怨恨吗?当初,她是怎么让你下不来台的？"

"如果有怨恨，那也是 30 年以前的事，如果我一直心存怨恨，那么我岂不是已经抱怨了 30 年，这不会给我带来任何好处的！就好像我去见你的时候手里一直提着一只死老鼠，那么一路上我都会被臭味包裹着。怨恨就是一袋死老鼠，把它丢得越远越好。"卢梭说完从口袋里拿出一些钱来，递给朋友。他接着说："但愿这些钱能够让她生活得好一点！"

面对让自己下不来台，受到无尽的羞辱的人，卢梭表现出了宽广的胸怀把怨恨丢得远远的！的确，怨恨就像是一袋死老鼠，死死抓住不放只会让自己闻到更多的臭味。一个对别人怀恨在心的人，可能会伤害到别人，但肯定第一个会伤害到自己。

无论遇到多么大的阻碍，怨恨是永远解决不了问题的！我们只有学会放下，化悲痛为力量，把那些已经无法改变的事情抛到脑后，积极面对生活才是真正的出路！面对未婚妻的背叛，卢梭感到万分的羞辱，但是他没有让这件事影响到自己的情绪，而是选择走出去，开拓新的出路！当取得成功的时候，他不但没有任何怨恨，反而表现出惊人的大度和宽广的胸怀！

生活就是这样，它不会随着我们的意志而转变，但无论发生什么事情都不要冲动和迷茫，因为内心的悲伤和情绪的失控不是在惩罚别人，而是在折磨自己！面对人生的得失，洒脱一点才会拥有更多的快乐，可能我们改变不了环境，但是至少我们可以改变自己！

人生不要带着抱怨前行，有那么多的时间去抱怨和忧郁，我们完全可以用来做很多有意义的事情，当我们真正积极面对生活的时候，心中就不会有那么多的"死结"！事实上，多一点宽容，你就会发现不一样的美好！

7. 做最好的自己，付出多少就会得到多少

人生在世，无论做人还是做事都要讲究一定的原则，如果你想要别人对你真诚，那么你首先得拿出诚意让别人看见；如果你想要别人尊重自己，你就要首先学会尊重别人！

己所不欲勿施于人，在前进的道路上，很多人带着猜忌、虚伪和仇恨去面对别人的时候，却要求别人对自己宽容和真诚，自己都做不到的事情，又有什么理由去要求别人呢？所以，我们不要总是去挑别人的毛病，而更应该先拷问自己是否已经做好了！

懂得生活的人是不会盲目地去指责别人的，相反他们会严于律己，首先做最好的自己，然后才去获得自己想要的东西！把自己包裹起来去要求别人敞开心扉，这本身就是一种扭曲和自私的心态，当自己的诉求得不到满足的时候，就会产生抵制和仇恨的情绪，并在内心不停地挣扎和迷茫，这无疑会加剧人与人之间的隔阂和矛盾！

曾经有一个年轻人去商店里买碗，进去之后就顺手拿起一只碗细细研究，然后依次与其他碗轻轻碰击。然而这些碗在碰撞之后都发出沉闷浑浊的声音，他不禁摇了摇头表示失望！然后去试下一只碗，不过结果依然这样……最后当他把店里所有的碗都试过一遍之后，还没有找到他所满意的。甚至连老板自认为店里最好的碗最终也被他失望地放了回去。

老板很是纳闷，于是就问他为什么拿手中的碗去和别的碗一一碰撞。然而他却得意地说，这是一位有经验的人告诉他的挑碗的诀窍：当你拿起一只碗和别的碗碰撞的时候，你能听到清脆悦耳的声音，那么这只碗一定是好碗。老板恍然大悟，拿起一只碗递给他，笑着说："年轻人，你不妨拿这只碗试一下吧，肯定会让你找到自己满意的碗！"

尽管年轻人不是太相信，但他还是这样做了。当他用这只碗和别的碗碰撞的时候，果然听到清脆悦耳的声音，他不明白这是怎么回事，惊问其详。老板笑着说，这没有什么奇怪的，其实很简单。因为刚开始你拿的那只碗是一只次品，在和别的碗碰撞的过程中声音听起来当然会浑浊沉闷！同样的道理，如果你想得到一只好碗，首先要保证你自己手里的那只碗一定得是只好碗……

在人生中也是一样，当我们在与别人交往的过程中只有拿出内心的真诚才能换来别人对你的真诚。自己带着猜忌、怀疑甚至戒备之心与人相处，别人很容易也会这样对你。

事实上，生活中的每个人都可能成为我们的"贵人"，但是首先你必须做到与人为善。你付出了真诚，别人也会以真诚的心去对你，你拿出爱心就必然会受到别人的尊重！反之，你对别人虚伪、猜忌甚至嫉恨，别人就会对你避而远之，以冷漠的态度对待你！

每个人的生命里都有一只碗，我们只有把善良、宽容、真诚和无私装进去，远离自私、狭隘等一些不好的心态，才能看见生活中的阳光，听到另一只碗发出的清脆之声！

人生不要只想着苛求别人，最重要的是要学会付出，只有这样你才会得到别人同样的回报和尊重！当自己做到更优秀的时候，你才可能看到别人的长处；当你以积极的心态去面对别人的时候，别人才会把阳光呈现在你的面前！就像故事中的年轻人一样，自己拿着一只次品的碗，即便是把所有的碗都试一遍也不会找到自己满意的那一只，事实上，有很多好碗就摆放自己面前！人生也是一样，只有我们自己足够好的时候，才会得到别人同样的"好"！

所以，一个人想要成功或者有所成就，良好的人际关系是不可或缺的，而首先完善自己，用心与别人交流沟通，才是与人友好相处的基础！学会真诚，学会包容，抛开那些狭隘的思想，才能远离因心灵相互"封闭"而带来的坏情绪的干扰！做好自己，不仅是对自己的负责，更是对别人的一种尊重！

8.　走出消极的误区

有人说："积极思考造成积极人生，消极思考造成消极人生。"一个人生活在这个世界上，靠的就是一种精神支撑，积极的心态会让他看到无限的美好和阳光，而消极的心态则会让他陷入无限的空虚和彷徨，甚至把本可以克服的困难也看成是不可逾越的高山！

消极会击溃人们的心理防线，让内心的支撑顿时轰然崩溃，即便是再简单的问题，也没有任何的招架之力！有时候，成败就在一念之间，如果能调动起自己的积极性，乐观看待生活，不经意间就会激发出自己的潜能，甚至创造出奇迹！

所以，我们一定不要被消极占据了自己的心灵，遇到事情应该勇敢地去面对，多想一想好的方面，把一切坏情绪都清除出去，才能轻松上阵取得成功！

曾经有两个推销员，有一次他们被指派到非洲去推销皮鞋。由于那里天气炎热，很少有人穿鞋，大部分人都是赤脚走路。当第一个推销员看到这种情形后，便立刻失望起来。心想：这里的人都是赤脚走路，已经形成习惯了，他们根本不会对皮鞋感兴趣，还是算了吧！就这样他放弃了！另一个推销员在看到这种情况后认为：这里的人都没有皮鞋穿，我要是在这里好好推销一番，这里的皮鞋市场大得很呢！于是他想方设法吸引人们的目光，让他们都来这里买鞋，结果出乎人的意料，他发了大财！

成功需要一双善于发现的眼睛，只有怀着积极的心态和愉悦的情绪，才能挖掘出突破口，找到机遇！凡事不要着急下结论，面对困难更不要退缩，换一种积极的心态转念一想，或许就有很多生机！两位推销人员的例子能很好地说明，消极会让人看不清事情的本质，遇到挑战就退缩认输，不战而败，最终错过最好的时机！而只有满怀信心的人才能大获全胜！

一天，一位农夫赶着马车过河，正当他在一座桥上走着的时候，不小心连人带车都掉进了深水中。

很多人看到后连忙赶过来营救，却突然看见农夫自己已经从水里钻了出来，人们见状慌忙把他拉上岸。到岸上之后，让人们万分惊奇的是，农夫不但没有悲伤难过，反而高兴地对大家说："太好啦，真是太幸运了。"人们惊奇，以为他被水淹坏了，肯定是脑子出了毛病。"你的车和马全部都掉进河里了，东西全都没有了，而且就连你自己也差点没命，你怎么还高兴得起来呢？你没有什么事儿吧？"有人疑惑地问他。

"我当然高兴了！"农夫停住笑声，"在这么危险的情况下，尽管我损失了很多，那些东西也没有了，但是我很幸运自己没有被淹死，更值得庆幸的是我连根汗毛都没有伤到，这难道不值得高兴吗？"

卡耐基说过："如果我们有着快乐的思想，我们就会快乐。如果我们有着凄惨的思想，我们就会凄惨。如果我们有害怕的思想，我们就会害怕。如果我们有不健康的思想，我们就会生病。"的确，生活需要信心和勇气，有什么样的心态就会收获什么样的心情，如果你整天担心失败，那么首先就败给了自己，还何谈战胜困难和对手呢？

　　积极的人即使遇到困境，也会微笑着去面对，总能看到美好的一面；而消极的人即使过得很幸福、很顺利，也会产生很多不必要的担忧，最终因为过度的消极而使自己的意志消磨殆尽，让快乐远离了自己，这才是人生最悲哀的事情！

　　所以，我们一定要走出消极的误区，拒绝低落的情绪，让心灵充满阳光和活力，才能轻松战胜困难，把握住人生的幸福！

9.　学会不断地自我调整

　　人生如旅途，每经过一段行程就会有不同的风景，而作为欣赏者我们的心情和视角也完全不一样，只有不断变换自己的位置和场景才能彻底融入其中，感受真切的愉悦！做人也是一样，只有随着不同的阶段和境遇调整自己的心态和情绪，学会适应环境，才能顺利走出困境，更好更快地走向成功！

　　然而，在现实生活中，很多人不能根据具体的环境做出调整和变化。他们对新的岗位和变化往往表现得无所适从、惊慌失措，即便是百倍的努力也会让生活变得混乱不堪，还很容易走向失败！

　　晓清原本是一家公司的小职员，由于她在工作上踏实认真，任劳任怨，很快就得到上司的赏识，被提拔为公司里的一个小头头。此前，尽管没有什么权力和地位，连工资也不高，但是她生活得开心快乐，心里也没有什么压力。但是自从被提拔之后，她就变得无所适从了！

　　当晓清向上司做汇报时，总是让人觉得很别扭，就连说话的语气都是唯唯诺诺的，因为她担心自己会出现错误。然而，就算是在她的下属面前，她也瞻前顾后，怕这怕那，就是生怕让下属看到自己有什么不得体而笑话自己。

　　从前，她总喜欢和大家一起逛街购物，不时还开着各种玩笑。如今当上了小领导她觉得这有失体统。于是在下班的时候也不和同伴一起出去玩了，好像要把自己隔离起来。更糟的是，她时时刻刻都在担心上班的事儿，以前所有的快乐再也找不到了！

本来是一件很轻松的事情，只要坦然面对，认识到自己的职责和身份，把该做的事情做好，就不会让自己搞得紧张慌乱！然而晓清一时间调整不过来自己的角色，在领导和下属面前依然表现得唯唯诺诺，完全没有自己作为一位小领导的风范，越是担心自己出错反而越容易给自己留下话柄！

事实上，每一个特定的场合都需要特定的角色，如果固守着一种角色死死不放，只会让自己无所适从，到处碰壁，也会产生很多麻烦和压抑！对于这样的人来说，生活是单调的、枯燥的，更是紧张混乱的，疲惫、失落和失败永远只属于他们！生活就是生活，工作就是工作，只有在时间和环境上处理好，活得随意一些，才能在人生的道路上左右逢源、得心应手！

生活在养殖场的牡蛎，经常会被养殖员往自己的壳里放进沙子，尽管它们感觉这样很不舒服，但是又没有任何办法把它给排出来。所以牡蛎面临两个选择：一是抱怨，让自己天天都过得很痛苦；另外就是学会接受这些沙子，进而与它们融为一体，使它跟自己和平共处。所以，当牡蛎的壳里被放进沙子的时候，它就尽量想办法用自己的营养成分把沙子包起来。这样一来，牡蛎就不会再排斥沙子了，而是把它当作身体的一部分。

人生何尝不需要这样呢？当我们遇到无法改变的环境时，自我调整和适应是最好的办法！

在我们的生活中，环境往往会随着时间不断地变化，有时候有些事情是自身力量无法改变的，我们就要主动改变自己，去适应新的变化！如果我们不能及时调整自己的心态和情绪，还停留在原有的生活里，那么等待我们的只有徒劳的挣扎和痛苦！牡蛎的生活故事告诉我们，既然已经形成了事实，与其在那里抱怨、忧郁，还不如积极一点去适应，当我们心平气和地去看待生活的时候，就不会有那么多的烦恼了！

生活总是在不断地发生变化，我们的角色也要相应做出调整，只有这样才能适应新的生活节奏和方式，才不至于因为一时无法接受而变得迷茫和忧郁！

情绪调节：远离坏情绪的袭扰，
拥有真正的快乐

拿破仑说："能控制好自己情绪的人，比能拿下一座城池的将军更伟大。"事实上，真正能够调控自己情绪的人非常少，很多人总是"任性"地发挥，毫不顾忌坏情绪带来的影响！一个人想要调控自己的情绪，不仅需要一定的毅力，更需要一定的修养，能做到这一点的人确实是伟大的！

面对不同的境遇，人们会表现出不同的情绪，这是人们的正常感情表达！然而，并非所有的情绪都是对我们有利的，尤其当那些坏情绪过分蔓延的时候，就会对我们造成很大的伤害！这时候，及时有效地调节至关重要。一个不懂得调控自己情绪的人，很容易受到外界的影响，把自己的快乐完全攥在别人的手心里，随着别人的感情节奏而变化，这样的人是不幸和悲哀的，更不可能取得属于自己的成功！

学会转移和疏导，把坏情绪拒之门外，用微笑面对生活中的一切挫折和不幸，然后你才能真正做自己的主人，掌握自己的前途和命运！

第十三章

情绪选择

——做好心情的选择题

有人说，快乐是一天，不快乐也是一天，我们为什么不选择快乐呢？是啊，生活中会有很多不顺心的事情，如果你非要和自己过不去，总能找到悲伤的理由；而如果我们可以看得开一些，活得洒脱乐观一些，即使再大的困难也不会成为我们纠结和烦恼的借口！

的确，我们无法改变环境，但是我们可以选择自己的情绪和心态，面对困境我们可以积极地去寻找希望和光明，而不是让自己陷入悲观和绝望。很多时候，只是一闪念的瞬间，就会决定不同的两个方向！选择积极的情绪，你不仅会拥有好心情，而且还会让事情变得更加清晰和明朗，在轻松愉快中得到解决；相反，如果你选择消极的情绪，就会让坏情绪牵着鼻子走，失去心灵的自由！

所以，我们要选择做自己情绪的主人，让自己生活在愉悦和自由的世界里！

1. 看到自己的幸运

生活在这世界上，有一个良好的心态很重要，它能让我们乐观积极，看到快乐和希望，远离坏情绪的侵扰！

在我们的身边，有很多人一遇到困难就会抱怨连天，认为自己非常地不幸。其实，幸运与不幸运都是相对的，关键就取决于你怎么去看待这个问题。一个觉得自己不幸的人，首先在思想上就已经变得消极和悲观了，即使阳光明媚，那么他所看到的也都是灰暗的世界！相反，如果我们换一种积极的心态看到自己幸运的一面，纵使遇到天大的苦难，也会在心里想至少我们还拥有着，还没有达到更惨的地步！

看到自己的幸运，不但不会因为一些困境而抱怨和忧伤，反而会让自己懂得更加珍惜正在拥有的美好，以积极的心态赢得更多的快乐！在人生的旅途中会有很多坎坷，我们只有怀抱清风明月一样的心情，在困境中发现自己的幸运，才能不被消极的情绪困扰，轻松快乐地走向成功！

一个小男孩生活在一个贫寒的家庭，父母靠着干体力活勉强养家糊口，这个孩子也很懂事，从来不随便向父母伸手要钱！

可是有一天，小男孩怎么也高兴不起来，一整天都愁眉苦脸的。细心的父亲发现了这一变化，就关切地问道："孩子啊，你有什么心事儿吗？"儿子开始什么都不肯说，但后来经过父亲的耐心询问，他终于说出了事情的原委。原来他看到别的同学都有自己的自行车，而他自己却没有……知道这个结果后，孩子的父亲一时陷入了沉默，因为家里实在没有多余的钱。

过了几天，小男孩兴奋地回到家说："爸爸，您能给我两块钱吗？我要去参加抽奖，那个奖品里就有自行车。"尽管父亲口袋里的钱已所剩不多，但父看着儿子渴望的眼神，他毫不犹豫地给了儿子。可是没有多久小男孩就回来了，而且一副垂头丧气的样子："我是世界上最不幸的人。"父亲再次陷入了沉默。

第二天，父亲又给了他两块钱，鼓励让他再去试试手气。儿子有点迟疑不决，但最后还是拿着钱去了。临近中午的时候，小男孩万分激动地回来了，一进门就大喊着："我中奖了，是一辆自行车……我是世界上最幸运的人……"

若干年后，当年的小男孩已经长大成人，并成就了自己的一番事业，然而那辆自行车他一直都在精心地保存着。每当他受到挫折时，那辆自行车，就会让他想起他是世界上最幸运的人。

在几年后的父亲临终前，对儿子说："儿子，可能你还不知道，其实那辆自行车不是你中的奖，而是我买给你的。我通过亲戚朋友借了钱给你买了车，用了两年的时间我才还完这些债务……其实我唯一的目的就是让你知道，你永远都是世界上最幸运的人！"

顿时，儿子的双眼被泪水模糊了。他就是多湖辉，日本著名的心理学家、教育家。他有一个著名的理论：让孩子觉得他是最幸运的人，那么他就一定能成为最成功的人！

看到自己的幸运，就像心里装满了阳光，无论黑夜还是白昼都会觉得眼前一片明亮，内心温暖如初！同样当遇到困难时，聪明的人懂得去寻找绝境中的出路，为自己还有一线希望而感到无比的庆幸；愚蠢的人却只会胆怯、恐惧和抱怨，这样不敢面对挑战，对未来的生活失去信心和希望的人又怎么可能在今天的激烈竞争中取胜呢？

无论在工作还是学习中，总是以悲伤的情绪来面对遇到的问题的人，就会把自己的消极也投入到其中，这样不仅不会有很高的效率，也不会创造出什么价值！

一个整天看不到生活的希望、总是在抱怨生活的人，不仅会让自己陷入痛苦和悲观当中，同时也会感染别人，让人觉得压抑和沉闷，谁会愿意与这样的人生活在一起呢？别人避而远之还来不及呢！这种人不会得到别人的重视和信任，因为一个连自己的情绪都无法管控，而且内心很消沉的人，怎么可能会有大的能力和成就呢？

在生活中，我们要首先学会看到希望，看到人生美好的一面，才不会被一些琐事烦恼困扰，才能轻轻松松地把一些"小纠结"甩开，重新拥有快乐的心境！同样，成功需要坚持，并在坚持中看到自己的进步和成就，不要因为一点小小的挫折就陷入悲伤和消沉，要庆幸自己还没有遭到彻底的失败，一切还有前进的希望！

道路是自己的，每个人都有不一样的生活轨迹，我们不要羡慕别人的美好，而应该看到自己已经拥有了很多，珍惜生活的给予，其实我们又是幸运的！无论在什么时候，无论遇到什么事情，懂得看到自己的幸运，就会远离烦恼和困惑，就会获得机遇和成功！让自己做一个幸运的人，成就我们幸运的人生！

2. 灾难大不过人心

有句话说得好，心有多大舞台就有多大！的确，在这个世界上再也没有比人们的心灵更宽的地方了。所以，我们要学着用心灵来包容困难，心里想着困难少一些，那么它带给我们的影响也就会少一些！

在这个世界上，没有过不去的坎儿，然而很多人在现实生活中经不起考验！他们总是不经意间就把困难无限放大，或者怀揣着痛苦不肯放手，以至让自己陷入痛苦和绝望中不能自拔！事实上，无论遇到多么大的困难，只要我们坚定信心，不灰心不放弃，只是把它当作一次很平常的考验，让内心变得强大，那么一切都会变得微不足道！

杰克·韦尔奇是一位非常著名的人物，他是通过电气（GE）董事长兼CEO，被誉为美国当代最伟大的CEO。在一次巡回演讲中，一位年轻人向他倾诉了自己的不幸和烦恼。

年轻人说，自己曾经前去通用公司参加应聘，当时的首席执行官正是杰克·韦尔奇。然后公司的人事经理电话通知他来公司和杰克·韦尔奇本人面谈。由于中间有点临时意外，年轻人没能按时赴约。然而就是因为这个，很遗憾他失去了这次宝贵的机会！

这件事让年轻人一直痛苦不已，他说："如果不是因为其他的原因，我及时赶到肯定会被录用。凭着自己的条件，很快就会被升职，三年后就会成为项目主管，五年后……

"如果不是那次意外，或许现在我已经成为年薪百万的经理，很可能成为您的助手，在全球陪您巡回演讲。但是，现在已经不可能了，这或许是我职业生涯里最大的灾难！"

听了年轻人略显夸张的诉说，台下很多人都在笑他。然而杰克·韦尔奇并没有露出笑容。他问年轻人："你认为在职业生涯中，最大的灾难有多大？"看着年轻人有些迷茫，他接着说，2000年的时候，通用公司面临着一场被拆分的危机，而当时他的一名经理也问过同样的问题。正巧，那个时候他的双手握拳放在胸口，他便回答说："灾难再大也大不过这个。"一边说，他还一边在胸口的位置比画！

面对困难，有的人选择了绝望和退缩，越是这样自己就会变得越弱小和怯懦；有的人镇定自若，坦然地用心去面对，以积极的心态带动起自己的热情，向困难发起进攻，最终顺利渡过难关！其实，在人生的道路上，没有什么大不了的事情，只有不敢面对的内心，只要相信自己的实力能够克服，摆脱畏惧和慌乱的情绪，就一定能够走出困境，迎来新的转机！

灾难再大，也大不过我们的内心，我们一定不要被困难吓倒，而是要用我们强大的内心把困难打倒！多一些自信，就会少一些自卑；多一些阳光，就会少一些阴雨；多一些勇气，就会少一些退缩。所以，我们要在心里坚信美好和成功，才能克服掉困难，扭转困局赢得先机！

3. 把压力变为动力

面对激烈的社会竞争环境，压力是不可避免的，或许它会让我们一时感到迷茫和不知所措，或许他会带给我们各种各样的困扰！但是请不要畏惧，因为适当的压力会激发我们的生活热情和斗志，甚至把许多半时潜藏的智慧和能量发挥出来！

所以，当生活的压力来临的时候，我们一定要保持冷静，切莫抱怨和急躁，否则就会被坏情绪感染，错过最好的时机！相反，我们应该积极地去迎接压力，把压力带来的"重负"转化为我们前进的动力，这样不仅不会被压力"拖累"，而且还可以把困境变成了机遇，从而借助压力的促进作用实现人生的跨越！

一位老猎人带着一条猎狗到森林里去打猎。突然，猎狗发现了一只野兔，于是就猛地扑上去准备把它捉住，回来向猎人邀功请赏。然而，机灵的兔子很快就快速地反应了过来，它拔腿就跑。猎狗一直在后面穷追不舍，可是追了很远仍未抓到。

猎狗最终一无所获，很没面子地回来了，猎人看到了这一切，讥笑猎狗说："你看看自己，比兔子高大威猛，又有力气，然而连一只兔子都捉不住，你真是没有用，今天的午餐没有你的份儿了。"

猎狗听后立即回答说："可能您不知道吧，我和兔子不一样。我去追它完全是为了一顿饱饭，而它却是为了性命而奔跑啊。"

主人听后笑笑说："好吧，既然这样那我告诉你，如果你再捉不到猎物，以后你就会成为我的猎物。"

从那之后，猎狗跑得更加卖力了。

没有压力就没有动力，在正常的生活环境当中，由于人们处于一种比较放松的状态，体内的潜能都被分散开了，这时候人们的能力就不容易体现出来。然而，一旦压力产生的时候，为了改变压力带给我们的困境，人们就会集中一切力量积极地去克服，此时，压力就转化为了动力！当然，这种压力必须要适当，否则就真正成为了"压力"。

无论在生活还是学习当中，一个人只有经得住磨难，在压力面前不退缩，勇往直前去突破现状，才能最终实现自己的目标！

一位老船长常年都待在货船上，所以他最大的骄傲是这一辈子丰富的航船经验。

有一次，当他们完成任务在大海上返航时，突然间刮起了大风，巨浪滔天顿时让货船在海面上摇晃起来。水手们惊慌失措，这时老船长命令大家立即打开货舱，往里灌水。众人一听都感到非常惊讶，"船长，您是不是疯了，这样会让我们的船沉得更快的，只有死路一条啊！"一个年轻的水手嚷道。

但是船长态度非常坚决，水手们还是照做了。就这样，船舱里的水越来越多，当然船也在一点点下沉。但这时人们发现货轮已经没有原先晃得那么厉害了，反而渐渐平稳了。

这时，船长才松了一口气说："你们知道为什么百万吨的巨轮很少有被风浪打翻的吗？原因很简单，船在负重的时候，是最安全的。相反，只有那些空船或者小船在风浪中才是最危险的。"

在现实生活中，适当的压力不仅能够激发前进的动力，同时也会起到稳定的作用，不至于让人失去方向而"随波逐流"！事实上，没有经历过压力的人是承受不住磨难的打击的，就像茫茫大海上漫无目标的小船，任凭风浪拍打，却找不到自己的真正归宿！

所以，我们不要认定压力就是人生的绊脚石，相反在某种程度上，经受压力恰恰是我们走向成熟、成功不可或缺的一个过程！从这方面来说，我们不但不能排斥和抱怨压力，而更应该感谢压力带给我们的收获！的确，一个人只有怀着积极的心态，抛开坏情绪的影响，果断地去选择迎接挑战，把压力变为动力，才会走出困境，迎来人生的光明！

4. 学会给自己喝彩

有一段广告说："世界上最漂亮的人是谁？不是伊丽莎白，不是英格丽，而恰恰是你自己！"这句话初听起来或许会让人觉得有些高傲自大，但细细品味起来确实不无道理！赞美的力量是巨大的，不光是对别人，对自己更是这样，能够让自己在奋斗的路上点燃激情和希望，并不懈地为之努力、拼搏！

人生需要不断地前进，既然是前进就不能缺少动力，除了别人给予我们的鼓励和安慰以外，为自己加油也是极为关键的，事实上这才是真正的力量！漫漫征途，人总有累的时候，身体累了可以休息，但是心累了怎么办呢？为自己喝彩，学会赞美自己，让自己的心恢复活力和生机，才能有足够的信心再次起程！

当然，为自己喝彩并不是所谓的"精神胜利法"，也不是妄自尊大，而是一种有效的激励方式！能够让一个陷入失败的人重新找到自信，能够让一个初学者看到自己的进步，并塑造出在困难面前百折不挠的品格！学会为自己喝彩，是一个走向成功的人不可缺少的素养和精神！

有一个小女孩看起来大概只有三四岁的样子，但是她非常喜欢画画，家里到处都被她涂得乱七八糟，尤其是家里的墙面。她的妈妈不堪其苦，于是就给她找了一个专门的地方画画，让她绝不能超出这个范围。但她仍然屡屡于得意之时而越过"雷池"。

实在没有其他办法了，妈妈只能吓唬她说："亲爱的宝贝，如果你再不听话，无论你画得多好，我和爸爸都不会表扬你了！"天真可爱的小女孩一副不服气的样子，说："我才不怕呢！没有人表扬我，我还可以自己表扬自己！"

是啊，就算得不到别人的赞美，我们也可以表扬自己，小女孩一句稚嫩的话却道出了人生的哲理！的确，在前进的路上，失败和挫折总是免不了的，学会自我鼓励和加油才不会让自己困惑和退缩，一个心理暗示能让自己"扬起风帆"走得更远！

在人生的舞台上，每个人都是独一无二的，只要努力都会拥有自己的精彩！任何人的成功都不是一蹴而就的，都要经历艰难险阻之后才会有所收获！在这个过程中，我们只有不断战胜困难，学会给自己喝彩，给自己希望，才能不迷茫和困惑，坚持下去总有一天会获得成功！

我们要懂得培养自己"自我鼓励"的精神，不要一遇到困难就退缩，心情沮丧，情绪低落，与其让自己在痛苦中颓废，还不如多给自己一些力量和赞美！处在困境的时候，告诉自己其实已经挺勇敢了，至少我们没有被压垮，一定有希望走出去；取得小小的成绩后，告诉自己确实做得不错，以后再接再厉争取更大的成功！

人生如逆水行舟，不进则退；而喝彩也是一样，不懂得为自己加油的人事实上就是在打击自己！生活中有很多条道路，既然选择了就要坚持下去，好好善待自己，学会为自己喝彩和鼓励，让苦难为自己让路！

5. 有一种选择是积极改变

人生没有一帆风顺的，遇到困惑和挫折也是在所难免的。然而，在攻克困难的过程中，或许有些方法并不一定就能奏效，但是我们要对自己有信心！当我们在一条道路上走不通的时候，一定不要悲伤和放弃，而是要学会转变方向，只有懂得积极地去改变自己的思路和想法，才能找到成功的出路！所以，无论面对任何事情，我们都不要固守在一种方式上，灵活变通地做出调整和选择，才会出现"柳暗花明又一村"的惊喜！

只有想不到的办法，没有解决不了的事情！积极的情绪对于我们改变方向和措施也是非常重要的，否则即使我们有改变的意向，但是缺少了精神支撑也很难根据具体的情况灵活地应对！愁苦和埋怨是毫无意义的，一个人只有把自己的积极情绪调动起来，才可能在克服困难的过程中超常发挥，扭转不利的局势！

小王在一个小镇上开了一家超市，由于地理条件和自身经营的问题，没有多长时间超市就倒闭了。但是里面还有很多东西没有处理掉，于是他就在门口挂着招牌说："所有商品减价处理！"

可是一个多月过去了，并没有几个人前来买东西。这时，小王有点着急了，又把外面的招牌改了一下说："本超市由于经营不善，所有物品五折处理。"即便是这样，还是吸引不到客人，甚至有人认为这是一种推销的手段！

看着满店的存货，小王整天坐立不安。因为这样下去，不但成本收不回来，连租金都交不上了。看着整天冷冷清清的店面，小王干脆就放弃了，低着头回家去了。

回到家后，小王还是放心不下，那儿毕竟压着很多存货，都是他辛辛苦苦花钱买的货，他可不想就这样打水漂了！

一天，他的朋友小张来家里做客，看着小王闷闷不乐的样子，一打听才知道是怎么回事儿。小张沉思了一会儿说："别着急，哥们儿，我有办法了！不过这些商品最低你能打几折？""以前是想最少半价，可现在都到这种地步

209

了，给个两三折就卖吧！"小王很无奈地说。小张笑着说："没问题，你就放心把存货交给我吧，在十天之内我保证把这些问题全部解决掉！"不过小王很疑惑地说："我都用了两个月时间了，没有一点儿作用，你有什么好办法吗？"小张笑笑说："到时候你就知道了，放心吧！"小王能用的招全部都用上了，没办法只能让小张试试了！

在这些天的等待中，小王依然寝食难安。到了第七天，小张来了，小王一看到是小张以为他也没有办法了。但令人吃惊的是，小张竟然把货全部都卖完了，而且大部分是六折、七折。

原来，小张只是将原来的广告给换了换，上面清楚地写道："本超市由于经营不善，在十天内甩光全部商品。第一天全价，第二天九折，第三天八折……"

第一天，当小张把这张广告牌挂出来的时候，很多人都来围观，因为在这里他们还从来没有见过这种营销方式。但看的人很多，买的人很少，最多也就是一些急需的日用品。第二天，小张又在上面标出所剩商品的件数，声明九折处理，又卖出了几件。

第三天，又来了一些人，当他们看到一些好商品昨天就被人买走了，所以他们只好又买了一些八折的东西！这时候，整个小镇的人几乎都已经知道了这件事情。

第四天，好的商品已经所剩无几了，只剩下一些别人挑拣过的商品，当然这些商品在质量上不是太好。于是，这些顾客想，如果今天再不买，说不定明天连质量差的也没了，于是就又卖掉一部分。

第五天，小镇上的大部分人都过来挑选。

第六天，已经没有几件商品了，但是人依然很多，很快就被抢购一空！

小王听后感慨道："真是出乎我的意料啊，一个小小的调整，竟然会带来这么大的改变！"

在困境面前，往往一个小小的转变就会出现意想不到的结果，所以我们一定要学会换一种思路去看问题，在绝望中通过积极变通来发现生机！

在当今竞争激烈的社会环境中，尤其需要灵活转变，才能抓住机遇实现逆转。其实，很多事情看起来已经没有了希望，然而只要用心去思考，寻找突破口，或许就会带来巨大的收获！故事中小张只是改变了一下广告的宣传，就顺利地走出了困境！做生意尤其是这样，只有不断推出新的吸引人的销售方式，才能拥有更多的顾客，实现最大化的销量和收益！

很多时候，困难并不可怕，可怕的是我们不敢去面对，不懂得改变自己的思路，更甚者是陷入消沉和恐慌！事实上，只要我们坚定信念，排除一切消极的情绪，积极勇敢地接受挑战，就没有什么可以让我们退缩的，也没有什么战胜不了的！

6. 宽容是一种高贵的品格

屠格涅夫说："不会宽容别人的人，是不配受到别人宽容的。"宽容是一种高贵的品格，一个人只有懂得宽容别人，学会设身处地地为别人着想，才能获得别人的尊重和认可！

在人生道路上，每个人都会出现或大或小的失误，谁又能保证自己不会犯下错误！世界本来就不是完美的，何况我们人呢？所以，我们不要揪住别人的一点过失不放，原谅别人就是原谅自己，给别人机会也是给自己机会！

一个人如果总是斤斤计较，那么就显得心胸狭隘了，与其这样伤人伤己，我们何不换一种姿态包容别人的不足呢？其实，当我们以宽广的胸怀原谅他人的时候，同样我们也会得到一种精神的馈赠。所以，不要总在那些小事上浪费掉自己的时间，换一种心态和情绪生活，就会收获美丽的风景！

北宋时期有一位三朝宰相，名叫韩琦。这个人在为人处世的过程中往往表现出宽厚大度，他性情敦厚纯朴，人们尊称他为"韩公"。

韩琦曾经还担任过元帅一职。当时由于需要处理大量的事务，所以他经常工作到深夜。一天夜里，当他正在写信的时候，在一旁帮他端蜡烛的士兵由于犯困，不小心将蜡烛烧到韩琦的胡子。然而，韩琦并没有在意，而是将火扑灭继续写信。

不一会儿，当他抬起头的时候，发现身边的那位士兵已经被换了下去。他担心这位士兵因为这件事情受到牵连和责骂，就急忙叫道："不要换掉他，他现在已经学会了端蜡烛!"后来,这件事一度成为人们传颂的佳话!

有一次,韩琦家里来了一位客人,想见一见他收藏的两只堪称"稀世珍宝"的玉杯。于是他就让下人取出来放到桌子上让客人好好欣赏,客人看着玉杯赞赏不已。

就在这时,下人不小心碰了一下桌子,两只玉杯顿时成为一堆碎片,在场的所有人都不知如何收场才好!

下人扑通一声跪倒在地,捧着玉杯的碎片,泪如雨下。可是,韩琦却出奇的平静,非但没有责备下人,而且还笑着说:"凡是物品都有毁坏的时候,只是大家以后再也看不到了!"

说罢,他又起身把下人扶了起来,说:"你又不是故意的,不怪你!"

看到这一幕,所有的人都对韩琦的这种宽厚大度佩服得五体投地,家里的客人更是对韩琦抱拳说:"韩公真是一个心胸宽广的人啊!"

生活中的很多事情,既然发生了就不可能再回去,埋怨和责备不但挽回不了局面,还会伤害到别人,同时也让自己满腔的"怒气"!所以,无论遇到什么事情,都要冷静下来,用自己的宽容大度原谅别人的错误、消除别人的"尴尬",这样我们的内心才会感到更多的欣慰和宁静,也会赢得别人的敬佩和赞誉!

2010 年,南非世界杯足球预选赛如期举行,赛场上实力雄厚的德国队对阵的是不怎么出名但也不可小觑的威尔士队。

比赛正在进行,在下半场已经到了 38 分钟的时候,出现了人们意料之外的事情:德国队队长被年轻的前锋狠狠地抽了一个耳光。

德国队长因为前锋的防守中不够积极说了前锋几句,由于年轻气盛,前锋当时一时冲动就动手打了队长。在场的所有人员都认为队长肯定忍受不了这样的奇耻大辱,更何况在这样众目睽睽之下。但这位队长却只是捂了一下被打的脸颊,一副毫不在意的样子又进入了比赛当中。最终德国队大败威尔士队,为进军南非世界杯迈出了坚实的一步。

这位德国队长的表现赢得了世界球迷和媒体的一致好评,认为他在关键的时候表现出了理智和冷静,更多的是宽广和包容!

事实上,不原谅别人就是在为难自己。面对队友的大众"羞辱",大家都以为队长会不堪忍受而反击，然而他却以大局为重，根本没有让自己的情绪失控，才维护了团队的团结和稳定！否则，如果冲突起来，不仅会造成彼此的伤害，还会影响整个比赛进程，被别人所指责和诟病，这样就会得不偿失，也有损自己的形象！

在我们的身边，很多人遇到事情不够冷静，往往会因为冲动而做出过激的行为。然而，如果我们选择针锋相对，不肯后退一丝一毫，那么顿时矛盾就会加深，甚至出现严重的后果！忍一时风平浪静，退一步海阔天空，没有什么解决不了的事情，宽容是最好的处理方式，这样不仅顾全了大局，也彰显了自己的风范！

所以，想要拥有快乐和幸福，就要在生活中多撒下一些宽容的种子，让它们生根发芽苗壮成长，为我们的人生带来更多的清新愉悦、真诚和谐！

7. 让快乐在人与人之间传递

生活需要快乐，每个人都想得到更多的快乐，那么究竟怎么才能获得快乐呢？其实，很多时候快乐就在我们的身边，只是需要我们去发现！

事实上，快乐不是一个人的，而是大家的、人与人之间相互的，我们只有懂得给予别人快乐，自己才能感受到快乐！当别人遇到困难的时候，我们伸出一把援手；当别人无助的时候，我们送上一份热情和鼓励，或许彼此之间只有瞬间的相视一笑，但这时候温暖和友爱就会在彼此之间迅速传递，足以让人沉醉！还有什么比这些更让人感到安慰和满足的呢？

快乐是无私的，我们要勇于接受别人给予的快乐，并且把这种快乐以同样的方式传递给别人，让更多的人感受到快乐和关爱！做一件美好的事情，流露一份善意的感情，然后就会变得心情愉悦，充满快乐！

在一辆疾驶的公交车上，乘客一站站下车离去。突然有一位乘客摸了摸口袋没有找到零钱。情急之下，他连忙向身边的人求助说："对不起，请问您能为我换100元零钱吗？"不幸，在座的人都没有这么多零钱。

正当他一筹莫展，准备将100元面额的钞票放到投币箱的时候，身后忽然响起一个声音："我这里有一元零钱，拿去吧。"一位年轻的女士站起来把钱往他的手里递。

"不行不行！我怎么能凭空要你的钱呢！""但是你的百元大钞我又不能帮你换开，而你现在正着急用零钱，不是吗？"年轻的女士说道。"你说得没错，但是我不能就这样白白拿你的钱啊！要不我们一块儿下车，我到附近买点东西换开零钱给你？"

女士笑着打断了他的话："不用麻烦了，一块钱又不多，就算是我帮你一个忙了，能帮上你的忙我很高兴。更何况得到别人的帮助你也很快乐，不是吗？"虽然他同意她的说法，但还是很难为情地摇了摇头，表示不能就这样算了。

买办法，这位女士说："这样吧，既然你执意不接受这一块钱，那么就请你帮我一个忙算是补偿吧！下次当你在车上遇到同样的情况时，也请你像我这样做，把这一块钱再送给别人，让这份'快乐'能继续传递下去。"

后来，他无论去哪里都习惯在兜里多放一块钱零钱，以便继续传递快乐。

韦唯演唱的《爱的奉献》里有这样一段："只要人人都献出一点爱，世界将变成美好的人间……"的确，生活中需要大家共同努力才能越来越好、越来越温馨，只靠一个人的力量是不行的！所以，只有让别人获得快乐，学会与别人分享快乐，让快乐成为共同的财富，我们才能真真切切地体会到生活的意义和价值！

有时候，别人的困难对于我们来说只需要一个举手之劳，就能让对方走出困境和尴尬，同时自己也会获得心灵上的充实和富足，一种前所未有的成就与认可是其他事情所不能代替的！所以，不要吝啬自己的爱心，更不要总想着从别人那里获得，而应该勇敢做出行动去帮助别人，成就自己！当我们在生活中表现出更多的奉献和无私的时候，快乐不经意间就会成为我们的"伴侣"，形影不离！

生活充满了选择，选择了快乐和分享，你就会远离这样或那样的困扰，获得身心的轻松和情绪的愉悦！得到要从奉献开始，快乐要从给予开始，这样才会拥有真正的快乐！

8.　关键时候坚持住

在人生的奋斗过程中，往往越接近成功越是最艰难的时刻，也许只剩下最后一小步，只要坚持住就能成功！然而，很多人却在最关键的时刻放弃了，刚开始的希望全部破灭，他们变得情绪低落，灰心丧气。在他们的世界里好像再也找不到继续走下去的理由，最终他们只能以失败告终！

的确，选择情绪很重要，积极健康的情绪能够让人们看到希望和未来，即使一无所有也会尽力去创造，因为他们始终坚信美好的生活不久就会到来；然而，一旦选择了消极的情绪，人们就会立刻失去精神支柱，前面的所有坚持都将功亏一篑！

一艘轮船在海上遇到了狂风巨浪，最后不幸沉没。全部船员只有一个人逃生，最后他抱住一根木头在海面上随波逐流。幸运的是，不久他随海浪漂到了一座孤岛上。

到岛上后，他立刻把这个孤岛勘察了一遍。他找到了一片清爽甘甜的泉水，又采了些蘑菇，把所有能吃的东西全部囤积起来，这些食物足够他吃一个月。

他很为自己庆幸，在他吃饱了之后，就开始着手为自己搭建住的地方，以便让自己有地方栖身和储存食物。然后，他就期盼着能有船只从这里过往，那样他就会得救了，这或许是他唯一的希望。然而，好多天过去了，依然没有看到船的影子，这让他很失望！

有一天，天空突然下起了雨，海面上乌云翻滚雷鸣电闪。他慌忙跑到对面的山崖上看有没有船经过，这时一声巨响震彻苍穹，不幸的是他的刚建好的小木屋被雷电击中了，顿时浓烟滚滚……他在这座孤岛上仅有的东西几乎全部化为了灰烬。

他十分难过，感到自己真的很不幸，当初乘船沉没，现在连刚建好的小木屋连同食物都没有了。于是他在心里想：这难道不是上帝的意思吗？既然上帝都不给我机会，那我再挣扎还有什么用啊？于是，他在一块白色的石头上写下自己所有的不幸遭遇，然后选择上吊自杀了！

傍晚时分，一艘轮船从这里经过，这时小木屋的灰烬还没有燃烧完，冒出的浓烟引起了船上人的注意，于是马上将船驶向孤岛。但令他们遗憾的是，那个一直期盼有船经过这里的人已经上吊去世了。大家看过他的遗言，都不禁叹息："如果他能再坚持半个钟头，哪怕只是一点点，就能得救了！"

在通往成功的道路上，坚持是必不可少的，而真正考验我们耐心的不是你已经坚持了多久，而是在接下来的过程中还能不能坚持住！成功和失败往往就在一念之间，前进一点点你就会冲破风雨迎来彩虹；后退一步就将会陷入"万劫不复"，所有的努力都将白费！人生没有后悔药，所以为了对自己负责，请不要轻易地就选择放弃！

有人说："生活中的奇迹往往就发生在你放弃的那一刻！"所以，我们既然选择了就要坚持到底，无论成败都不要给自己留下遗憾！有时候，不仅仅是毅力的坚守，尤其需要积极的情绪坚持到最后，始终如一，才能在不抛弃不放弃中走向成功！

第十四章

情绪释放

——给坏情绪找个合理出口

生活当中，人们有时会遇到各种各样的困扰和烦恼，由于一时找不到更好的办法去解决，很多人就会陷入迷茫和痛苦之中。这时候焦虑、恐惧和忧郁等坏情绪就会在心里产生，它们会让一个人失去信心，消极被动，严重影响到正常的生活、工作和学习，同时还会对我们的健康造成威胁！那么，有了坏情绪就不要压抑自己，及时释放出去才是明智的选择！

心灵的容量是有限的，如果完全被坏情绪占据了，那么就没有多余的空间来接纳快乐和幸福，那么我们岂不是每天都要生活在痛苦之中！所以，我们只有帮坏情绪找到合理的出口，释放出心中的"垃圾"，不让消极的因素在心里"堆积"，才能重新获得快乐！

1. 告诉自己会有更好的

有人说："没有得到自己想要的，就会得到更好的！"在生活中，很多事情有时候并不会按照我们的意愿发展，一时的失败和挫折是在所难免的！然而，很多人在困境面前会变得急躁和消沉，因为一时的"不得志"而整天愁眉苦脸，郁郁不可终日！

事实上，在这个世界上，任何成功都是需要磨难的，轻易得到的都不是最好的。之所以现在没有得到，是因为还有更好的在前面等待着我们，转念一想，心中的怒气就会消失得无影无踪，情绪立刻就会好转！其实，这是一种自我调节和释放的方式，现实的生活就是这样。眼前的机会错过了，尽管暂时可能会无比地痛心和失落，正是因为这样，在下一次机会到来的时候，你才会更加懂得珍惜和努力，然后取得更加辉煌的成就！

所以，无论是错过了还是失败了，多多少少都会给我们带来内心的遗憾和痛苦！但是我们一定不要让这种情绪无限制地蔓延和郁结，而是要学会给自己一个解脱的理由，把内心的忧伤释放出去，这样我们才能改变心态获得快乐！

有一位小男孩他的父亲在县城里工作，而他和母亲则住在贫穷的农村。不过让他高兴的是，每次父亲回来都要给他带回来很多没有见过的糖果。然后他就会拿着这些糖果分给自己的小伙伴，与他们一起共享。

有一次，小男孩又在怀里揣着一袋糖果，一颗颗分发给小伙伴，但当时唯独没有给在场的小明。那一天，小明心里很不是滋味，因为小明和这个男孩是最要好的朋友，但他却让自己在大家面前没有面子，所以小明一整天都在记恨男孩！

第二天，让小明没有想到的是，小男孩把他叫到一边，从衣袋里取出几颗十分精致的糖果，说："这是我爸爸带回来的最好的糖果，我没舍得吃，更没有分给其他的小伙伴，特意留给你。"

故事虽小，也很简单，但是其中的人生哲理不能不让我们思考！很多时候，当你没有得到一样东西的时候，并不是因为上天的不公，或者人生的不幸，而是有更好的在等着你！

正如普希金所说："假如生活欺骗了你，不要悲伤，不要心急，忧郁的日子里需要镇静，相信吧，快乐的日子将会来临……"在人生的旅途中，通常我们向往的美好并不一定就能得到，其实错过了未必就是一件坏事，因为或许在你不经意的时候就会有更大的惊喜出现在你的面前！

1772 年，年少的歌德在一次偶然的机会遇到了 19 岁的夏绿蒂。因为夏绿蒂拥有惊人的美貌，尽管她已经成为别人的未婚妻，但是歌德还是不小心爱上了她。然而夏绿蒂仅仅是仰慕他的才华，所以这让歌德很是伤感。

于是，歌德无比伤心，陷入了深深的痛苦，每到晚上就拿着一把剑在胸前比画，他真想就那样自杀来寻求解脱！

当然，歌德并没有把剑刺进去。后来他离开了这个地方，而且是不辞而别。走的时候他写了一封信，是给夏绿蒂的，让别人转交给她。信中说："我爱绿蒂。我是幸福的。或许你知道，我对你的爱始终是不会变的。"

之后，歌德以这个故事为素材，创作出了《少年维特之烦恼》，一经问世，就成为轰动世界的著作！

在生活中，少一些抱怨就会多一点快乐；少一些忧伤就会多一些阳光；少一些纠结就会多一些洒脱！生活对大家都是公平的，当你在"这里"的付出没有收获的时候，一定会在"那里"给你准备一份惊喜和礼物！所以，暂且不要郁闷，更不要痛苦，告诉自己会有更好的生活在等待着我们，让心情即使转一个方向，才能释放掉身体里的消极因素，换来愉快和积极的情绪！

年少的歌德因为没有得到自己一见钟情的爱情，而一度陷入忧伤和痛苦之中，尽管最终他没有如愿以偿，但是却意外地收获了成功。这个故事正是告诉我们，一时的失败和失去并没有什么大不了的，反而成为我们获取更大成功的一个契机！

所以，当我们因为挫折和磨难而彷徨和失落的时候，一定要相信明天会更好，我们将要得到比现在失去的更好的东西！很多时候，让自己开心就要放下心中的困惑，换一种思路和想法，就能让内心的坏情绪及时得到调整和释放！

2. 懂得知足才会快乐

在现实生活中，人们总喜欢拿自己与别人做比较，比较谁更幸福，比较谁得到的更多，等等。其实，有时候爱比较并不一定就是一件坏事！有的人通过比较发现了自身的缺陷，然后积极地去改正；有的人通过比较看到了自己的幸福，从而更加珍惜现在的生活；有的人通过比较找到了希望，顺利摆脱了心中的阴霾！然而，有的人却在比较中越发地悲伤和失望，因为看到还有更好的、更优秀的，导致心理失衡，情绪更加低落！

所以，懂得知足的人总能越活越开心、越幸福；不懂得知足的人却更容易陷入彷徨，进而失去了原本的平静生活！其实，当我们心情低落不能排解的时候，不妨看看还有更多不如我们的人，珍惜自己已经拥有的，这样才能把我们内心的忧虑和悲伤及时清理出去，获得身心的轻松和愉快！

在一个偏远的农村，一个精神饱满的老人正在墙角蹲着，手里拿着馒头吃得津津有味。有人上前问："大爷啊，你吃馒头怎么也不就菜呀？"老人笑笑："就什么菜呀，现在的日子是越来越好了，我能天天吃上白面馍，要比以前的地主都要幸福啊！"这样一比较，老人感觉自己现在幸福极了！

村子里有两个姑娘去大城市打工，过春节的时候一起回来了。其中一个姑娘给她爹带回来 8000 块钱，她爹高兴得不知如何是好，夜里睡觉还在想着厚厚的一摞钞票！逢人便说："我家姑娘真争气啊，除了照顾自己，还能给家里带回来这么多钱！"幸福的感觉油然而生。

可是好景不长，她爹便开始闷闷不乐了。因为他看到另外一位姑娘不仅给家里拿回一万块钱，而且还给自己的弟弟买了一辆崭新的摩托车，这让他很羡慕！他回到家就开始埋怨自己的闺女，说："你看看啊，都是出去打工，你挣得钱咋就这么少呢？真是笨死了！"听完这话，姑娘伤心地哭了起来。

与自己比，比出了高兴和满足；与别人比，徒增很多烦恼！生活中有多少人和这位姑娘的爹有着同样的心态呢？要学会知足，而不要让自己千方百计寻找不幸和苦恼！

生活在这个世界上，我们要懂得知足，不要因为看到不如别人而灰心丧气，甚至满腹的抱怨！因为别人不是我们，我们也不是别人，每个人的道路和收获不可能一样，珍惜自己拥有的就够了。

一位老太太有两个女儿，一个嫁给了卖鞋的，另一个嫁给了卖伞的。

每到雨天，老太太就一副愁眉苦脸的样子，担心自己女儿的鞋卖不出去；可是当天晴的时候她依然不开心，这时候她又开始担心女儿的伞没人买。于是晴天愁，雨天也愁，而且逢人便说自己的不开心，把这种心情传染给别人，想要得到别人的同情和安慰。

后来，有个人告诉她："下雨的时候，你就想自己女儿的伞肯定卖得好，不愁赚不到钱；晴天的时候，你就想女儿的鞋肯定有市场，也能赚到不少钱。这样你就会天天开心！"

懂得知足才会得幸福，如果你想着发愁，永远都会有发愁的理由；如果你想快乐，总能看到阳光的一面！所以，当我们还在为生活中的琐事烦恼的时候，一定要学会转变思维，在当下拥有中获得充实和满足，把坏情绪统统丢弃！

季羡林曾经在谈及和谐时说到，最重要的是人们内心的和谐，这样社会才有和谐的基础！确实，只有我们的内心做到和谐、宁静，才能在生活中感受到幸福和满足，才能以一种轻松愉悦的心态看到光明和希望，才不会因为一时的得失而困惑、迷茫，甚至耿耿于怀，心烦气躁！

3. 给心灵指明一个方向

在人生的道路上，我们会遇到很多阻碍和不如意的事情，由于一时找不到解决的办法，往往人们就会产生烦恼和急躁的情绪，甚至会因为自己的不清醒而做出过激的决定！

其实，面对困惑我们完全可以换一种思路和途径来消解心中的那份冲动，不必急于一时一事，一个转念或者一个转身就会出现生机，何必要为难自己，苦了内心呢？我们只有控制住自己的情绪，然后通过自己心态的改变来疏导和缓解，很快一切都会风平浪静，重新拥有平和和宁静！

一个人要战胜自己，首先要战胜自己的内心！不要让生活中的细枝末节阻挡住了自己的去路，更不要让坏情绪郁结在心里得不到释放，告诉自己没有什么过不去的坎儿，"摆平"自己才能让内心得到快乐！

一天，方丈和小和尚在山中散步。突然，方丈问小和尚："如果你前进一步是死，后退一步则亡，你会怎样选择？"小和尚毫不犹豫地说："这很简单啊，我往旁边去。"

的确，生活中的道路千万条，这一条走不通的时候，我们可以果断地换另外一条。即便是当我们陷入生活进退两难的境地时，也要记得前后走不通的时候还可以往旁边走，路的旁边还是路！给自己的心灵指明一个方向，就是给自己一个缓解压力的出口！

春秋时期，有一位能人在夜里做了一个奇怪的梦。在梦中他看到一个像武士一样的人不断地责骂他，甚至还往他脸上吐唾沫。这位能人醒来之后就感到很气愤，总想知道这个人是谁，然后找他去理论。

第二天，他把这件事情一五一十地告诉了朋友，说："真是太过分了，我活了这么多年，谁敢这样对我，还没有我摆不平的人和事。我一定要把这个人找出来，好好惩罚他，否则我愿以死来洗刷耻辱。"

经过朋友的再三劝告，也没有找到更好的解决办法，只好陪着他在大街上等了三天。然而，最后也没有等到梦中的那个人，于是能人回家之后就自杀了！

虽然在现实生活中很难找到这样的故事，但很多人在人生的过程中都是这样：没有摆平自己，反而被自己"摆平"了。

快乐的人生不需要有太多的难题，总是让内心充满抱怨和怒气的人，本身就是在给自己的幸福制造各种阻碍和困难！没有任何人在为难自己，而是自己在为难自己，自己和自己过不去！故事中的"能人"因为梦中的事情与自己较劲，听起来多少有点可笑，然而在现实生活中有多少人与"能人"非常相似呢？想着排解内心的杂乱还来不及呢，他们竟为一些无关紧要，甚至不存在的事情来折磨自己的心灵！

事实上，无论遇到什么样的困境，首先要"摆平"的不是别人，也不是环境，而是我们的内心！当内心变得盲目和混乱的时候就失去了方向、偏离了轨道，心中的痛苦和纠结就会越来越多，想要释放出去，就必须给自己的心灵指一个明确的方向，才能回归到原始的平静和美好！

4. 让道歉为心灵减压

萨迪曾经说过："不论你是一个男子还是一个女人，待人温和宽大才配得上人的名称。一个人的真正的英勇果断，决不等于用拳头制止别人发言。"在生活中，有时候人们之间不经意间就会产生这样或那样的摩擦和误会，因为一时的冲动而让彼此都失去了自我控制的能力，进而做出过激的举动！这不但会伤了和气，还会在心里愤愤不平，产生仇恨和排斥的坏情绪！

这时候，最明智的选择就是真诚地向对方道歉，获得对方的谅解，哪怕自己没有过错也要主动向对方示好。因为当你放下面子释放出自己的友善，与对方重归于好的时候，什么矛盾都会烟消云散，坏心情自然也会不复存在，同时你的大度和宽容更会为自己带来赞誉和内心的充实！一举几得的事情何乐而不为呢？

事实上，在道歉的过程中，通过沟通和交流已经把憋在心里的"委屈"和"烦恼"都"吐"了出来，再加上失而复得的友善、和睦，心情自然会一片大好，轻松无比！所以，道歉并不是一种卑微，而是宽广和智慧的表现，让我们内心的郁结得到及时的释放！

曾经，在关于选举的某一具体问题上，华盛顿与佩思出现了分歧，最后还进行了激烈的争论。在这一过程中，华盛顿说了一些冒犯的话，结果佩思一拳把华盛顿打倒在地。华盛顿的部下闻讯立马赶了过来，准备替他们的长官报仇。结果被华盛顿制止了，并让自己的部下返回营地。

第二天一早，华盛顿把一张便条递给了佩思，让他尽快去一家酒店。后来佩思果然按时到达，但他已经做好了和华盛顿决斗的准备！但令他奇怪的是，他看到的不是手枪而是酒杯。

华盛顿说："佩思先生，犯错误是人们不可避免的，而学会改正错误是件光荣的事情。昨天是我冒犯了您，不过在某种程度上你已经得到了满足。

如果你觉得这件事到目前已经解决了，那么请握我的手，我们还是成为朋友吧！"此后，佩思成为华盛顿忠实的支持者！

在日常生活中，很多人即使错了也不肯道歉，那是因为他们放不下面子，所以宁愿怀抱着痛苦和烦恼，也不主动"低头"！然而，是面子重要还是心情重要呢？退一步讲，道歉也不是什么丢人的事情，反而是一种敢于担当的表现，只有那些缺少责任感的人才会为自己找各种理由和借口！

及时道歉不仅能够让彼此的情绪得到释放，还能消除误解增进友谊，在今后的生活中彼此的关系更经得住考验！

三国时期，公孙渊担心受到曹操的攻打，于是就写信给孙权，希望归顺于东吴。由于孙权对公孙渊非常信任，就决定帮助他，派军队前去支援，并封公孙渊为燕王。

但是，东吴有一位大臣张昭却并不赞同孙权的做法，因为他早已看穿了公孙渊打的小算盘，认为他不可靠。但是孙权并没有接受大臣的建议。为此，他们还发生了激烈的争吵。后来张昭因为生气再也不去上朝了，没办法孙权派人把张昭家的门给堵上了。不过张昭为了表达不满，又在自家的门里堵上一层！

后来，公孙渊露出了真面目，连孙权派去的人都杀了。这时孙权才意识到自己的错误，就连忙去认错，可是张昭死活就是不见他！

孙权没有放弃，他再次来到张昭家门口，可张昭还是卧床不起！没办法，孙权就叫人放火烧他家的门，想逼张昭出来，但张昭却让人把窗户也关上了。最后孙权赶紧让人把火扑灭了，就站在门口等他！

最后，在张昭儿子的调解下，张昭终于出来了，最终他们又和好如初了！

人非圣贤孰能无过，在日常的生活中，一时的过错和失误都是可以原谅的，但是不能让这种状况一直存在下去！当我们发现，其实是自己冤枉了一个人的时候，一定要带着真诚及时去道歉！否则，如果我们"死要面子活受罪"的话，尽管可能表面会显得很平静，但是心里一定会无比的纠结！因为你明明知道是自己错了，就像你欠别人的东西没有归还一样，内心就会得不到彻底的安宁！

道歉不仅是一种态度，更是为人处世的技巧，一个人想要获得良好的人际关系，学会道歉是必不可少的。只有在与别人打交道的过程中不断修复和增进关系，才能让温馨和睦得到更长久的维系，才更有利于成长和成功！如果一旦产生摩擦就不管不顾，任其随意发展，就会让别人认为你缺少诚意，为人骄横冷漠，那么越来越多的人就会渐渐远你而去！

所以，为了表达对别人的尊重，也为了自身的适应和发展，更重要的是远离内心的烦恼，一定要勇于承担责任，勇于向别人道歉！让人与人之间少一些烦恼，多一些和谐，拥有轻松愉悦的身心比什么都重要！

5. 学会为生命减速

白岩松说过："一个从小就接受争先教育的孩子，长大之后是可怕的。他的成长过程不仅失去了欢笑，而且在他步入社会后，假如成为领导，他会不考虑员工自身感受，把员工看成是一种简单劳动力来使用。如果是一个普通人，那么就会苛求自己，让自己在所谓的奋斗中穷其一生，至死也不明白，他到这个世上是干什么来的，他笑过了没有，他有没有享受过快乐。"

的确，"争先"不是坏事，但是如果这种思想从小就被灌输，在内心深处根深蒂固，那么它就会怂恿着人们像机器一样不停地运转，永远都不知道休息和调节，一生忙忙碌碌却丧失了最宝贵的东西！

人生就像在奔跑，快不是最终的目的，有时候需要放慢脚步，只有懂得欣赏生活中美景的人才不会让自己活得太累！

在一条大街上，一只小老鼠头也不回地向前奔跑。这时乌鸦看见了就问："小老鼠，你要去干什么啊，这么急？歇歇吧。"

"乌鸦姐姐，我现在不能停下来，我一定要看看这条道的尽头是个啥模样。"小老鼠飞快地向前跑。一会儿，碰到了乌龟，乌龟说："哥们儿，干啥子这么着急啊？去晒晒太阳吧。"小老鼠说："这可不行，我急着赶路呢？我要去路的尽头看看。"

一路上，不断有人这样问它，而它就是不肯停下来，重复着同样的回答。小老鼠就这样一直向前跑啊跑啊……不知跑了多久，最后竟然撞在一根电线杆上，这时它才停下来！

"哦，原来路的尽头就是这根电线杆啊！"小老鼠感叹道。但这时它已经进入垂暮之年，于是哀叹道："早知这样，应该好好享受那沿途的风景，该有多美啊……"

一首歌词中写道："一年四季，忙忙火火，从早到晚，推碾子拉磨。一路上的好景色，没仔细琢磨，回到家里还是照样推碾子拉磨。再也不能这样活、再也不能那样过……"语言虽然朴实，却道出了人生的真谛。说的正像是那些拼命地往前跑，盲目地付出，到头来才发现自己已经错过了很多很多的人。

就像吃饭一样，只有慢慢品味才知道其中的味道如何，生活也是如此，只有丢掉心中的那些焦急和躁动，以一颗平静的心来面对前方的道路，才能收获生活的美好！

以前有三个商人死后来到了上帝面前，他们在一起谈论着自己的收获和成就。一个商人说："尽管我的生意很惨淡，但是我和自己的家人一点儿也不会难过，我们生活得非常快乐。"上帝给了这个人50分。

第二个商人说："我对自己的生意非常看重，所以很少有时间陪自己的家人。你看我死之前，是一个亿万富翁。"上帝什么话也没有说，也给他打了50分。

这时，第三个商人开口了："活着的时候，为了生活我不得不忙着赚钱，但我会尽最大努力抽出时间陪伴我的家人。并且我和自己的朋友关系都很好，我们经常一起打球、钓鱼……往往在我们玩的时候就谈成了一笔生意！活着的时候，人生多么有意思啊！"上帝听完，给他打了100分。

人生总是到失去了的时候才知道珍贵，但那时候已经晚了！来到这个世界上，我们所做的一切不都是为了快乐和幸福吗？那么何苦要让金钱和名利迷惑了自己呢？什么才是最重要的，人生真正需要的是什么，当你明白了这些的时候就会释然很多了！

有人说："爬山的时候，别忘了欣赏周围的风景，假如工作的目的是为了挣钱，挣钱的目的是为了投资，投资的目的是为了挣更多的钱，你就会在爬山的路上只顾低头爬山，完全忘记生活的目的了。"

的确，在这个竞争日益激烈的社会中，很多人在一味地寻求加速，拼命地向前跑，但到了半路却突然想起来忘了自己为什么而来！他们让自己的内心超负荷运转，不断地累积压力和折磨，往往却还在沾沾自喜，炫耀自己所谓的成就。事实上，如果我们内心不快乐，拥有再多的物质和地位又有什么意义呢？

6.　卸下心灵的重负

有位小和尚遇到了一些烦心事，看见师父过来了，就走过去不停地向师父诉说。于是师父一边叫他提两桶水，一边走着说话。然而，没过多久，小和尚就觉得双手酸痛得很，便放下了水桶。

师父却对他说："别放下啊，提起来，咱们继续说话啊。"过了十几分钟，这次小和尚真的再也坚持不下去了，师父才笑着对他说："你不喜欢提着重物跟我说话，却为什么载满心的烦恼在这里跟我说话呢？其实很简单，手累了，放下水桶就好，那么你就感觉不到水的重量了。事实上，烦恼不也是如此吗？其实，你心中的烦恼就像这两桶水一样，是你自己提起来的！"

有时候，之所以很多人遇到事情郁闷、苦恼，就是因为我们不懂得为心灵减负！在现实生活中，并没有想象中的那么多烦恼，更没有任何人给我们烦恼！事实上，是我们自己抱着烦恼苦苦不肯放手，却还在到处寻找解脱和开导！其实只需要自己轻轻地放下，一切问题都不再是问题，心中的困惑和悲伤就会得到顺利释放！

古时候，有一位青年才俊，无论琴棋书画，还是诸子百家等，他都熟稔于心，看起来什么他都会！但是，虽然他样样皆能，却没有一样达到精通的地步，大部分都是浅尝辄止，毫不出色。

就这样，他自恃才华过人，无不通晓，并经常在人们面前炫耀自己的本事！慢慢地，他长大了，反而诸事无成。于是他开始闷坐愁肠，包括家人在内，很多人都对他说三道四、指指点点！实在没有办法，他就去请教一位得道高僧，为自己指点迷津！

找到高僧之后，他把自己的情况完完整整地给高僧讲了一遍。然而高僧微微一笑说："年轻人走一路该累了吧，先坐下来歇歇，我让人给你准备一些斋饭。"没过多久，斋堂桌子上摆满了许多不同花样的饭菜，有好多都是他没有吃过的。年轻人顿时食欲大增，一边吃还一边说："太好吃了!"

很快，他们就吃完饭了。随后高僧问道："你觉得这饭菜如何?"

"百味俱全，好像各种味道都有，但就是分不清楚。"年轻人摸着饱满的肚子回道。

"那你吃这么多感觉舒服吗?"高僧笑着问。

"吃的时候舒服!但现在难受得很!"年轻人面露痛苦之色。

高僧点点头笑笑说："这就对了，你吃得太杂太多，怎么会不胀肚子呢?"这时候，年轻人依然没有明白其中的深意!

次日清晨，高僧便带他去登山。走到半山腰的时候，年轻人发现有很多奇异的石头，看起来很是美丽。于是他就兴高采烈地拾起自己喜欢的石头，然后装入口袋。不一会儿，布袋就被装得满满的了，很是沉重。

他们继续登山，尽管高僧年事已高，但行动起来非常利落不亚于一个小伙子。然而，年轻人由于背了很多石头，行动起来十分艰难。

"把石头扔掉吧!不然你就跟不上了，快点儿!"高僧劝说他。

"不能扔，这是一些是非精美的石头，很难得的!"年轻人不舍不弃。

又走了一会儿，高僧已经到达山顶了，而年轻人却还在半山腰艰难地挣扎着，看样子已经快走不动了!高僧便生气地大声喊道："你这小伙子真笨啊!那么多东西压在你的身上，什么时候才能登上山顶?"

经过高僧这样一说，年轻人心里咯噔一下："对呀!我为什么这么愚蠢?这么沉的东西，我要是能放下会多轻松啊!该舍的一定要舍的，提不起的时候就要放下呀!"他如梦初醒。真正知道了自己这么多年来为什么一事无成了，就是因为自己所学太多而不精，身上的包袱太多太重!想到这里，年轻人果断地扔下了背着的石头，轻松愉快地向山顶跑去了!

在现代社会中，很多人一味地贪图多，什么都想学结果什么都学不会，至少学不精!这样不但会让自己一事无成，还会因为压力和失败而给自己增加很多心理负担!当你付出之后却看不到希望的时候，内心就会迷茫和纠结，诸多的烦恼自然会带来坏情绪的袭扰!

不肯放下不仅是一种盲目和愚昧，更是一种对自己的不负责任，它会鼓动着我们不停地往身上施压，却不考虑自己是否能够承受得住。人的内心空间是有限的，所能容纳的东西也是有限的，当我们已经被重负拖累的时候，一定要学着往外抛出心灵的"垃圾"，及时让自己恢复生机和活力！只有这样，我们才能走得更快、更远，才能成功地卸下心灵的重负，轻松前行！

7. 成败不拒绝泪水

奋斗是一个艰辛的过程，只有拼搏和付出才能获得最终的成功，但并不是所有的人都能得到幸运之神的眷顾！

很多人因为失败而流下伤心的泪水，而其中的胜利者也会激动地痛哭！事实上，无论是成功者还是失败者，在内心都经受着巨大的感情冲击！对于失败者来说，他们也付出了这么多，甚至更多，但却没有得到应有的回报，这种压抑会让人无比的痛苦，哭出来会让他们内心轻松很多；对于成功者来说，经过这么多的坎坷和波折终于实现了自己的心愿，这种"苦尽甘来"的情绪波动同样需要释放，哭出来他们也会如释重负！

所以，在人生的竞技场上，失败了要学会哭，成功了也要学会哭，不要刻意压抑自己的感情，更不要因为自尊心而强忍着悲痛或喜悦！学会尽情地释放自己的感情，才能获得更多的轻松快乐和身心的健康！

在 2012 年伦敦奥运会的时候，素有"国球"之称的乒乓球成为人们关注的热点。这不仅仅是因为它是中国体育竞技的强项，更因为这次比赛会有世界顶尖级的选手参赛。

经过一轮轮的淘汰，在比赛进入到决赛的时候，女子单打的金牌无疑将在我国选手李晓霞和丁宁之间产生！这个结果对于国人来说是值得兴奋的，无论谁拿到金牌都是中国的荣誉。但这对于他们俩来说将是残酷的、现实的！

最后，在激烈的角逐中，李晓霞夺得了冠军，而丁宁成为了亚军。面对这个结果，她们两个人都流出了泪水，情绪再也控制不住了，毫不掩饰地表达着各自心中的酸甜苦辣！

其中李晓霞流出的是激动的泪水，是成功之后无法表达的内心感受。在赛场上，她试图用手捂住自己的嘴来掩饰内心的汹涌澎湃，但已经湿润的眼眶出卖了她。在自己的职业生涯里，李晓霞经历了无数的坎坷和挫折。2003年的时候，她因为身体的原因错过了世乒赛；2007年世乒赛的单打中，最后被郭跃实现了逆转；2008年的北京奥运会她本可以参加，结果又败给了王楠……在这次奥运会之前，李晓霞已经拥有了九项世界级。然而，这个在刚出道时就被公认是"天才少女"的李晓霞，在后来的十年征战中，不但没有取得认可，反而经常被嘲笑为"单打决赛低能"。她的内心承受了多大的压力和委屈，或许只有她自己才清楚。所以，这次的胜利是对她最好的证明，更是对她这么多年忍辱负重的回报！她的泪水中包含了激动和辛酸，哭出来也是一种情感的释放！

在丁宁的眼泪中，我们能看到更多的痛苦和委屈。在现役的运动员里，丁宁是最接近之前的邓亚萍和张怡宁"大满贯神话"的女子。所以，这一次比赛对她十分的重要，要么成就她的辉煌和传奇；要么还要至少再等四年实现自己的目标！然而最后她失败了，这种心理的落差和痛苦是别人无法感受到的，那一刻的心灵撞击让她的情绪完全失控。这只是一方面，更何况对裁判的判决还存在着争议，至少丁宁自己觉得很不公平……所以她感到有点委屈！失败的痛苦再加上对裁判存在着争议，让这样一位22岁的女孩子无法承受，所以她哭得一塌糊涂，是一种最真实的情绪表达！

无论对于李晓霞还是丁宁，她们当时的情感释放对于减轻心中的压力，无疑是有很大帮助的！在人生中，成功和失败都是在所难免的，想哭的时候就尽情地哭，不要刻意掩饰自己的情绪，让内心的情感得到合理释放！

生活中人们往往把哭当成一种软弱，在别人失败或者情绪低落的时候常常能听到，别哭了，哭也解决不了问题，你要坚强一点之类的话。其实，哭是一种正常的情绪释放和表达，强忍着反而不利于心情的舒畅和身心的健康，只有顺其自然地宣泄出来，给情绪找到一个合理的出口，才能让自己轻松地走向未来！

人活着不需要有太多的束缚，不要太在意别人的看法，活出自己的意义和风格才是最重要的。失败了没有什么大不了的，痛痛快快地哭出来为已经过去的告别，让自己重新站起来继续前进；成功了也不要刻意地掩饰什么，任激动的泪水模糊自己的视线，为未来的路注入新的动力！

在烦琐而又匆忙的日子里，不要让什么羁绊了自己的脚步，更不要让什么左右了自己的情绪，只有把心里的"垃圾"及时清理出来，才能让新鲜的活力注入，才能给予我们一个年轻的心态和洒脱的微笑！

8. 笑出健康好心情

达·芬奇说："运动是一切生命的源泉。"的确，生命在于运动，人们只有在运动中才能获得长久的健康和快乐！不过，在大多数人的印象当中，运动就是跑步、踢球、游泳……其实，还有一种特殊的运动常常被人们给忽略了，那就是大笑！

据有关专家研究得出，通常一个人大笑一分钟要比跑步十分钟的效果还要好！通过大笑不但可以帮助人们释放掉心中的压力，缓解心中的紧张情绪，同时还能有助于我们改善血液循环，增强对感冒等疾病的免疫力，等等。不过，并不是随随便便的笑就能起到这种作用，它要求我们每次必须不能少于一分半钟，而且还需要动作、表情等一连串的相互协调，只有这样才能发挥"大笑"的作用！

所以，当我们没有时间在户外锻炼，尤其在当今快节奏的生活中，每天大笑几分钟同样会带给我们运动的效果。这样不但节省时间，还能让烦恼远离、身心舒畅，及时排解出心中的各种困惑。

在一个城市的社区里，每周四都会听见很多人在那里发笑，路过的人们就感到很奇怪。后来才知道，原来是这里成立了一个大笑俱乐部，他们的成员在这里练习大笑。有人说，这个俱乐部从成立到现在已经有十几年的历史了，最近成员不断增加。

在这个俱乐部里，有专门的教练帮他们培训。比如让这些学员进行吸气和呼气，然后让身体展现出各种姿势来配合；或者是让他们扮鬼脸，模仿各种动物的"笑动作"……有时，他们也会在公共场合，比如公园、广场等地用自己的笑声感染路人，让他们也能笑出声来。

据了解，参加这种俱乐部的成员来自社会的各个行业，包括学生、白领、退休人员……这些大笑能让他们在忙碌的生活中学会缓解自己的压力，带来轻松和愉快的心情！

据统计，这个国家的人们在五六十年前，每天平均笑十几分钟，而现在只有几分钟。所以，他们就有人开始创办"笑容学校"。让自己的学员每天接受笑容培训，以及在什么样的场合该怎么笑等。现在已有上百家这样的大笑俱乐部成立，让更多的人在繁忙的生活中通过大笑来缓解压力！

一所大学的教授对笑声进行了专门研究。结果发现每笑十分钟就能消耗掉50千卡的热量。事实上，笑是一个很好的身体锻炼，因为在笑的过程中有200块肌肉在活跃，对人们缓解压力、减肥、增加自身的免疫力有很好的作用！

俗话说，笑一笑十年少！大笑会让一个陷入忧伤和困境的人转移自己的注意力，让郁结在心中的"闷气"得到消散，缓解心中的压力！

在生活中，我们经常会碰到一些一时难以解决的问题，或者生活中的各种不顺利，心中难免会产生困惑和压力。有了坏情绪就必须及时宣泄，否则淤积在心里会影响我们的身心健康，然而当我们无处发泄或者没有机会释放的时候，大笑无疑是一个不错的选择！大笑，不但不会流露出自己的"心事"，还能有效地排遣掉心里的压力，达到运动的效果，这或许是很多人梦寐以求的方式，只不过很少有人发现而已！

当人们遇到高兴的事儿，就会自然而然地流露出喜悦的情感，这是一种发自内心的表达！然而，生活中不是所有的事儿都能如我们所愿，难过或者压力大而笑不出来的时候，一定要学着让自己笑，而且要"大笑"！让我们的情绪得到有效地释放，让我们的身心在大笑中尽情地舒展和锻炼！

第十五章

情绪调节

——别让坏情绪纠缠自己

　　一个人的情绪就像自己的影子一样，时时刻刻都存在着，只是有些时候表现的形式不同而已。然而，就情绪的本身而言，它只是我们外界事物的一个正常的反应，没有好与坏之分，只是有些情绪能够给我们带来积极的影响，而有些情绪只会增加我们的心理负担和烦恼！所以，我们要对这些坏情绪加以引导和管控，但却不要认为这是抑制情绪的宣泄，相反恰恰是为了更好地让情绪释放出去！

　　生活本来就充满各种烦琐之事，产生坏情绪并不可怕，只要运用科学的手法把心中的坏情绪及时清理出去，就不会对自己造成影响！事实上，好的情绪来自宽广的胸襟，在生活中少一些计较，豁达一点，凡事看得开一点，烦恼自然会远我们而去！调节情绪不仅需要方法，更重要的是心态，如果你想拥有成功，就必须先学会调节自己的情绪！

1. 不要把自己看得太重

萧伯纳是英国著名的文学家，有一天在外面闲逛的时候，同一个陌生的小女孩玩了起来。黄昏来临时，萧伯纳对小女孩说："孩子，你回家的时候告诉妈妈，今天下午萧伯纳在和自己玩。"没想到小女孩马上就回敬了一句："请你回家也告诉自己的妈妈，就说你和一个叫玛丽的女孩玩了一下午。"后来，当萧伯纳对别人提起这件事的时候说，一个人切不可把自己看得过重。

魏徵曾经说过："念高危，则思谦冲而自牧；惧满盈，则思江海下百川。"这句话告诉我们，一个人无论身居多高的位置，都要学会自谦；而要想不自满，就要有海纳百川的精神！

在人生的道路上，每个人都很重要，但是一定不要把自己看得太重。我们可以自信，但是绝不能自傲，不要因为自己的一点小成就而到处宣扬，显示自己有所不同，这样只会让别人把你看得更轻，同时也失去了自己应有的谦和和进取的风格！

一个真正有内涵和实力的人，不用着急处心积虑地"宣传"，自会在人们心目中留下深刻的印象！否则，只会给自己带来难堪和心理上的阴影！所以，在面对成功时，一定要学会调节自己的情绪，让自己的心沉淀下来，才能赢得更多的尊重！

在秦兵马俑的坑里，现在已经出土了一千多尊各种各样的陶俑。在这些陶俑当中，除了那些跪射俑外，其余的都多多少少存在着破损，需要人工修复。其中有一尊跪射俑保存得最完整，而且它还是唯一一尊未经人工修复的。当你仔细观察的时候，就会发现衣服和发丝的各种纹路依然清晰可见！人们不禁要问，为什么跪射俑会保存得如此完好呢？其实很简单，主要是因为它的姿态低！

首先，兵马俑坑这种建筑采用的是地下道式土木结构，当坑的顶部坍塌的时候，有高大的立俑在顶着，这样低姿的跪射俑受损害就会小一些。

其次，从结构上来讲，跪射俑的右膝、右足、左足三个支点具有数学几何上的"三角形稳定性"，与两足站立的立姿俑相比，不容易倾倒。因此，在几千年的风吹雨打中，跪射俑依然完好无损地被保存了下来！

做人讲求"能屈能伸"，只能伸而不能屈的人势必会"折损"！在棚顶塌陷时，高大直立的立姿俑首先受到冲击，而"低姿势"的却相对损害较小，这个道理一般的人都能想得明白，然而就是这样一个简单的现象却蕴含着深刻的人生哲理！真正的强大不在于外表的"挺立"，而是内心的"平稳"！做人也是一样，学会收敛，不出风头，才能在滚滚洪流中屹立不倒，成就真正的人生！

学会正确看待自己，不妄自菲薄，但也不能过高地估计自己，这样才能在解决事情的过程中给自己留下回旋的余地！当然，每个人都希望得到别人的认可，都想成为佼佼者，但这不是靠情绪化的"自我肯定"来满足的，而是要通过实实在在的努力来实现的！只有提高自己的能力和修养，学会宽容和沉稳，凡事不肆意地宣扬和张扬，管好自己的情绪才能远离困扰，实现人生的目标！

2. 沉着冷静赢得成功

在茫茫人海中，每个人都渴望成功，取得辉煌的成就。然而，成功是有条件的，我们只有比别人做得更优秀，才可能脱颖而出！

通常，能否在事情面前保持沉着冷静，是决定一个人成败的关键所在！事实上，有的人缺乏冷静的思维，不能在纷繁浮躁的生活中管控好自己的情绪，极易受到外在事物的影响；而有的人却能临危不乱，迅速认清事情的真相并做出积极地调整，迎难而上抓住时机取得成功！这就是成功者和失败者之间的差距，对待事情的态度不同，收获当然也会不同！

其实，世界上所谓的天才，不仅仅是因为他们拥有超人的才智，更重要的是他们拥有一个常人所不具备的积极心态！别人急躁，我们沉稳；别人慌乱，我们冷静，别人没有做到而我们做到了，所以我们才会取得别人没有的成功！

在一次大型的招聘会上，一个大的跨国公司也在这里招聘人才。因为这家公司的规模大，无论福利、薪水，还是晋升空间都比同类公司优越很多，所以很多大学生蜂拥而至过来报名。顿时，这家公司的招聘现场被围得水泄不通，乱哄哄的一片！各种询问声、争吵声混杂在一起。

这时，经济管理专业的小强也来到现场，夹杂在人群中找不到任何头绪。由于他只是一个"三本"的学生，面对众多条件优越的竞争对手，他显得有些底气不足，但他还是想来"碰碰运气"。

面对嘈杂声，以前做过学生干部的小强突然想到，这种突发的意外情况肯定是这家公司之前没有想到的，但这样一直持续下去会让那些身单力薄的求职者失去机会。想到自己以前也有过组织学生的工作经验，于是他冒出了勇气，干脆钻出人群，大声说："大家好，请大家不要拥挤，混乱的场面对谁都没有好处，还会耽误更多的时间。咱们大家都一个个排好队伍，既能节省很多时间，又显示出我们的基本素质。"

小强的话音刚落，刚才还混乱一片的人群，开始慢慢地形成队伍。看到自己的话已经奏效，小强就趁热打铁，劝说、引导，"整理"好队伍。很快大家就排成了整整齐齐的队伍，起码有三百多号人。然后，他又找到公司的主管协商，让每一位应聘者都有一到两分钟的时间来展现自己，以显公平，也使后面的人不至于急躁。公司主管觉得他的话有道理，就答应了。

做完这一切，小强默默地一个人排到最后的位置。大家虽然没有说什么话，可是在心里都很佩服他的举动，不知谁带的头，对他报以热烈的掌声。

小强一直等到下午四点多，他是最后一位。当工作人员看过他的简历之后，一位中年人颔首微笑，伸出手说："你好，我是咱们公司的副总，主要负责这次招聘活动。你的事情我已经了解了，祝贺你成功了，我们需要像你这样在事情面前理智冷静、不急躁不抱怨的人才！"

生活需要沉淀，人生需要历练！很多时候，机会就在我们眼前，懂得把握的人才能成为最终的胜利者。只有沉得住气，不慌乱不抱怨，用自己的清醒和理智来面对眼前的一切，当我们坚持到最后一刻的时候，惊喜或许就会出现！

在众多学生当中，小强算不上优秀，至少很多人的条件都比他优越。但是，为什么最终他却脱颖而出，赢得了工作人员的肯定？原因很简单，就是他比别人多了一份理智和冷静，以及管理协调、顾全大局的意识，经得起实践的检验，能够在生活中发挥自己的能力和价值，这难道不是最重要的吗？

因此，无论在哪种场合，学会调节自己的情绪很重要，多一份理性和冷静，就预示着多一份成功的可能！拥有"身处喧嚣而内心清净"的境界，不困于心，不乱于景，才能看得更清、走得更远！

3. 硬碰硬会伤得更深

俗话说："良药苦口利于病，忠言逆耳利于行！"很多时候，越是有益于自己言行的忠告，听起来越不会那么顺耳，于是很多人不但不能接受别人的良苦用心，反而变本加厉产生抵制的情绪！所以，这个时候我们一定要学会"迂回战术"，委婉曲折地表达或许更能收到效果！

一般情况下，别人听不进去是因为我们的方式不正确。面对别人的抵制情绪，如果我们硬要把自己的思想强加过去，不但不会使事情得到解决，反而会陷入僵局！这种"硬碰硬"的情绪碰撞会让双方彼此都变得"怒火中烧"，伤了和气更坏了事情！

因此，无论什么时候一定不要"硬碰硬"，学会调节自己的情绪，让自己冷静下来，改变一下方法很重要！

在一座山顶上，一位白发苍苍的老人在这里生活着，谁也不知道他有多大年纪了。不过他是一个很聪明的人，大家也很尊重他，所以山下村子里的人们有什么想不通的问题，就会来向他求教。

一天，有一个女人来求教。她抱怨道："无论我说什么，我丈夫就是不爱听我的话。作为他的妻子，我都是为他着想，可结果……真是气死我了。"

老人笑眯眯地听完，随后找来两块木板，一根直钉，一根螺钉，另外还有锤子、钳子和改锥。接着老人说："现在就请你把两根钉子钉到两块木板上去。"

女人觉得这是一件很简单的事情，就不假思索地行动起来。她先钉直钉，可由于木板太硬，费了好大劲儿女人还是没有让钉子进去，反而把钉子敲弯了。不但差点把自己的手弄伤，同时把木板也弄得坑坑洼洼！

后来，女人发现旁边有一把钳子，于是她用钳子夹住钉子。这次总算把钉子钉了进去，但是这时木板已经两半了！

女人又开始试着拿起螺钉，首先用锤子在另一块木板上轻轻一敲，等到螺钉固定住之后，然后再用改锥把它拧进去。这下，螺钉很顺利地就钻进木板里了。

已经满头大汗的女人终于完成了老人交代的任务！

老人说："硬碰硬有什么好处呢？说话的人如果怒气冲天，那么听的人则会怒火中烧，彼此会伤了和气！"

接下来老人又说："就像你一样，当你在向别人，尤其是亲近的人提忠告的时候，不妨像螺钉一样婉转曲折地表达，或许这样会达到更好的效果！"

尽管有时候我们的出发点是好的，但能让人接受才是最关键的，否则只会引起对方的反感和厌恶！另外，我们的"诚心"并不是所有的人都能理解，或许从道理上能够理解，但碍于自尊心而不愿意就这样"屈从"！女人向智者抱怨自己的丈夫不听话，不是因为她缺少诚心和无理取闹，而是不懂得委婉，结果让双方动怒失和，"硬碰硬"而相互生气！

人生就像一条条道路，有曲就有直，在曲直交错中才能实现自己的目标。所以，当直接的表达不能起到应有的作用时，委婉是必不可少的方式，而且这种方式往往更容易让人接受！

4. 学会当"坏人"

高尔基说："自我批评也就是最严格的批评，而且是最有益的。"能够自我批评的人是谦逊的、宽容的，并能够在生活中不断发现并改正问题，然后使自己更优秀！

然而，在生活当中，很多人喜欢推卸责任，总认为自己是正确的，而过错全在别人身上。于是彼此互不相让，矛盾和摩擦就会越来越多，不仅伤了和气，而且还为双方带来坏情绪！

事实上，生活中本来就没有什么大不了的事情，很多时候并不能把责任完全归咎于一个人，与其有时候闹得不可开交，还不如多反省自己！只要多一点宽容和理解，多从自身找问题，多做自我批评，学会当"坏人"，相互各让一步就可以避免很多争吵和纠纷，生活就会有很多快乐！

　　张先生是某大学哲学系的教授，而他的邻居钱先生则是一位正直无私的法官，凡事讲究公平正义，人们对他交口称赞。

　　可是清官难断家务事，钱先生在家的时候经常会和妻子产生矛盾，以至吵架声不绝于耳。相反，他的邻居张先生家则是一直都很安静，更不要说吵架的声音！

　　一次，钱先生家又发生激烈交火，为了躲避妻子的纠缠，钱先生不得不逃了出来，一个人在小饭馆里喝闷酒。正巧，这个时候张先生从窗外经过，钱先生看到后便把他拉了进来，他们俩开始聊起来。

　　钱先生向张先生请教："张教授，我家里的情况你也早就知道，让您见笑了。但是，我不明白为什么你们家却从来都不吵架呢？是不是有什么秘诀？"

　　张先生说："之所以你们家经常争吵，是由于你们家都是好人。你没听见我们家吵架，那是因为我们家都是坏人。"

　　钱先生有些摸不着头脑，说："张教授，我可是认真地和您交谈，您说笑话吧？"

　　张先生一脸认真，说："你是法官，那么一般情况下经常有理的人是不是好人？而坏人往往不占理？是不是这样？"

　　钱先生说："一般情况下是这样。"

　　张先生笑着说："问题就出在这儿，因为你和你的妻子总是觉得自己是对的，总想让对方屈从于自己。这样你们之间难免会出现各种矛盾和摩擦。而我们家里人，在遇到事情的时候，总是先找自己的过错，出现了问题自己先认错，所以就会避免很多纠纷！"

　　钱先生觉得张教授说得不无道理，若有所思地点点头。

　　随后，张先生拿了一个茶杯放在桌边上，说："比如这个茶杯，现在它被放在了桌边上，这时一个人不小心把它碰掉在地上，摔了个粉碎。如果他不从自己的身上找问题，就会暴跳如雷喊道：'是谁这么没有眼力，竟然把一个茶杯放在这样危险又碍事的地方！'放茶杯的人一定不服气，反驳道：'放那儿怎么了，不是因为你碰到它，怎么会被摔碎？'如此这般，必定争吵个没完。

　　"这件事情如果发生在我们的家里，情况就会完全不一样。碰到茶杯的人就会说：'对不起，都是因为我不小心造成的，我现在就把碎片清理干净，以免伤到你！'放茶杯的人就会说：'我也有责任，如果我不把它放在桌子边上，就不会被摔碎了！还是让我来清理吧！'这样怎么可能会发生争吵呢？老钱啊，这就是我们家相安无事的原因。"

每个人都不是完美的，有错误才是正常的现象，只要认真去改正，同样是一种进步和收获！其实，认错不一定真的就错了，主动当"坏人"并不一定真的就是坏人，这是一种生活态度，只有敢于从自身寻找不足，才能与别人友好相处，得到别人的尊重！

一个不懂得自我批评的人，常常带有一种自满和骄横的情绪，认为自己各个方面都很优秀，总想用自己的方式左右别人、征服别人！于是，就会与别人产生许多矛盾和误解，不仅不利于良好人际关系的培养，而且还会让自己的内心充满愤怒和不平，巨大的情绪冲击更有损于健康！

因此，凡事不要总是推到别人身上，宽容是获得快乐和尊重的基石！只有相互发现自身的不足，在自我批评中进步，才能消除摩擦和烦恼，收获和谐、和睦！

5. 幸福就是一种心态

生活就是一本厚厚的书，而每个阅读者都会有不一样的感受，幸福也是一样，不同的心态决定了不同的收获！

很多人羡慕别人的机遇和财富，感叹自己物质的匮乏和清贫，于是抱怨和不平就会在心中滋生，看什么都不顺眼，更加感觉不到温馨和和睦！其实，有时候我们看到的只是别人的外在，真正的幸福却在自己的心里，而往往我们忽略了自己身边的美好！

只要转变一下心态，调整一下面对生活的情绪，你就会惊喜地发现，原来自己的人生一直都那么"富有"，幸福俯拾皆是！

从前有一对姐妹，姐姐嫁给了一位普通的工人，过着平凡的生活；而妹妹则嫁给了一位富豪，整天过着奢侈的生活。

刚结婚后不久，姐姐就开始拿自己与妹妹相比，这样一来她就觉得自己的丈夫既没钱又相貌平平实在太亏了。于是，在贫困的生活中，她总是以这样或那样的理由和丈夫闹别扭，看丈夫哪儿也不顺眼。然而，面对妻子的无端指责和抱怨，丈夫总是选择默默忍受，依然为妻儿做着自己该做的一切。他一直在努力奋斗，希望这样获得成功，达到妻子的满意。

就这样，他们的日子在磕磕碰碰中又过去了两年。有一天，妹妹哭着来找她说，自己的富豪丈夫整天忙工作，顾不上回家，更顾不上孩子与父母，家里的生活琐事，老人孩子都由她一人照顾。姐姐才忽然间明白：原来，幸福与否和拥有多少财富没有关系，并非有钱的男人个个都可爱，清贫而本分的男人不值得爱。猛然间她想到了自己的家庭，这么多年她一直嫌弃自己的丈夫，全然不体会丈夫的感受和付出！

此后的日子，姐姐开始尝试着接纳以往被自己排斥在外的丈夫，给予他应该得到的温暖与爱。她不再抱怨丈夫的没本事，而是鼓励丈夫通过自学来考取文凭，为长远的发展奠定基础！面对依然清贫的生活，她也不再抱怨，而是学着开了一家小店，靠自己的劳动创造美好的未来。

有了这些改变后，姐姐发现不光自己内心充实快乐了很多，同时丈夫也感到万分的惊喜。后来他们的日子越来越好了，而且感情也更好了，彼此相互关心和体贴，尤其姐姐不再有任何抱怨，完全像变了一个人，满是开心和快乐！

生活需要精神的支撑，一个人的心态决定了他的精神面貌和情绪的高低！幸福不是表面上看到的，在别人光鲜的生活背后或许早已潜藏着危机，而我们却还在追逐别人的所谓"美好"！我们要学会珍惜身边的美好，近在咫尺的幸福是真实的、可以感受的，而我们所羡慕的却是虚无缥缈的，甚至是不存在的！

生活没有变，只是心态变了，然后一切就都变了！还是以前的家庭，还是原来的生活状况，但唯独多了一份温馨和快乐，以前的抱怨完全蜕变成了幸福和珍惜！事实上，影响我们幸福的不是物质的多少，而是我们的心态，它决定了我们在生活中会看到什么，会感受到什么！

其实，幸福就在一念之间，一念愉悦，幸福就会常伴你的左右；一念不正，幸福就会离你远去。沉迷于偏见和抱怨你就会痛苦和失落；珍惜已经拥有的，你就会感受到满面的春风！

6. 不会休息，就是浪费生命

哈佛图书馆有这样一句话："狗一样地学，绅士一样地玩！"这句话乍听起来似乎不太文雅，但它真真切切地告诉了我们一个道理：该努力的时候一定要全力以赴，而该休息的时候更要排除一切杂念，尽情地娱乐、休息，只有这样我们才能可持续地持久地奋斗和发展！

然而，在日常生活中，人们对"刻苦和努力"有一种误解，觉得既然是为理想而打拼，就应该把一切时间都利用起来，分分秒秒都不放过！事实上，珍惜时间并非就要放弃休息，相反只有学会劳逸结合，合理搭配时间，给自己留有足够的情绪释放空间，才能取得更好的效果。

而那些只知道不停地工作，却不肯休息的人，往往效率会很低，甚至还会适得其反把事情弄得很糟。花费了大量的时间却没有得到成果，与懂得适当休息的人相比，这难道不是在浪费时间和生命吗？

从前，有三条毛毛虫结伴而行，因为他们要到对面的山上玩几天，于是它们就一起不停地爬呀爬呀……不知爬了多长时间，一条小河出现在了它们的面前。一条毛毛虫说，现在我们先去找找看有没有桥。另一条说，我们还是造一条船，坐船过去更快更方便。最后那条说，我们走了那么远的路，已经太累了，先歇歇再走吧！

听了这话，另外两条毛毛虫很诧异："你不是开玩笑吧？马上就要到了，现在休息不是耽误时间吗？没看到对岸花丛中的蜜汁快被喝光了吗？要是去晚了咱们不是白来一趟吗？"话未说完，一条毛毛虫已经开始爬树，准备造船的材料，另一只则不停地寻找有没有桥可以通过！而剩下的这条毛毛虫则在一片大树下的阴凉里美美地睡起来！

一觉醒来，睡觉的毛毛虫意外地发现自己不再是一只毛毛虫了，而是一只美丽的蝴蝶。这样它就不愁过不去河了，只需轻轻地扇动几下翅膀就过去了。然而，这时，它的另外两个同伴一个被淹死了，一个在半道累死了！

生活就是这样，很多时候付出很重要，但方式更重要！俗话说："磨刀不误砍柴工。"只有懂得休息，才能保证旺盛的精力，才能更灵活快速地把事情做好；相反，就算我们花费了大量的时间，如果没有取得任何成果又有什么用呢？

所以，该休息的时候就让自己放松下来，让紧张的情绪得到调节和释放，为下一次启程注入新的动力！

曾经有一位探险家，他带领几个向导就出发了，这次他们的目标是探索古印加帝国文明的遗迹。

在刚开始的几天，他带领的几个当地向导都很积极，尽管身上已经背着沉重的背篓，可是在密林深处他们依然能够健步如飞。

就这样几天过去了，他们不知走了多远。又一天天黑的时候，他们就搭个帐篷睡下了，第二天一大早他就起来了。可是，他却没有听见几个向导的声音，往日里都是他们把探险家吵醒的。他满脸疑惑地到他们的帐篷里一看，原来他们都还在睡觉呢！于是，探险家催促他们快点儿起床上路，却发现他们拒绝行动。

这下可把探险家惹怒了，大声说："找你们是来帮助我的，不是让你们来拖后腿的，这样做会打乱我的计划的！"但是那些人还像没有听见他的话一样，接着睡他们的觉。

探险家连连追问为什么，经过反复沟通，在最后终于弄明白了是怎么回事。原来这里有一个习俗：在三天的赶路时间内每一个人都会尽力往前赶，但每走三天，他们一定要好好休息一天。

探险家十分不能理解这个习俗。后来有人告诉他："他们认为一个人如果过度地奔跑操劳，灵魂就会飞走。他们每隔三天便休息一天，就是为了不让自己的灵魂丢掉！"

社会节奏的加快同样要求着人们注重速度的重要性，但不要为了速度而完全忽视了一切。事实上，就像大家每天拼命地工作一样，适当地休息放松也是我们生活中不可缺少的一部分！不过，在现实生活中，很多人为了心中的目标不惜一切地向前奔跑，甚至不给自己留下喘息的机会，生怕耽误一会儿就落在了别人后面！

其实，可能我们有所不知，合理的调整和休息会让你"跑"得更快。因为当你全身心放松下来去休息的时候，体力和精力的恢复会带来无穷的动力，所产生的效果要比耗费大量的时间更加明显和确切！

正如生活中很多只知道拼命赚钱却不舍得花费分毫的人，拥有再多又有什么意义呢？只能让自己身心疲惫，远离快乐和幸福！所以，我们要学会给自己的心灵放假，合理安排自己的生活，千万不要委屈了自己，做到张弛有度才能轻松启程！

7. 拓宽心灵的视野

很多人都有这样的常识，想要视野更加开阔，就必须让自己站在更加高的位置。人生也是一样，很多事情并非很艰难，也不是我们缺乏坚强的意志和应对的能力，而是我们心灵的高度不够，所能想到看到的范围还很狭窄！

古诗有曰："会当凌绝顶，一览众山小。"在面对生活困境的时候，只有把自己的思想和心态提高到一定的层次，站在高处往下看的时候，困难就小了。这样，我们就能坦然地面对困难，远离忧伤和烦恼的情绪，从容地迎来和送往！

众所周知，老鹰是一种凶猛而强悍的捕猎高手，它们敏捷的行动，弯曲的喙和钢钩似的利爪，注定让它们成为天空的王者，没有什么鸟类敢与它们匹敌！

鸽子是一种家禽，它们看起来温顺可爱，而且乖巧玲珑。

所以，在弱肉强食的大自然里，当鸽子碰上老鹰，就如同样兔子遇上了狼一样危险，一不小心就会成为对方的美餐。

老鹰视觉敏锐，当它们在高空中飞行时，地面上的猎物它会看得一清二楚。当看到飞行的鸽子时，老鹰就会像箭一般俯冲下来，这时它们的速度极快，一般的小鸟连反应的机会都没有，就被抓住了。

然而，鸽子也不是那么好欺负的，它同样也是飞行中的高手。如果在没有障碍物的影响下，鸽子在飞行的过程中能够观察到周围的一切动静。当俯冲的老鹰快到跟前时，鸽子就来个"鹞子翻身"，能够迅速躲开老鹰的袭击。

扑空的老鹰不会就这样放手，从而继续追赶鸽子。这时候，它们都在同一飞行高度，它们的速度相同，然而，老鹰庞大的身躯，在耐力方面肯定不如鸽子，所以追逐不到两分钟，老鹰就不得不放弃到手的肥肉。这样，鸽子就幸运地躲过一劫。

老鹰要想捕获鸽子，也不是没有可能。

因为当鸽子在树林里或者山谷中飞行时，为了躲避障碍物，它们会把自己的注意力都集中在前方。这样不但飞行的速度会慢下来，也没那么容易看清楚周围的动静，身后就形成了45°的视角盲区。这对于老鹰来说无疑是捉住鸽子的绝佳时机，无论从上方俯冲或者是从后方追赶，很容易就能得手。当然，如果鸽子能快速升到高空，或是更开阔的地方，老鹰就没有机会捉住它了！

在竞争日益加剧的今天，拥有更加灵通和广泛的消息是一个人或者一个团体成功的关键，只有看到和听到的多才能有利于我们分析和决策！在奋斗和竞争的路上，千万不要让自己陷入视野的盲区，否则就会迷失方向，甚至遭到灭顶之灾！通常，在开阔的空间里，老鹰是不容易捉住鸽子的，然而让鸽子最终惨遭失败的就是45°的视野盲区！

所以，在困难面前不要悲伤，更不要放弃，调控好自己的情绪，学着让自己的心灵站得更高，让自己的双眼看得更远！当一切尽收眼底的时候，还有什么能够让我们迷惑的呢？的确，站得高看得远；心有多大，舞台就有多大！

8.　寻找脚下最方便的路

在人生的道路上，面对困境很多人会变得情绪紧张和惊恐，第一反应就是向别人寻求帮助！其实，很多时候当我们费尽心思把希望寄托在别人身上的时候，真正便捷的出路就在我们的脚下，往往只是我们把它给忽略了！

所以，无论遇到什么事情千万不要急躁，沉着冷静应对，善于发现生活和生机的人才是真正聪明的人，学会从自身找希望或许就会有大希望！

在一节劳动课上，班主任张老师带着同学们来到学校后面的山坡上，让这些小学生锻炼一下实践动手能力。

小黄和其他三个小伙伴一起去了远一点的地方准备捡些树枝回来。可是正当他们跑着跑着，小黄的脚一滑跌进了一个深深的坑里。坑太深，其他三位同学都不知道该怎么办才好，一时间吓得快要哭出来了！

同学报告了老师。张老师迅速地跑了过来，但是他并没有立即就拉小黄上来，而是在那里盯了很久，才沉着脸坚决地说："跌进坑里，别急着向上看！我们不会拉你上来！"大家感到很意外，作为一个老师怎么能不救自己的学生呢？但又不敢吭声！这时，小黄在坑里急得哇哇大叫："老师，我真的上不去，你拉我吧？""在里面待着吧，同学们我们走！"张老师斩钉截铁地说。

老师硬生生地走了，把小黄一个人丢下了，这时，小黄内心充满了恐惧和埋怨，一屁股坐在地上号啕大哭起来，一边哭一边生气地在坑里打滚。就在这时，小黄猛然间发现了一道亮光，他坐起来向亮光处爬去。原来这是一个出口，小黄迅速地爬了出去，不一会儿就到了山坡上。

这时，张老师和同学们都在那里等他，看到小黄的出现，山坡上响起了真诚而热烈的掌声，久久不息。张老师一改刚才的态度，温和地对小黄说："老师到那儿的时候就发现了那个出口，之所以不拉你上来，就是为了锻炼你，让你自己找到困境中的出口，对你以后的人生会有很大的帮助的！"这时，大家终于明白了张老师的良苦用心，向张老师投来敬佩的目光！

然而，张老师接着说："孩子们，你们一定要记住，无论在任何时候，跌进坑里，别急着向上看，不要只想着寻求别人的帮助，这样会让自己看不到脚下最方便的路。"

困难其实并不可怕，真正可怕的是，路明明就在脚下，却如同视而不见让自己陷入悲观失望之中。事实上，只要我们给自己足够的勇气，不畏惧困境和失败的打击，不要总想着寻求别人的帮助。学会尝试着去寻找突破口，或许在不经意间一条光明的道路就会出现在自己的面前！

无论在工作还是在生活中，"最方便的路"处处存在着，而且就在我们的脚下。只有善于发现这条最方便的路的人，才能减少人生的曲折和磨难，才能迅速地走出困境和烦恼，拥有更多的快乐和成功！

第十六章

情绪转移

——换一种心情更轻松

人生的旅途中本就存在很多美景，有时候之所以没有看到心目中的美好，是因为你选错了位置和视角，当我们学会了转移自己的视线，就会发现意外的惊喜！

在生活中，我们的情绪也是一样。很多时候，我们会因为受到外部环境的影响而情绪低落，一时间感到烦恼和悲伤，或者在生活中找不到方向。其实，我们完全可以让自己转移一下视线和目标，把自己的注意力转移到别的事情上，避免让坏情绪的消极力量一直纠缠自己。这样，我们就可以把自己从痛苦中解救出来，重新获得愉悦和轻松！

不要一直在一件事情上耿耿于怀，纠结不清。当烦恼来临的时候，学会换一种心情生活，一转弯或许就是满目花开！

1. 有人比你更不幸

契诃夫说："若是你的手扎了一根刺，那你应该高兴。挺好，多亏这根刺不是扎在眼睛里！"生活中我们难免会遇到一些挫折，但是这个时候一定不要悲观失望，更不要自暴自弃。不要总盯住自己的不幸，因为比我们遇到的更不幸的事情还有很多，学着换一种思维多看一看自己幸运的一面，这样就会减少很多的烦恼和纠结！

在烦恼的时候多想想还有好多不如我们的人，把情绪转移到积极的方面，这样我们的内心才会感到平衡，才会更加珍惜已经拥有的生活！

很久很久以前，有一个非常富有的国王，全世界的金银珠宝他都触手可得，可他一点都不觉得快乐。为此，他昭告天下寻找世界上最快乐的人。一年过去了，又一年过去了，一天一个大臣带来了一个风餐露宿的乞丐，他看起来几乎从来没有吃饱穿暖过，但脸上始终挂着平静的微笑，国王诧异极了，问："你为什么如此快乐？"乞丐想了想，"我也曾经为了自己没有鞋穿而感到沮丧，直到有一天我遇见了一个没有双脚的人，我才懂得自己是多么的幸福……"

国王愕然，从此他像变了一个人似的，积极乐观、勤于国政。

没有完美的人生，甚至在生活中还会遇到各种各样的不幸。但是，请记住，永远都有比你更不幸的人！所以，不要在抱怨生活，珍惜才是最美好的人生！

有人说，当我们在看这个世界的时候，一定要用双眼，一只眼睛看到有人比你更不幸；另一只眼睛看到我们比别人的幸运！这样一来，我们永远都不会烦恼，便会发现原来自己是生活中的幸福者！

托尔斯泰说："幸福的家庭都彼此相似，不幸的家庭各有各的不幸。"的确，一味地关注自己的不幸就会感觉到整个世界都是灰暗的，各种各样不幸的理由会立即出现在我们的心头，带来无尽的消极和困惑！所以，我们要想寻找到"彼此相似的幸福"，就要懂得知足，发现生活的幸运和美好，甩掉不幸的念头！

事实上，当人们在某个场合说话不合时宜的时候会选择换话题，同样当我们遭遇生活的不幸的时候更应该学着转移情绪，一转念或许就会美好无限！

2. 因为忽略，所以跨越

在人生的道路上，有时候会遇到很多艰难困苦，或许我们一时间找不到更好的办法去解决，但是请不要因此而陷入困顿和迷茫！当我们改变不了环境的时候，唯一的出路就是去改变自己的心态，学会适应已经形成的局面，忽略掉眼前各种苦难和悲伤，把注意力转移到寻找生机和希望上面来！

任何困难都是暂时的，只要我们能够在关键的时候转变一下方向，就会发现意想不到的惊喜！不要老盯着自己的不幸，那样会让你更加痛苦，甚至失去"翻身"的机会！

在美国生活着一种美洲鹰，由于它的市价较高，有人出重金收购，所以当地人对美洲鹰进行疯狂地捕猎，最后这种鹰在它们生活的加州岛上绝迹了。从此人们再也没有看到过美洲鹰的影子，于是大家都认为它们已经从世界上消失了。

或许很多人对美洲鹰不太熟悉，它究竟与别的鹰有什么不同呢？据称，这种鹰在成年的时候体重可以达到20公斤，两翼自然展开达到三公尺。所以，当它们在海面上飞行时，只要一个俯冲，就能轻易抓住一只小海豹，然后飞向天空！当再也看不到它们的时候，大家后悔了，当初真不应该捕猎它们。

慢慢地，人们都认为美洲鹰不可能再出现了。然而，当时美国一名专门研究美洲鹰的科学家却在一个岩洞里发现了它们。但眼前的一幕让人惊呆了，体积庞大，喜欢在海面上飞翔的美洲鹰居然能够生存在如此拥挤狭小的岩洞中。

这位科学家发现，在它们生存的洞中，遍布奇形怪状的岩石，而且在岩石之间最大的距离也就 0.5 英尺；甚至有的地方两块岩石紧密地贴在一块儿，而且有的岩石还像刀片一样……科学家无法想象美洲鹰怎么让自己在里面正常地生活，因为即使是麻雀也很难在这种洞里栖身，更何况是体积庞大的美洲鹰呢？

后来，通过一些办法，这位科学家在洞中捉到了一只美洲鹰，然后又找了很多树枝围在它的周围，再用铁蒺藜做成直径仅仅为 0.5 英尺的小洞，在这样的条件下让美洲鹰试着往外飞。

没想到美洲鹰一下子便从 0.5 英尺的小洞里飞出去了，速度快得简直让人看不清楚是怎么一回事。

在录像的慢动作中，人们终于看清楚了美洲鹰是如何飞出来的了。在穿过小洞的一刹那，美洲鹰的翅膀紧紧地贴在肚子上，双脚伸得很直，一直伸到了尾部，与伸直的脖子和头保持在一条直线上。此时，美洲鹰庞大的身躯变得又细又软，好像面条一样，所以才会出现人们惊叹的一幕！

在研究中发现，美洲鹰的身上长满了老茧，其坚硬程度完全可以与岩石相抗衡。由此，人们想到，在躲避人类捕杀的过程中，为了生存，美洲鹰让自己不断地改变，以适应新的环境。忽略掉人们对它的迫害所带来的痛苦，选择在困境中调整和改变，才会获得新生！生活中的人们更需要美洲鹰的这种精神，不要因为一时的挫折而让自己陷入痛苦和烦恼，学会把这种不幸抛弃，积极寻找新的出路！

很多时候，人的潜力都是被逼出来的，只有在人生的危急关头，我们才可能拿出所有的力量去抗争，很多出人意料的奇迹就是在这样的环境下发生的！在大家的眼中，美洲鹰是一种体型庞大的鸟类，它们所能栖身的地方应该足够大，才能适应它们的生存。但是，由于人们的疯狂捕杀，为了求得生存，美洲鹰竟然能够在连麻雀都很难容下的洞穴里藏身！面对即将灭绝的困境，它们不是在那里等待人们的继续捕杀，而是把人们所强加给自己的"苦难"放在一边，学会了改变自己的姿势，寻求怎样更好地生存！

作为我们人类，何尝不需要美洲鹰的这种生存态度呢？当我们的生活陷入窘迫，或者生存的空间被压缩得很小很小的时候，抱怨和痛苦是解决不了任何事情的，只有暂且把这些放在一边，转而寻求新的出口和突破才是最根本的解决办法！

有时候，困难有多大只取决于我们的态度，如果我们坚强起来，无论面对多大的阻碍都能微微一笑，然后在心里把它给"忽略掉"，进而给自己留出更多的时间去思考和改变！当我们怀着积极进取的心态去迎接和面对的时候，一切都不会再显得多么难以跨越；当我们改变了自己生存姿态的时候，你就会发现冲破阻碍会有更大的空间！

学会忽略，不仅是自我解压的一种方式，更是对自己负责任的一种态度，也能够在困境中及时发现生机和希望！当然，让我们学会忽略并不是撒手不管，而是一种以退为进的人生策略。暂时地把方向做一下调整，等回过头来再去看困难就会无比的轻松，因为那时候苦难已经在无形中被克服，有的只是拼搏后的成就和喜悦！

3.　掉头的同时发现机遇

众所周知，在困难面前我们需要执着的精神和勇气，只有坚持才会取得胜利。但是，当我们遇到一时无法逾越的困境时，及时回头才是最明智的选择，然而更大的智慧还在于能发现身边的机遇！

在生活的道路上，会有很多困难和坎坷等待着我们，不要为暂时的困惑而失落彷徨，即使我们现在没有找到解决的办法，只要能看到身边的机遇和希望，就不会在生活中迷茫和痛苦，快乐和幸福就会与自己常相伴！

小李是一名刚刚入学的初中生，他曾经的梦想就是成为一位数学家，然而在入学不久，他发现唯独数学这一科目的成绩一直在不断下滑，这对他的打击很大。

回到家，小李一脸的不高兴，什么话也不说。

父亲看到他情绪不大对，关切地问："儿子，今天怎么了？是不是在学校遇到什么困难了？"

父亲这一问不打紧，小李开始不停地哭泣，嘴里断断续续地说着："今天在上课的时候，我把一道数学题做错了，大家都嘲笑我，这让我很没面子。"

听完这些话，没想到父亲竟然大笑起来，说："我还以为有什么大不了的事情呢？原来是这样一件小事啊！这有什么啊，改过来不就行了吗？以后多注意多练习就好了！"在父亲的安慰和鼓励下，小李心情慢慢平静了下来。从此，他开始更加努力地学习，每天都要挑灯夜战，决心要把数学成绩提高上去！

可是，半年过去了，小李的数学成绩还是没有什么起色。尤其当看到自己的考试卷那么低的分数时，小李一下子失控了，把自己的数学书撕得粉碎，然后痛哭起来！父亲看在眼里，并没有过多地说什么。

那时候，小李家在后山坡上有一块地和一片果园。夏末时节，盛开的棉花看起来雪白雪白的，粉红的桃子挂满了枝头。

几天后，父亲对小李说："儿子啊，一会儿我要和你妈妈出去办点事，你在家没事儿就把后山的棉花摘了，然后用车推回来。"小李一直为学习发愁，正好借这个机会出去散散心，于是就欣然答应了。

正当小李在摘棉花的时候，突然天就变了脸色，开始下起了绵绵细雨，小李只好收拾东西准备回家。在路过自家的果园时，他看到树上还有没采摘的桃子，然后就兴奋地把它们一个个摘完带回了家！

回到家，父亲问："棉花摘得怎样？"

小李就从包里拿出几十枚桃子，递给父亲说："爸爸，外面下雨了，棉花没摘完，不过我把剩下的桃子都摘完了，这也算是一项成果吧？"小李半开玩笑地说。

听完这些话，父亲微笑着说："当然算了，其实你今天干得非常出色。"父亲的一席话，让小李立马得意起来。

事实上，今天的事情是小李的父亲故意安排的，他知道今天要下雨，才让他去摘棉花，而且树上的桃子也是他故意剩下的……

父亲语重心长地对小李说："人生的路很长，肯定会有各种坎坷和曲折。当你在一条路上走不通的时候，一定要学会掉头而回，这是一种智慧。然而更伟大的是，在回头的时候别忘了身边的机遇。就像今天，虽然你没有摘完棉花，但你摘下了属于自己的那些桃子，这同样是一种成就！"小李听完，彻底地醒悟了！

当遇到困难的时候，我们不要选择烦恼和困惑，给自己一份清醒和理智，暂时放下过不去的坎儿，懂得发现困境中的机遇，给自己信心和鼓励！小李的父亲之所以让他去摘棉花，就是为了告诉他，在困难面前一味地执着并不一定能取得良好的效果，最重要的是能看到身旁还有别的美好和机遇，这同样是一分收获！

面对困境不执着，面对机遇不错过！善于在困境中灵活变通，不让自己陷入生活的死胡同，一转念的发现其实也是那么的美好！

4. 淡化人生的苦难

面对人生的苦难，为什么有的人能够洒脱自如，开心快乐；而有的人却如同陷入了痛苦的深渊！其实，原因很简单，身处同样的境遇，感受到痛苦的程度完全取决于我们用多大的心灵空间来容纳！

有人把人生的苦难比作是盐，而宽广的心胸就会像海水一般把它冲淡，根本不会感受到"咸"；反之就像一杯水把它溶解到饱和，品起来当然苦涩难当！所以，很多时候让心灵困惑的不仅仅是困难本身，更多的却是我们的承载能力！战胜困难不需要抱怨和焦虑，只要胸怀足够宽广，一切困难都不会成为我们的阻碍！

有一位小徒弟经常抱怨生活，感觉什么都不顺心，每天都活在痛苦中。

有一天，他的师父想要开导开导他，于是就派他到集镇上买一袋盐回来。很快徒弟就回来了，然后师父吩咐他抓一把盐放入一杯水中，然后喝一口。

"感觉味道怎么样？"师父问道。

"咸得发苦。"徒弟表情痛苦地说。

师父呵呵地笑了。随后，他又带着徒弟来到一个湖边，然后让徒弟把剩下的盐全部倒进去，然后说道："现在再尝尝这水的味道。"

徒弟弯腰掬起一捧水尝了尝。

"怎么样?"师父问道。

"甘甜可口。"徒弟回答。

"你没有感觉到苦涩吗?"师父又问。

"一点儿也没有啊,和以前没有两样啊。"徒弟答道。

师父点了点头,微笑着对徒弟说:"这就对了! 生命中的痛苦是盐,它的咸淡取决于盛它的容器。快乐与否,就看你选择做一杯水,还是一片湖?"

事实上,在人生旅途中,真正阻碍我们前进的不是别的人和事,而是我们自己! 面对苦难,如果我们能够看淡一点、洒脱一点,不让它成为我们生活的焦点,那么它就不会成为我们心灵的负担,更不会影响到我们的情绪!

俗话说,人生苦短,我们何必要在一时一事上苦苦纠结着不放呢? 能够选择快乐我们又何必让自己烦恼呢? 所以,当苦难来临的时候,我们一定不要急躁和恐慌,因为那样只会起到推波助澜的作用,加重苦难的深度和强度,坦然和宽广才是最好的迎接方式! 我们要从心中把它淡化,就像一场表演,缺少了"关注"的时候,自然就没有了它的发挥空间!

不要再抱怨生活,不要再忧伤苦恼,放下人生的包袱才能远离苦难,心胸宽广时,世界就会无限的美好!

5. 心存美好,则无可恼之事

在我们的人生旅途中,可能会遇到很多一时难以分辨清楚的事情,善与恶,是与非有时会错综复杂。那么究竟正确的答案是什么呢? 或许有的人会凭自己的生活经验轻易认定好与坏。事实上,在这个世界上,阳光总要多过阴雨绵绵;欢笑总要多过悲伤失意;正义总要多过歪风邪气! 当我们怀着一颗美好的心情去看待生活的时候,或许就会得出正确的答案,看到不一样的秀美风景!

一个心存美好的人,总会看到最阳光的一面,哪怕事情看起来已经十分糟糕,哪怕黑云压顶,他也总能敏锐地发现那仅存的一缕光线! 因此,在他们的心里永远都是开心的、光明的,情绪里也会流露出善良和温馨! 心存美好，那么你看到的世界也是美好的，当然就不会有生活的烦恼！

在一节语文课上，老师给同学们讲了一个故事：一对夫妻乘坐的轮船在海上遇难了，终于一艘救生艇靠近了即将沉没的轮船，但是现在就剩下一个位子了。然而，这时丈夫猛地把妻子推向身后，自己跳上了救生艇。妻子静静地站在快要沉没的轮船上，大声对丈夫喊了一句……讲到这里，老师问学生："现在请大家猜一下，妻子对自己的丈夫说了一句什么话？"

此时，班里议论纷纷，学生们群情激愤，都说"我恨你"、"你这个没良心的"、"这辈子我算嫁错人了"……当大家都在各抒己见的时候，老师注意到靠角落里的一位学生一直没有说话。于是，老师就请他站起来回答。这个学生说："老师，我和大家的想法不一样，我认为这位妻子会对自己的丈夫说：'亲爱的，我们的孩子就交给你了。'"

老师一惊，问："你是不是以前就听过这个故事了？"学生摇头："以前我没有听说过这个故事。因为在我母亲去世的时候，她对我的父亲说了这样的话！"老师感动地说："回答正确。"

随后，老师接着讲这个故事！

轮船沉没了，男人回到家乡，独自带大女儿。多年后，这个男人病故，女儿整理遗物时，发现了父亲的日记。

原来，父亲和母亲乘坐游轮时，母亲已患了绝症。关键时刻，父亲冲向了那唯一的生机，他在日记中写道："我多想和你一起沉入海底，可我不能。为了女儿，我只能让你一个人长眠在深深的海底……"

故事讲完，教室里沉默了，老师知道，学生们已经听懂了这个故事：世间的善与恶，有时错综复杂，难以分辨，但只要心存美好，最终会给出正确答案。

很多时候，我们的眼睛会被事情的表象所欺骗，看到的不一定就是真实的，当我们无法通过观察来确定是非的时候，心存美好就是最好的标准！在这个故事中，面对老师的问题，很多学生一时激愤，第一反应就是认定"男人"自私无情地抛弃了"女人"。同样，对"女人"的回答，学生们也理所当然地认为她会破口大骂。但是，事实上结果是相反的，他们是因为爱和责任才"无情"地选择"舍弃"和"牺牲"，而只有那位"心存美好"的学生说出了正确的答案！

因此，我们不要以生活的经验习惯性地去看待一件事情，而应该有自己的观点，充满对生活的憧憬和期盼！我们要以一种积极的心态去面对，才会感受到人生的快乐和美好，才能远离生活中的"阴暗"心理，取而代之的是情绪的愉悦和幸福！

6. 换一种思维，就会有大出路

无论在工作、学习，还是生活当中，我们可能经常会碰到一些棘手的问题，这些问题可能不是什么重大的事情，但也会造成一定的影响，给我们带来不大不小的困惑和烦恼！

其实，有些时候当我们陷入困境和苦恼的时候，先不要着急用传统的方式去解决，要善于发现生活中的细节，开动脑筋学会让思维换一个方向，你就会发现事情并没有自己想象的那么艰难，反而会得到意想不到的收获！

在德国的一个公园，曾经在施工的时候留下一些下水管道没来得及清理，一直被放在草坪上。本来一些水管不会有太大的影响，但是经常有一些流浪汉把那里当成自己的家，随意乱丢垃圾，严重影响了公园的清洁卫生。为此，公园不仅要花费大量的金钱来维持环境，更让人担心的是这些流浪汉经常为了"地盘"而打架，带来很大的安全隐患。所以，园长一直为这个问题发愁。

起初，园长想尽办法把这些流浪汉"请"出去。可是，这种方法只管得了一时，过不了多久，他们还会回到这里继续他们的"生活"。最后，园长决定从根本上解决这一问题，就是想办法把这些沉重的水管运走，还公园清净。

正当园长在路上一边走一边盘算这件事的时候，半路上一个有趣的现象吸引了他：他发现在中心小花园里有些灯柱很粗，足有两个人合抱那么大，最令他感兴趣的是，有些朋友正在这些灯柱里进进出出。于是，园长就上前和他们打招呼，发现空心灯柱的直径跟下水管道差不多。这时一个朋友开玩笑说："我们经常在这里工作，其实它就好比一个流动的家。如果暂时你想在里面住，只需要一张床就够了！"

"流动的家？那些废弃的下水管不就可以这样改造吗？完全可以打造成移动的家啊。这样不但消除了隐患，还能变废为宝，创造一种新的模式！"园长在心里这样想着。

想到这儿，园长立马开始行动，着手准备建造他的下水管道旅馆。在旅馆里，他是这样设计的：每一间客房里都有床、桌子、凳子、厨灶、卫生间等一应俱全，另外还配备电脑。同时他还把房间设计成隔音的，就是让入住的客人感受到一个奇妙的远离尘嚣的安静环境。

然而，这个旅馆很奇特，它不像普通的旅馆一样设有前台。这个下水道旅馆不设前台，客人只需要在网上预订就可以了。当客人预订成功后，他们的手机会收到预订客房房门的密码。这样，客人只需要在特制的石门上输入密码就可以入住了。还有一点更让人想不到的是，当客人离开时，付多少房费完全由自己决定，不过往往客人付的房费均超过普通旅馆的价格！

这家旅馆总有玩不完的花样，不过有个要求就是，来这里的客人只能在这里住三天，之后必须离开。

因为他发现，三天是人们对环境保持新鲜感的极限时间。三天过后，人们往往就会对自己所在的环境表现出习惯、没有新鲜感。所以为了让人们保持对这家旅馆的新鲜度，才推出"限制令"。由于这家旅馆的奇特性，后来让这个公园迅速成为德国的著名公园，不仅如此，公园也因此成为该城市的一张名片，当然也会赚到一大笔钱！

事实上，生活中的每个问题，无论它有多么的困难，总会有解决的办法！只要善于观察和用心思考，问题不仅会解决得出奇的漂亮，反而会带给我们发挥的空间，成为我们取得成就的阶梯！本来是一些废弃在那里的多余的水管，带给园区和园长很多困扰，按照常理运输清理会带来更多的麻烦！结果因为园长的细心和善于思考，这些"废弃物"却成了一种创意，带来了巨大的商机和财富！

凡事不要烦恼和抱怨，只要善于发现和思考，在困惑面前换一种思维，问题马上就会出现意想不到的转机！

7. 固执会让你付出代价

在生活中，我们经常会遇到一些人固执己见，凡事不能灵活变通，在一种思想或者事物上死死不肯放手，最终为自己带来苦恼和灾难！

事实上，并不是所有的坚持都能获得成功，固执己见反而会让你失去得更多！其实，有时候我们只需要转变一下思想，换一种情绪来面对，一切都会迎刃而解！

一天早上，年轻的妈妈正在厨房里做饭，而她四岁的儿子正自得其乐地在沙发上玩耍。

不久之后，妈妈听到儿子大声的哭喊声。她不知道发生了什么事情，于是就急匆匆地赶了过去，看看儿子究竟怎么回事儿。

原来，儿子仍坐在沙发上，不过他的一只手却插在了放在茶几上的花樽里。因为这款花樽设计的是上窄下阔，所以，他的手伸了进去，却拿不出来。年轻的妈妈一时着急，想尽了一切办法，但还是无济于事！

妈妈开始焦急，就试着用力把他的手往外拉，可是妈妈只要稍微用力一点，儿子就痛得哭喊不已。最后实在没有办法了，她不忍看着儿子这样痛苦，想把花樽打碎。可是她想了想有点不舍得，因为这个花樽是一件格不菲城的古董，打碎了挺可惜的。不过，她又一想，与儿子的手相比花樽算得了什么呢？最后妈妈忍痛将花樽打破了。

尽管花樽已经没有了，但看到儿子平平安安她也就不在乎了。然后她又拉起儿子的手，看看有没有什么地方被伤到。这时，她发现儿子的拳头仍是紧紧握住，似乎无法张开。妈妈不知道是怎么回事，立刻开始着急了，因为她怀疑儿子的手抽筋了！

事实上，儿子的手不是抽筋。之所以他不张开拳头，是因为他的手里握着一个十元硬币。刚才就是因为这枚硬币，他的手才会被卡在花樽的口内。其实，小男孩的手拿不出来，不是因为花樽口太窄，而是因为他不肯放手。

很多时候，不是我们走不出困境，而是自己把自己关在了里面！就像故事里的孩子一样，其实只需要"松手"就可以把这一切损失避免，但是他始终不肯放手，为难的只有自己！

无论在任何时候，都不要让自己的情绪固守在一个"死结上"，灵活地转变和转移才会出现生机！

在一座化学工厂的后面，长着一排高大的松树，其中有一只斑鸠住在上面，而沿着化工厂的墙根有一条臭水沟，就流经松树下面。而在这条臭水沟旁边的杂草堆里，一只蜻蜓正飞来飞去，但是它从来没有注意过树上还住着一只斑鸠。但是，蜻蜓每天的一举一动都被斑鸠看得清清楚楚。偶尔，斑鸠会和蜻蜓打招呼，可是，蜻蜓却从来不理会斑鸠。

有一天，斑鸠对蜻蜓说："蜻蜓妹妹，这条臭水沟有什么好的，让你天天在这儿守着。我可以告诉你一个好地方，在几公里外，就有一个环境优美的荷花池，那里荷花盛开、环境优美，并有很多你的同伴在那里。到那里你不仅会生活得很开心，还能天天闻到花香，比这里强多了……"

蜻蜓很不屑地说："我为什么要离开这里，我祖祖辈辈都生活在这里，没有什么问题的。再说，你说得那么好的地方还不知道是真是假呢？我才不会上当呢！"

斑鸠无奈地摇头叹息。

有一天，下起了倾盆大雨，蜻蜓没有地方躲藏，只好钻进杂草堆里。不过，杂草哪经得起狂风暴雨的袭击，不一会儿就倒了。

这时，蜻蜓惊慌失措地乱飞，找不到自己的避难所。斑鸠看到后再次劝它离开这里，但是，蜻蜓却固执地说："不，我才不要离开呢！只有这里才是我的家园。"

斑鸠听完后，无奈地摇了摇头，飞向了远方。

晚上，洪水暴发，杂草被大水淹没了，可怜的蜻蜓也在洪水中被冲走了。

斑鸠知道后，感叹道："蜻蜓不是死于洪水，而是死于自己的固执。"

有什么样的心态就会有什么样的抉择，坚守在错误的领域里会让你越走越远，却离失败越来越近；换一种思路就会出现"柳暗花明又一村"的惊喜！我们何必要让自己躲在狭隘的空间里不肯转弯呢？当我们陷入困境或者苦难之中时，不要一味固执地坚守，一定要学会参考别人的建议，学会转变其实很重要，否则会让你付出惨重的代价！

事实上，我们的情绪也是一样，只有学会转移到快乐的地方，你才能告别痛苦和悲伤，才能与美好结缘，才能勇敢地迎接明天的新希望！

第十七章

情绪传导

——小心别人的情绪感染你

　　置身于生活圈子里，每个人都有自己的心事，同样也各有各的情绪，更重要的是这些情绪不仅会左右着自己的思想，也会像病毒一样传染给别人！

　　在与人交往的过程中，一定要注意情绪的传导作用。一个人好的情绪会调动周围的气氛变得积极和谐；而一个人的坏情绪会远远超过好情绪的"杀伤力"，更容易让人们跟着进入这种消极的状态，把原本的好心情给淹没了。

　　同时，坏情绪在传导的过程中往往会造成人与人之间的矛盾和摩擦，让传导者更加冲动和不理性，让被传导者因为无辜而"奋起反击"，结果造成不必要的纠纷！快乐和友好随之灰飞烟灭！

　　所以，我们不仅要调控好自己的情绪，不让它传染给别人，同时也要防止别人的坏情绪影响到自己，才能远离烦恼和困惑，成就快乐和幸福的人生！

1. 做自己的主人很重要

对于每一个人来说，懂得接受别人的意见和建议是必不可少的，因为这可以帮助我们更好地决策，但这并不意味着我们要随着别人的思想和言行而左右摇摆！

事实上，无论做人或者做事都应该有自己的主见，我们只能把别人的一些观点和看法当作参考，绝不能让它成为主导思想，更不能影响到自己的情绪！否则，我们就会在前进的道路上迷失方向，甚至是一事无成！

在美国，有一个小女孩从小就立志将来要成为一名芭蕾舞演员。

有一次，当她听说一个著名的芭蕾舞演出团在当地进行巡回演出时，她无比地激动。然后，经过精心地打扮，小女孩找到了那位团长，说："团长先生，请问您看我适不适合做一名芭蕾舞演员？"团长看了她一眼，带着很不屑的表情说："你不行！"简短的三个字顿时让小女孩伤心至极，哭得一塌糊涂！她太相信权威了，心想：团长只看了我一眼，就说我不行，这说明我肯定不是这块料，还是别浪费时间了！

很多年后，小女孩已经成为一位妈妈。后来，当年说小女孩不行的那位团长又带着自己的团队来演出了。她抑制不住内心的冲动，找那个团长问："我一直不明白，当年你为什么只看了我一眼就认定我不行呢？"团长的回答几乎让她崩溃："没有什么原因啊！无论谁问我这样的问题，我都会这样回答！"

她气疯了，大声怒骂道："你这个混蛋，你太不尊重人了，你毁了我一生的梦想！"

但是，团长不紧不慢地说："你永远都不会成为一名优秀的芭蕾舞演员。因为别人的一句话就让你放弃了理想，你也太缺乏主见了，这样的人是不可能取得成功的！"

一个没有自己主见的人，就像在水面上随风飘摇的小船，找不到自己的航向，随波逐流最终被淹没在浪涛之中。

　　人生的道路只有自己才能把握，我们要对自己的人生负责，就不能让别人左右了自己的思想，而是要认清形势，多给自己一份希望和机遇，下定决心就要坚守下去！然而，那些拿不定主意，因为别人的一个观点就改变目标的人，是永远也不会成功的！

　　从前有一群青蛙，它们在一起蹦蹦跳跳地玩着，不经意间就来到了一座高塔下面。其中有一只青蛙建议，说："要不咱们爬到塔顶上去玩玩怎么样？"众青蛙都很赞同，大家都开始往上爬。爬着爬着，有一只青蛙说："咱们这是在干吗呢？大热天的又干渴又劳累的，这不是自找苦吃吗？"大家一听感觉它说得也挺有道理的。于是青蛙们都停下来了，只有一只青蛙依然在坚持着往上爬！

　　这时，众青蛙都开始在下面七嘴八舌地议论，说那只青蛙就是一个傻瓜，大家都在嘲笑它。可是不管下面的青蛙怎么起哄，它就是坚持不停地爬，过了很长时间，它终于爬到了塔尖。这时，众青蛙都傻眼了，再也没有人嘲笑它了，而是在内心里都很佩服它。

　　等到它下来以后，大家都围上去问到底是什么让它坚持下去的。

　　答案很是让人出乎意外：原来这只小青蛙的耳朵有问题，它听到只要爬到塔顶去，其他的议论它一句也没有听见，所以它以为大家都在爬，它也就在那儿慢慢悠悠往上爬，没承想最后还创造了奇迹！

　　小青蛙的耳朵不好，也就等于说它没有被群体的意见所左右。人生中有多少人能够做到在别人的嘲笑声中继续前进，又有多少人能够坚持做自己的事？做自己的主人很重要，一个随波逐流的人是不会获得成功的！

　　很多时候，生活在社会大集体中，我们很容易受到别人的观点和情绪的影响，积极的言行会帮助我们拥有更多的信心，而消极的思想可能会动摇我们的决心！然而，我们一定要有自己的思想，认准了的目标就要勇往直前，把别人的说法和看法放在一边，只有这样我们才能一步步向着自己的目标迈进，最终取得成功！

　　相反，如果我们总是很在意别人的看法，把别人的一举一动作为自己的坐标，那么这样的人一辈子只能活在别人的世界里和唾液里，将毫无意义和价值可言，更不要说什么成功！

在人生的奋斗路上，要想有所突破和成就，毫无疑问就要有创新的精神，而往往一些有建树的设想和行动是一般人所想不到的，甚至是难以接受的。这个时候就要求我们顶住压力，把别人的闲言碎语放在一边，坚持下去才会到达成功的彼岸！

所以，我们要做一个遇事有主见、果断干脆的人，才能在未来的竞争中有清晰的目标和方向，才能走得更好更远！

2. 把坏情绪拒之门外

情绪就像天气一样，随时都可能发生变化，也会随时蔓延，不经意间就会传染给别人！所以，一方面我们要学会调节自己的情绪，不让坏情绪在心里逗留和传播，另一方面我们更要增强自己的免疫力，不被别人的坏情绪所感染！

保持自己良好的心态和心境，就要学会把别人的坏情绪拒之门外！不为别人的消极和悲观而动摇，时刻保持自己的独立性，坚定自己的信心和乐观，才能拥有自己的快乐和积极进取的心态！

早上，唐华刚刚进入工作状态，就听到坐在对面的陆强气呼呼地说："迟到两分钟就要扣钱，真不是人过的日子。扣吧，真没劲，早想跳槽了。"

陆强的抱怨把唐华从工作状态中拽了出来，抬头看看表，九点过五分，看来陆强又迟到了。陆强是一个喜欢把个人情绪当众展示的人，非常喜欢抱怨，所以办公室里经常会听到他的牢骚声，言语里总是充满了挑剔，唐华感到自己时常会受他情绪的影响。

刚进公司的时候，唐华虽然没有踌躇满志准备大干一场的劲头和激情，但对工作还是充满热情，他渴望通过自己的努力得到上司的赏识。因为陆强在公司已经工作四年多了，算是老员工，唐华有什么问题自己无法解决，就会虚心地向他请教，每次陆强都懒洋洋地说："这有什么意思？想那么多干吗？说实话，我来的时候和你一样，结果呢？还不是这样？"也许陆强的抱怨是无意的，但是已经大大削弱了唐华的冲劲与热情。

有时候，唐华也会与他争辩说，只要努力，就一定会有机会。然后陆强会不屑地说："算了吧，收起你的那点梦想吧，这个社会只有趋炎附势的人、有关系的人，才有未来。你没看咱们公司那个小赵，比我还晚来一年呢，人家现在是部门经理，听说他是老板的远房侄子。还有那个来了半年就被提升的小李，听说是老板朋友的儿子……"

听了陆强的话，唐华就会想到自己和老板没有任何"瓜葛"，努力会不会有用？有时候，刚刚说服自己要努力，不要受别人坏情绪的影响，陆强又会悄悄对他说："我最近看好了一家公司，人家在市中心办公，办公室装得那叫气派，听说公司有五百多人，哪里像咱们这里办公室不像办公室，上上下下加起来还不到100人……"

唐华一直在陆强的抱怨声中坚持着自己最初的信念，直到后来慢慢地动摇了，他也渐渐觉得现在的工作没有前途，缺乏发展空间，那些自己订的短期计划、中远期计划，而今早已束之高阁。他想那有什么用呢？即便努力了，说不定将来也是和陆强一样的命运。

积极的情绪能够带给别人愉悦和快乐，同样消极的情绪更容易影响到别人。同样的事情，不一样的情绪就会产生不一样的效果！本来正在信心十足地奋斗，为了自己的目标拼搏时，却不断地被别人泼凉水，一次不会动摇，两次不会动摇，但是天长日久、耳濡目染，最终自己也感染了坏情绪，并严重影响到了自己的工作。

坏情绪的消极力量远远要比积极的情绪强烈得多，能够消磨人们的心志，丧失前进的动力，甚至变得悲观失望！一个人的成功，不仅仅取决于是否拥有高智商或者非凡的才华，而是有没有稳定积极的情绪，有没有过硬的心理素质！经得住考验，不被别人的心情所左右的人往往能够更长久地发展，拥有更广阔的上升空间！

所以，我们一定要保持自己良好的情绪，调控自己的心情，不给别人的坏情绪乘虚而入的机会，不让别人决定自己的心情，这样我们才能每天都开开心心！

3. 分享快乐才是真快乐

古龙说："快乐不是件奇怪的东西，绝不因为你分给了别人而减少。有时你分给别人的越多，自己得到的也越多。"的确是这样，只有懂得分享快乐的人，才能真正体会到快乐的意义和内涵，自私和孤守的快乐充其量只能是索然无味的"自娱自乐"！

俗话说，予人玫瑰手留余香，我们要学会把自己的快乐分享给别人，在别人得到快乐的同时，也会增添我们内心的愉悦和满足！只有这样敞开胸怀接纳别人，才能让自己真正融入集体中，更重要的是让这种快乐不断传播，营造出和谐温馨的氛围，这样我们的生活也将是快乐的！

一个只懂得自我欣赏和满足的人，即使身处快乐之中也不可能真正的快乐，因为他们的内心狭隘，只关注自身而不会分享，这样的人生是乏味的！

曾经有一位犹太教的长老，他的爱好就是打高尔夫球。然而，在一个安息日他依然控制不住自己的欲望，很想去挥杆。但是犹太教规定在这一天任何事情都不能做，必须好好地休息。

不过，这位长老却最终没忍住，然后一个人偷偷地跑到球场，他告诉自己只打九个洞就回去！

由于是安息日，犹太教徒在这一天都不会出门，所以在球场上他一个人也没有看到。于是，长老就想，就算自己违反规定了，可是也不会有人知道的。

不幸的是，当长老在打第二洞时，正巧被一位天使给发现了。天使对这件事感到非常生气，于是便到上帝那里告状，说这位长老不守教义，竟然在安息日的时候偷偷地跑出去打球，这太让人失望了！

上帝听了，就跟天使说："放心吧，我会狠狠惩罚他的！"

第三个洞开始，长老打出超完美的成绩。

直到打到第七个球，长老的水平发挥得一直都很好，而且打球时越发的精准！这让长老莫名地兴奋！但是，天使已经沉不住气了，又跑去找上帝："上帝呀，你刚才怎么说的啊，不是要好好惩罚他吗？到现在也没有见他受到惩罚啊！"

上帝说："你没看到吗？我已经在惩罚他了。"

直到打完第九个洞，长老都是一杆进洞。长老对自己球技的精进和超常发挥感到不可思议，于是决定继续玩。

天使有点生气地问上帝："到底惩罚在哪里？"

上帝只是笑而不答。

打完18洞，以他现在的成绩可以打败世界上任何一位高手，这可把长老高兴坏了！

天使很无奈地问上帝："这就是你对长老的惩罚吗？"

上帝说："没错啊，这就是在惩罚他！你想想，今天他取得了这么骄人的成绩，兴奋至极，但是这么值得骄傲的事情，他却不能和任何人说，这难道不是最好的惩罚吗？"

快乐是一种心情，分享给别人并不会减少，相反只会更加，就像一颗种子一样，种下去就会拥有更多的收获！生活在这个世界上，每个人都希望得到快乐，而很多人得到的只是单调的快乐，没有感受到快乐的深层意义，因为他们不会带给别人快乐；只有那些内心充满快乐的人，才能把一份快乐发挥到极致，那就是让更多的人去快乐！

事实上，快乐更是一种积极的力量，它能让人充满活力和斗志，以一种积极和理智的心态去面对生活，把这样的"正能量"传递出去，那是一件很有成就的事情！如果说拥有快乐是一件十分幸福的事情，那么能够做到把快乐与别人分享将是最幸福的事情，因为这样不仅把快乐给了别人，也给了自己；不仅幸福了别人，也幸福了自己！

学会用快乐感染别人，学会在生活中经营快乐，快乐将会无处不在，助力我们成长、成熟和成功！

4. 传递心灵的温暖

生活在这个世界上，每个人都有可能遇到人生的低谷或者困境，在遭遇这种困惑和迷茫的时候，别人的一个问候和微笑都足以让我们感到莫大的安慰！

面对别人的真诚帮助，我们不但要学会感激，更重要的是把这种温暖传递下去！让它变成一份爱心在人与人之间接力，让这种爱心成为一种情绪和习惯感染每一颗心灵，让更多的人懂得付出和奉献，给予最需要温暖的人一份关怀！这才是对帮助我们的人的最好回报，更是他们的初衷，我们做到了，就是对他们付出的理解和尊重！

在美国，有一对年轻的夫妇，他们的生活过得很拮据，简直可以用穷困潦倒来形容！有一年的感恩节到了，可是他们夫妇俩却闷闷不乐，一点儿也看不出节日的喜悦。因为他们实在是太穷了，不要说节日的盛餐，就连最基本的食物都少得可怜。面对别人的节日狂欢，他们不知所措。

大家都很疑惑，像他们这么贫穷的人本可以向当地的慈善团体求助，或许就能分得一只火鸡及烹烤的佐料，但是他们没有这样做！起初大家不明白这究竟是为什么，后来才知道这对夫妻比较有骨气，不想让别人救助，他们在心里想着家里有什么就怎么过这个节日，所以就成了现在的结果！

虽然他们不希望别人救助，有一颗强烈的自尊心，但是由于生活如此贫困，他们之间的矛盾和烦恼也就越来越多。后来随着矛盾的不断激化，他们甚至争吵了起来。他们家有三个孩子，发生的这一切被最大的儿子看得清清楚楚，他感叹自己命运的悲惨，感叹生活的无助，但是又没有能力去改变什么，所以他觉得很无助！

就在他为自己的父母担忧，为自己家庭生活困苦而难过的时候，沉重的敲门声打破了家里沉闷的氛围。

他慌忙前去开门，他打开门一看，一位身材高大但面孔十分陌生的人出现在了自己面前。这位陌生的男子穿着十分普通，甚至衣服还皱皱巴巴的，但是却满脸堆着笑容。只见这位陌生的男子手里拎了很多东西，里头满是各种能想到的过节用的东西：一只火鸡及配料、厚饼、甜薯和各式罐头等，全是感恩节大餐必不可少的。

看到这些，一家人都有点疑惑了，全然不知是怎么一回事。陌生男子可能看到大家的不解，于是就开口道："有一个人知道你们需要这些东西，所以就叫我送了过来，他就是要让你们知道，无论在什么时候，其实还是有人在关心和爱你们的，请你们要坚强地生活！"

面对突如其来的馈赠，刚开始，丈夫还有点不好意思，于是还极力推辞，不肯接受这份礼物，可陌生男子坚定地说："请您收下，我也只不过是个跑腿的，把东西送到我就完成任务了。"说完，陌生男子面带微笑，把东西放下就转身离去了，然后又回头说了一句让大家都暖心很普通的话："感恩节快乐！"

在经历了这件事之后，家里的大儿子好像一下子就长大了，他开始知道人生始终存在着希望，在困难的时候，随时都会有人给予温暖和帮助！所以，这时在他心中产生了一个想法，那就是将来长大后要用同样的方式去帮助别人！

一晃十几年就过去了，他长成了一个大小伙子。这时候他很高兴，他没有忘了当年的事情，他开始来兑现自己的诺言了！虽然那时他还没有丰厚的收入，但是在又一个感恩节到来的时候，他买了很多的东西。但是他不是为了自己过节，而是要把这些东西送给需要这些礼物的家庭，就像当年别人送给他们一样。

为了不让别人感到别扭，他故意把自己打扮了一番，使自己看起来像一个送货员，这样别人就会接受他的礼物了！于是他骑着自己的破旧自行车来到一个破落的院子，一位妇女出来为他开门，而且还带着提防的神情。因为这一家有五六个孩子，而男主人又不幸离去，所以生活十分困苦。

他首先打破了尴尬，说："您好，我是来给您送货的，这是您的东西。"说着就把装满了食物的袋子及盒子递给她，里头有一只火鸡、配料、厚饼、甜薯及各式的罐头。看到这些，那位妇女顿时不知说什么好了，而她的孩子们都高兴得乱蹦乱跳。

这时，这位妇女有些激动得说不出话来，随后拼命地亲吻着他的手，说："谢谢你，你一定是上帝派来的，谢谢，谢谢！"他故意地说："噢，不，这些都是你的一个朋友送来的，我只是一个送货的，只负责把东西送给您！"说着，他还将事先准备好的纸条交给了妇女，上面写着："当你收到礼物的时候，请你不要感到奇怪，我只是你们的一位朋友，希望这些东西能够让你们过一个快乐的节日！请你们记住，一直都会有人在默默地爱着你们，如果以后你们有能力，就请同样把这样的礼物转送给其他有需要的人。"

他不停地把一袋袋食物搬进妇女的屋子里，感觉比别人帮助自己的时候还要满足和幸福。当他走出这户人家，回头看见那一张张笑脸，不觉热泪盈眶，感恩让自己感动！

很多时候，我们从别人那里接受了关爱，一定要学会珍惜，更应该学会感恩。因为在我们真正需要温暖的时候，是他们第一时间出现，让一颗无助的心灵有了归宿，这种感动是无法言表的！

其实，生活就是一个你中有我，我中有你的过程，在危难的时候相互帮助和支持，才能让社会更加温馨和谐，才真正体现出人生的意义和价值！经历一次挫折就会成长一次，当我们从别人那里得到温暖走出困境之后，真正应该做的最有意义的事情，是让自己强大起来，用同样的方式去"救助"更多的人！只有让他们知道在这个世界上温暖依然存在于每个角落，用爱心唤起他们心中的爱，才能让这种爱去唤起更多人的爱！

当爱心成为一种情绪，它就会感染更多的人，让更多的人拥有温暖和信心，世界也将变得其乐融融、芳香四溢！

5. 安抚别人的坏情绪

在日常生活中，我们有时会无缘无故遇到别人的坏脾气或者恶劣的态度，这时候，或许很多人会控制不住自己的情绪，采取"以暴制暴"的方式去解决。

其实，我们大可不必这样，因为很有可能别人正在气头上，或者遭受了生活的打击，或者受了领导的责骂，等等，并非针对我们，只是恰恰被我们赶上了而已！如果我们一时冲动，选择针锋相对，不仅会给自己带来烦恼和麻烦，更会让对方失控做出过激的行为，而你正是点燃导火线的人！

我们应该冷静一点，学会用健康的情绪去感染他人，让他人激动的情绪得以转移，通过慢慢地引导让对方的坏情绪消解掉！在生活中学会引导别人的情绪，原谅别人的同时也把自己的快乐传递了出去，而自己将会更加快乐和欣慰！

20世纪中期，有一位美国人在日本工作。

一天下午，他在地铁里看见一位喝得醉醺醺的人，而且总是设法寻衅滋事，车厢中的乘客都敢怒不敢言。他看不惯这位醉汉的过分行为，准备好好教训一下这个家伙。这位醉汉看见他后，大声喊道："哟呵！一个外国佬，少管闲事，否则就让你知道知道什么是日本功夫！"他一边说还一边走过去准备动手。

这时，只见一位和蔼的日本老人笑着向他挥了挥手。醉汉一看就骂骂咧咧地过去了。"请问你喝的是什么样的酒啊？"老人试着和他交谈。"怎么了？我喝清酒怎么了？与你有关系吗？"醉汉说话间带着一副不服气的表情。"这真是太好了，其实你有所不知，我也喜欢喝这种酒。每天太阳落山的时候，我就会和自己的太太找个安静的地方坐下来，慢慢品尝这种酒，这样的日子真好啊！"老人笑着说。

接着，老人又问他："我想你应该也有一位温顺贤惠的妻子吧！""不，她过世了……"这时，醉汉小声地抽泣起来，和老人讲起自己的故事。过了一会儿，醉汉再也没有了刚才气势汹汹的样子，斜靠在椅子上，头几乎埋进老人怀里。

有人在实验中证明，当人与人之间在沟通交流时，自己的情绪就会潜移默化地通过手势、语言和眼神等传递给别人！所以，利用这一点，在面对别人的"怒气"时，我们可以通过自己言行举止的相互协调，很容易就能化解情绪的"风波"，让即将到来的"暴风雨"烟消云散，这比起互不让步，弄得大家都不开心更有意义！

生活中难免会有诸多的磕磕绊绊，即使有时别人无意中对自己施以不好的态度，我们也不要刻意地计较，影响自己的情绪。学会换位思考，对别人多一些宽容和理解，与人解忧也是为己解忧，引导别人获得快乐，自己会更加的快乐！

情绪会感染人，我们想要避开别人的坏情绪，最好的办法就是帮助别人丢掉坏情绪，把自己心中的美好和善解人意给予对方，会起到意想不到的效果！

6. 别让快乐如此廉价

生活在这个世界上，快乐对我们很重要，而且也很贵重，所以我们只有好好地经营，才不会让快乐溜走和贬值！

或许有的人会认为快乐很简单，没有什么值得特别关注的，随时都能够获得。事实上，这种思想是错误的。因为在现实生活中，很多人会为一点鸡毛蒜皮的事儿而大动干戈，不仅让自己不开心，更重要的是还会把这种不良的情绪传染给别人。一点小事情就能让很多人本来愉悦的情绪消失殆尽，这样的快乐未免有些太"不值钱"了！

生活需要快乐，每个人都需要快乐，我们何必要在一些事情上纠结不放呢？事实上，一个人的"不放"会让更多人跟着受牵连，带给更多人不快；而一个人的"放下"会带来"皆大欢喜"！快乐如此贵重，让它感染每一个人或许更有价值！

有一位女士开车来到加油站，本来她是要到自助加油服务区那边的，却无意间把车开到了人工服务的加油泵前。因为当时她并没有意识到人工服务是收费的，直到结账的时候才发现自己被多收了服务费，心里特别的不痛快。

等回到家后，她立即把这件事告诉了丈夫，丈夫一听就着急了，他坐在沙发上开始计算，很快他告诉妻子，那些多收的服务费如果用来加油，可以让汽车多行驶128余英里。他非常恼火地说："这简直太让人生气了，如同抢劫一样！"就因为这点小事，夫妻俩整整郁闷一天。

家里的老人知道后，都对着他们微笑，说："你们两个真是太傻了，仅仅7美元，就让你们丢掉了一整天的快乐，值得吗？"听完这些话，夫妻俩如梦初醒。丈夫有感而发说："如果不是你们提醒，我还真没有意识到，我们的快乐竟然如此廉价。另外，如果我们再这样纠结下去，那么我们的快乐将会继续贬值下去。"妻子接着说："是啊，刚开始只是我的快乐很廉价，后来也让你的快乐变得廉价起来，这都是因为我传染了你！"

好的情绪让自己快乐，也会让别人快乐；而坏情绪不仅让自己痛苦，一不小心还会影响到别人的心情！所以，在日常的生活中，我们尽量不要为一些小事情纠结，无论对错，过去了就过去了，现在的心情不能让一件已经发生了的事情给影响了！

凡事不要太较真，如果你一直为一件事耿耿于怀，那么就请你把它和快乐放在一起做一下比较，你是希望失去快乐，还是希望放下纠结呢？很多人都会果断地说："当然要快乐！"在做这样选择题的时候，或许大家都知道答案，但是真正做到的又有几个呢？为了一些微不足道的事情而整天忧郁，甚至带上别人一起忧郁，不但不值得，对别人也是一种不公平，难道不是这样吗？

把快乐看得贵重一些，那么你就会把生活中的小事看得轻一些，就没有那么多的烦恼和忧愁！其实，把快乐带给别人也是一件非常有意义的事情！

7. 让别人为你加油

曾经有一位哲人说："容易走的都是下坡路。"人生有很多条路，不过，并非都是一马平川，好走的路是有限的！那么，当我们在走上坡路的过程中，总会遇到艰难和吃力。这个时候，如果有人推一把相对会轻松很多，但是还有让我们觉得更有力的方式，那就是在心里"推"自己一把！

积极的心态和高涨的情绪对一个人真的很重要。当我们遇到困难的时候，别人的一个微笑和鼓励往往能够顿时让我们心中充满力量和希望，本来有些犹豫不定的事情，有了这样积极情绪的触动，马上就能下定决心并且攻克难关！

所以，情绪传导很重要，尤其别人的积极情绪，往往会让我们信心倍增！

一天，一位农夫拉着沉甸甸的一车货物来到了山脚下。本来长时间地拉车已经让他很疲劳了，然后他又看到前面的路那么长，还是上坡，他不禁望而却步。

心想，今天靠自己的力量肯定过不去了，除非有一个人帮自己才可能拉得上去。正在他思索的时候，恰好一个热心的路人经过这里。

路人一看就知道了他的窘境，说："没关系，我来帮你。"说着，路人就挽好衣袖，拉开一副推车的架势。因为有了人帮忙，农夫也就使出全身的力气往前拉车。同时，那位路人在后面不停地喊着："加油，加油！"最后，他们终于到达了坡顶！

在山顶，农夫向这位路人表达谢意，没想到路人却说："其实，你用不着感谢我。因为我这两天腰扭伤了，根本就不能用劲。事实上，我只是在为你加油，你能拉上去靠的全是自己的力量！"

很多时候，真正阻挡我们脚步的不是面前的高山，而是我们自己怯懦的心。有的人看到困难马上就产生了畏惧感，在尝试之前就认定自己一定过不去这个"坎儿"，消极的情绪让他把自己拒绝在成功的大门之外！而积极的情绪则会产生截然不同的效应，即使在正常的情况下很难完成的任务，也会因为心中的积极因素而奋力一搏，奇迹往往就这样出现了！

所以，我们一定不能忽视了情绪的传导作用，学会接受别人的鼓励，用别人的积极情绪感染自己，变成自己前进的动力！然后我们才能让自己拥有更多的勇气和力量去战胜生活中的苦难，在上坡路的时候也能拼搏到底、顺利通过！这样的人生才会充满快乐，享受到真正的意义，难得和珍贵也就在于此吧！

8. 摘掉你的有色眼镜

列宁说："偏见比无知离真理更远。"现实生活中，由于自己思想的狭隘，或者受到别人的影响，人们很容易对一个人或者一件事物产生偏见，把自己的一些主观认识强加到对方身上！一个人一旦被偏见缠身，就像戴上了有色眼镜，看什么都会产生错觉，对别人产生误解，以至做出错误的判断！

存在偏见的人的内心是阴暗的，他们看不到别人的优点，更看不到生活中的阳光，当然也不可能从别人那里得到快乐和友谊！所以，我们要远离偏见，远离别人坏情绪的影响，积极合理地去看待生活，才能获得友谊和快乐！

杰克逊是一名美国人，有一次，他在地铁里遇到了一位老人，不过老人已经双目失明了，于是他们开始闲聊起来。老人告诉杰克逊，说："我是一名南美白人，我一直都不喜欢黑人，而且从小就很讨厌！"随后，老人又告诉杰克逊，曾经他在北方念书的时候，在一次野餐集会里，因为有黑人同学参加，所以他就在请柬上写道："此次野餐会，我们有拒绝任何人的权利。"事实上，在美国的南方，每个人都知道这是什么意思，就是委婉地说"我们不欢迎黑人"。

收到请柬后，大家议论纷纷。他被系主任叫去狠狠地批评了一顿。但他却解释道："我也没有办法，不知道怎么回事儿，对黑人的反感是来自骨子里的。另外，就是当我在买东西的时候一旦碰到黑人店员，我会将钱放在柜台上，让他们自己去拿。"

接着，老人又说，他读研究生的时候是在波士顿，不幸的是，在那里他遇到了车祸。也许是上天的惩罚，这次车祸让他双眼失明。从此，他感到很苦恼，不是因为自己看不见东西，而是自己再也弄不清对方是不是黑人。

他苦笑道："我曾经也向心理学导师求助过，但是他并没有说我心理存在什么障碍，而是善意地开导我。后来，我们成了很要好的朋友。然而，有一天，我的导师告诉我，其实他也是一位黑人。至此，对于黑人，我再也没有任何偏见了！"

没多久，车就到终点了，老人问杰克逊："先生，你是黑人吗？"杰克逊回答道："是的，我也是一位黑人。"老人说："没事儿的，现在我一点儿也不介意。我失去了视力，也失去了偏见，这也算得上因祸得福吧，这是一件令人愉快而且有意义的事情！"

在月台上，有一位满头银发的老太太，也是黑人，她在这里等老人，事实上她就是老人的太太！

在现实生活中，很多人总是容易受到外界事物的左右，一旦认定了别人的"缺点"，不管有没有，不管别人怎么优秀，在他们的心里总是有挥之不去的排斥和厌恶的阴影！所以，这种情绪是可怕的，它会让一个人变得消极和心理扭曲，严重影响到与别人融洽地相处，甚至会带给自己祸端！

由于受到很多人的影响，再加上自身固有的偏见，故事中的老人才会在内心里产生这种种族歧视。在后来的生活中，处处不愿与黑人交往和接触，直到后来亲身感受到黑人的关怀，才彻底改变了自己的想法，认识到自己多年来偏见性的错误！事实上，当他对别人产生偏见的时候，自己心里也不会多么轻松，因为这事以后排斥和抵触的情绪，必然也会带给自己烦恼和困惑。所以，偏见是一把双刃剑，不但伤了别人，同时也伤了自己！

在与别人的相处过程中，只有不受外界的影响，摘掉自己的有色眼镜，才能更清晰地看到真实的生活和人生，获得别人的信任和尊重！